DREI NEUE SENSI SEEDS SORTEN EINGEFÜHRT!

◁ *Skunk #1 Automatic*　△ *Super Skunk Automatic*　*Northern Lights Automatic* ▷

KAUF DAS ORIGINAL, ERHALT DAS BESTE!

sensiseeds.com

Möchten Sie mehr über diese Produkte erfahren? Besuchen Sie dann unsere seite!

Sensi Seeds ist sehr stolz, dass das Niederländische Institut für Medizinischen Hanf (offizielller Lieferant von legalem Marijuana für Apotheken) Sensi Sorten und Samen verwendet.

SENSI SEEDS

Buch Titel: „INDOOR" Anbau

Autor: Mr. José
Editor: Josef Krejčík
E-Mail: info@mrjose.cz
Web: www.mrjose.cz
Umschlag: Niky, www.niodesign.cz
Satz: Josef Krejčík
Inhaltskorrektur: www.growshop.cz
Übersetzung: Andrea Hallerová, www.tlumoceni-preklady.eu
Korrektur 1: Překlady s. r. o.
Korrektur 2: www.bushplanet.at
Illustration: Josef Krejčík
Foto: Mr. José, Miroslav Deml, fotolia.com und andere
Einband: geklebt V2
Bucherscheinung: Erste Ausgabe
Erscheinungsjahr: 2013
ISBN: 978-80-905353-2-9
Druck: NAVA TISK, GmbH, Pilsen, CZ

VORWORT

Anbau unter Kunstlicht ist, genauso wie der Anbau unter offenem Himmel ein amüsantes und interessantes Hobby. Liebhaber des Indoor-Anbaus waren und sind oft auf Internetforen, Zeitschriften, kurzgefasste Publikationen, teuere Bücher und von Mund zu Mund verbreitete Informationen angewiesen. Das Ziel dieses Buches ist dies zu ändern und den Growern für einen annehmbaren Preis, geprüfte und durch praktische Erfahrungen erworbene Informationen zu geben.

Vom Anbau unter Kunstlicht habe ich irgendwann im Jahr 1995 gehört. Im Jahr 1997 begann meine Zusammenarbeit mit einigen Growshops, die in eine enge Zusammenarbeit mit dem Pilsener Growshop GreenHome, der holländischen Zeitschrift Soft Secrects, dem Prager Growshop und dem Lifestyle Magazine Legalizace.cz mündete. Dank der langjährigen Erfahrungen im Fach und einer positiven Beziehung zur Gärtnerei stellte ich eines Tages fest, dass ich eine Menge an Materialien und Erfahrungen habe, die ich gerne mit anderen Menschen, die solche Informationen suchen, teilen möchte.

Im Jahr 2007 fing ich an, an diesem Buch zu arbeiten. Ursprünglich sollte es eine kurzgefasste Publikation bis zu 100 Seiten sein, die hauptsächlich Informationen umfasst, wie man eine Anbaufläche baut und wie man mit Indoor-Anbau anfängt. Während des Schreibens fügte ich ständig neue Informationen hinzu, die ich für wichtig hielt und somit auch Bilder und Schemen. Das Ergebnis war die erste Veröffentlichung im Jahr 2011 in der Tschechischen Republik mit 341 Seiten.

Ich hatte vorher noch nie ein Buch herausgegeben, also musste ich mich erkundigen, was ich in so einem Fall weiter machen soll. Da ich einen niedrigen Preis für die Leser bewahren und zugleich ein hochwertiges Produkt anbieten wollte, musste ich die Zusammenarbeit mit Editoren ablehnen und das Buch auf eigene Kosten drucken lassen. Dann musste ich Sponsoren ansprechen, ohne die der Verkaufspreis doppelt so hoch wäre. Diese Schritte zeigten sich als richtig und die erste Veröffentlichung war ein unerwarteter Erfolg, wofür ich mich bei meinen Lesern herzlich bedanken möchte.

Wenn ihr das Buch vom Anfang bis zum Ende lest, dann werdet ihr sehen, dass sich manche Sätze wiederholen. Ihr könntet denken, dass sich im Buch unnötig vieles wiederholt, was man bereits gelesen hat. Allerdings ist es nötig an die Leser zu denken, die zu einzelnen Kapiteln zurückkehren werden, um konkrete Information zu finden. Sätze, die sich hier und da wiederholen, tragen Informationen in sich, die man unbedingt im Gedächtnis bewahren sollte. Wenn der Leser, diese konkreten Informationen nicht schnell zur Verfügung hätte, könnte er unnötige Fehler machen.

Die deutschsprachige Version, die ihr gerade in der Hand haltet, wurde speziell den Bedingungen und zugänglichen Ausstattungen in deutschsprachigen Ländern angepasst. Trotzdem können kleine Unterschiede z.B. bei den Strompreisberechnungen, oder bei mancher Geräteausstattung auftreten. Diese Abweichungen entstellen allerdings nicht die Informationen, die für den Anbau wichtig sind.

Ich glaube fest daran, dass ihr im Buch Informationen finden werdet, die den Indoor-Anbau noch amüsanter und effektiver machen. Beim Lesen werdet ihr vielleicht manchmal den Eindruck haben, dass der Anbau eine ernste Sache ist – ihr werdet auf Ausrufezeichen, Hinweise und Warnungen stossen.

Aber ihr braucht keine Angst zu haben, diese sind nur aus dem Grund da, damit man nicht etwas Wichtiges übersieht. Habt daran Freude und genießt es, ihr werdet sehen, dass es euch die Pflanzen erwidern.

Mein besonderer Dank an:

Alle Grower und tolle Freunde, die mich psychisch unterstützten und mir einige Kenntnisse lieferten und auch an die, die mich zu diesem Thema gebracht haben. Ich möchte aber auch der Vorsehung danken, dank der ich Arbeit und Spaß verbinden konnte. Ein großer Dank gilt natürlich auch den Sponsoren, denn ohne sie hätte dieses Buch nicht erscheinen können und hätte auch zum aktuellen Preis nicht verkauft werden können.

Mr. José

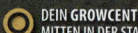

INHALT

EINLEITUNG

Die Informationen in diesem Buch stammen aus frei zugänglichen Quellen und haben einen rein informativen Charakter. Der Autor und der Editor, können keine Verantwortung dafür tragen, zu welchen Zwecken sie verwendet werden. Die Verwendung, der im Buch enthaltenen Informationen zum Zweck eines Handelns, das im Konflikt mit den geltenden Gesetzen steht, dann trägt die volle Verantwortung für ihr Handeln die Person, die dieses Handeln ausübt.

Alle in diesem Buch beschriebenen Informationen und Verfahren sollen als Informationsquelle für diejenigen dienen, die sich für den Anbau unter Kunstlicht interessieren. Hier werden alle Schritte beschrieben, die man tun muss, um einen voll funktionsfähigen Growroom einzurichten, in dem hochwertige und gesunde Pflanzen gezüchtet werden können. Während des Schreibens bemühte ich mich um eine möglichst gute Übersicht und eine einfache Orientierung beim Suchen nach Antworten auf konkrete Fragen.

Die Beschreibungen der Schritte zur Auswahl der nötigen Ausstattung, Anbauanleitungen und Problembeseitigungen, basieren auf praktischen Grower-Erfahrungen. In manchen Punkten können sich die Einsichten des Autors von den Einsichten anderer Fachleute unterscheiden. Es gibt viele Anbauverfahren. Auf den folgenden Seiten werden die beschrieben, mit denen der Autor gute Erfahrungen hat und diese mit gutem Gewissen als bewährte und glaubwürdige Methoden herausgeben kann.

Weil dieses Buch in einer modernen Zeit erscheint, wird es durch die Webseite www.pestovat.cz unterstützt. Jeder Buchbesitzer hat das Recht auf den freien Zugang zur Mitglieder-Sektion.

Ich wünsche euch ein angenehmes Lesen und das Finden aller Informationen, nach denen ihr in diesem Buch sucht.

WIE SOLL MAN IM BUCH SUCHEN

Die Grundaufgabe dieses Buches ist das Liefern von komplexen Informationen über den Indoor Anbau. Dennoch ist es klar, dass man konkrete Informationen ab und zu sehr schnell, einfach und ohne langes Durchblättern, finden braucht. Zu diesem Zweck ist das Buch mit einigen Einzelheiten ausgestattet, die das Suchen erleichtern. Trotzdem ist es nicht einfach, die Bedürfnisse von allen zufriedenzustellen, also manchmal bleibt es nichts anderes übrig, als zu suchen. Probiert aber bitte zuerst die folgenden Schritte aus.

INHALTVERZEICHNIS

Ist im vorderen Teil des Buches und enthält Titel und Untertitel der einzelnen Kapitel. Da Informationen im ganzen Buch chronologisch eingereiht sind, sollte man das gesuchte Thema im Buch ziemlich einfach finden. Inhaltverzeichnis ist absichtlich detailliert, damit man tatsächlich das findet, wofür man sich gerade interessiert.

REGISTER

Alphabetisches Register befindet sich am Ende des Buches. Das Register enthält Kennworte und Begriffe, die ich für wichtig hielt, nach denen man suchen kann. Sobald man im Register einen Begriff findet, nach dem man sucht, sieht man dabei die Seitenzahlen, wo der gesuchte Begriff zu finden ist.

SEITENKOPF

Wenn man die gesuchte Information im Inhalt oder im Register nicht findet, bleibt es nichts anderes übrig, als im Buch zu suchen. Im Kopf jeder Seite befindet sich ein Titel des Hauptabschnitts und des aktuellen Kapitels. Beim Durchblättern kann man dann auf den Kopf achten und die Suche dann stoppen, wenn man das Kapitel sieht, das sich der Information nähert, nach der man sucht.

PAR+

Pflanzen nehmen gegenüber dem menschlichen Auge ein breiteres Lichtspektrum war. Sie reagieren besonders auf rotes und blaues Licht während für Menschen lediglich gelb-grünes Licht sichtbar ist. Das von Pflanzen benötigte Spektrum wird in **PAR** „Photosyntetisch Aktive Strahlung" (**P**hotosynthetically **A**ctive **R**adiation) gemessen.

HOMEbox® **PAR+** Pflanzzelte reflektieren mehr nutzbare Energie für Pflanzen als Zuchtzelte, die nicht PAR optimiert sind. Der höhere PAR-Wert fördert die Photosynthese für gesündere Pflanzen und steigert den Ertrag. Die **PAR+** hochreflektierende Beschichtung ist exklusiv bei **HOMEbox®** erhältlich. www.homebox.net

§§§

Anbau von Cannabis mit höherem THC Inhalt als 0,2 %, wird in den meisten EU Ländern als Straftat qualifiziert, falls für dieses Handeln keine Genehmigung der zuständigen Behörde erteilt wurde. Meidet solches Handeln, das die Verletzung der in ihrem Land geltenden Gesetze, bedeuten würde.

WIE SOLL DER ANBAURAUM EINGERICHTET WERDEN

Bevor wir mit dem Anbau anfangen, muss der Anbauraum vorbereitet werden. Genauso wie beim Outdoor Anbau, muss man beim Indoor Anbau den richtigen Raum aussuchen. Gärtner suchen erst nach dem geeigneten Platz und anschließend arbeiten sie an seiner Rekultivierung – also Beseitigung der alten Vegetation, pflügen, Verwendung von Düngemittel und Endbearbeitung der befruchteten Fläche für die Saat. Die Indoor Züchter erwartet das gleiche Verfahren, jedoch technologisch unterscheiden sich die Schritte deutlich.

Wenn man eine reiche Ernte erzielen möchte, ist es notwendig, dass die Anbaufläche mit Grundelementen ausgestattet wird, die man für das Erreichen des gewünschten Klimas benötigt. Growrooms werden meistens für längere Zeit vorgesehen, aus dem Grund, ist es wichtig, dass man sich mit der Suche nach dem richtigen Platz ausreichend beschäftigt. Worauf man den grössten Wert legen muss und welche Parameter der gewählte Platz erfüllen muss?

- Gute Verfügbarkeit an hochwertigem Wasser.
- Gute Stromleitungen – moderne Leitungsschutzschalter und hochwertige Kabel in Wänden, am besten mit dem Anschluss für 400V. Stellt fest, wie alt die Leitungen am dem Ort sind, wo ihr den Grow Room plant. Alte und schwache Schutzschalter können elektrische Ausfälle verursachen.
- Gute Möglichkeit, die Luft ab- und zuzuführen.
- Es muss möglich sein, das Eindringen und den Verlust vom Licht in/aus dem Growroom zu verhindern.

- Jegliche Art von Schimmel an den Wänden, Decke oder Boden, stellt ein großes Risiko dar, einen so befallenen Platz sollte man meiden.
- Die Raumhöhe sollte mindestens 1,8 m betragen.
- Der Grundriss sollte in der Grösse und in der geplanten Verteilung euren Vorstellungen entsprechen.

GROWBOXEN UND SCHRÄNKE

 Die Wahl des Raums für den Anbau ist etwas einfacher, wenn man sich entscheidet, in in einer fertigen HOMEbox, oder in einem Schrank, den man selbst herrichtet, anzubauen. In so einem Fall genügt, einen Platz auszusuchen, wo man die oben genannte Vorrichtung platzieren möchte. Man muss nur an die Wasserverfügbarkeit und die ausreichende Stromspannung denken. In den Homeboxen hält sich die gewünschte Feuchtigkeit und Temperatur viel leichter. Die HOMEboxen sind mit Trägern für Lüfter und mit Hängebügeln für Lampen ausgestattet und lassen sich dazu auch noch sehr schnell und einfach zusammenbauen. Heutzutage, kann man sich sogar eine eigene Form und Größe der HOMEbox zusammenstellen (HOMEbox Modular).

In dem Moment, in dem man den Raum ausgewählt hat, kann mit seiner Änderung begonnen werden. Bevor man anfängt, muss man sich gut überlegen, wo alle Systemteile platziert werden sollen und vor allem wo sich die einzelnen Pflanzen befinden sollen. Man sollte bereits während dieser Planung die Prinzipien beachten, die bei der Einrichtung des Growrooms eingehalten werden müssen:

- Alle Pflanzen müssen gut zugänglich sein – plant die Platzierung so, damit man an jede Pflanze, egal in welcher Wuchsphase, gut herankommt.

- Die Luftzufuhr muss sich immer in der unteren Hälfte des Growraums befinden und die Luftabfuhr in der oberen Hälfte.
- Versucht, eine möglichst kurze Entfernung der Stromabnehmer zur Stromquelle zu erzielen – vor allem die Entfernung des Vorschaltsgeräts von der Lampe, sollte möglichst kurz sein.
- Behälter mit Lösung, wo sich die Pumpe befinden soll, sollte möglichst nah an die Pflanzen platziert werden – je länger die Entfernung, die die Lösung überwinden muss, desto niedriger der Druck am Ende des Bewässerungssystems. Das gilt in dem Fall, wenn man die Pflanzen automatisch bewässern möchte.

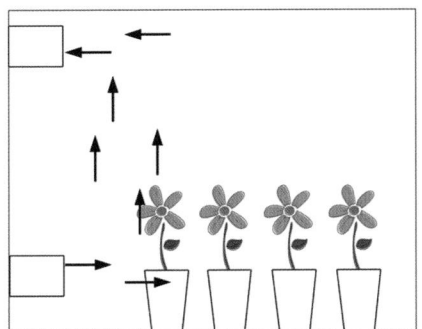 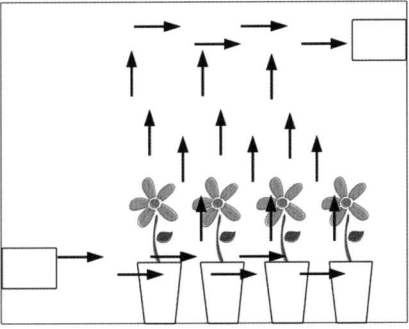

Falsches Anschliessen der Ventilation   *Richtiges Anschliessen der*
Ventilation

Auf diesen Bildern sieht man, was passiert bei einer falschen Platzierung der Luftzufuhr und Abfuhr. Erstes Bild zeigt die Zufuhr und Abfuhr auf einer Seite der Growrooms, wo es zur unzureichenden Luftzirkulation kommt. Ein Teil des Growrooms ist dann falsch belüftet. Im Gegenteil zeigt das zweite Bild, wie die Luft beim richtigen Anschliessen strömt – die Luft verteilt sich im ganzen Growroom gleichmässig.

Eine grosse Rolle bei der Planung des Growrooms spielt das Bewässerungssystem und das Anbaumedium. Wenn man die Anbauart wählt, muss man von der Wasserqualität ausgehen. Auch wenn es einer der

Grundsätze war, worauf man bei der Wahl des Anbauraums achten sollte, ist es möglich, dass das zugängliche Wasser nicht für den hydroponischen Anbau geeignet ist. Der Anbau in Bodensubstraten stellt keine so
hohen Ansprüche auf die Wasserqualität. Wenn man weiss, dass das
zugängliche Wasser z.B. kein Trinkwasser ist, und zu viel Eisen, Nitrate
usw. enthält, ist es dann besser, diesen Weg zu wählen.

WASSERQUALITÄT

Wasserqualität kann am besten mit einem Blick festgestellt
werden – wenn es trüb, gelb oder anders verschmutzt ist,
wird es wohl nicht das richtige sein. Mit einem Blick stellt
man aber leider nicht fest, welche Elemente das Wasser
enthält. Die Grundmessung kann mit Hilfe eines EC Tester
durchgeführt werden. Wenn der Wert von sauberem Wasser höher als
bei 0,5 µS/cm^3 liegt, kann es zu Problemen führen. Damit man die genaue Wasserzusammensetzung feststellen kann, lässt man am besten
eine Analyse im Labor durchzuführen – etwa für 30 EUR.

WAS DIE PFLANZEN BRAUCHEN

Um den nächsten Schritt der Growroom Planung durchzuführen, muss einem klar werden, welche Bedingungen die Pflanzen für ihren gesunden Wuchs benötigen. Ihr Ziel ist eine hervorragende Ernte, die nur von gesunden und starken Pflanzen zu erwarten ist. Ihr Gesundheitszustand hängt direkt von den Klimabedingungen und der Nährstoffzufuhr ab. Jetzt werden wir erklären, welches „Wetter" und warum, für die Pflanzen vorbereitet werden sollte.

LICHT

Ohne Licht geht es nicht. Das Licht ist bei der Photosynthese ein notwendiges Element und die Pflanzen brauchen es zum Leben. Bei einem Lichtmangel wachsen Pflanzen nicht so, wie sie sollten – sie werden dünne Stängel haben und kleine Blüten – man erreicht nie die richtige Traumernte. Das, durch die Lampe ausgestrahlte Licht muss deshalb maximal ausgenutzt werden. Für die Pflanzen ist die sogenannte photosynthetisch aktive Strahlung sehr wichtig und davon brauchen die Pflanzen eine bestimmte Menge. Bei der Growroom Planung, muss man genau berechnen, wie große Fläche effektiv beleuchtet werden soll – das wird zur Auswahl der Lampen benötigt. Alles Wichtige über die Beleuchtung, Lampenwahl, Reflektorauswahl usw., erfährt man im Kapitel – Beleuchtung.

WASSER

Beim Wasser gelten die gleichen Regeln wie bei den Nährstoffen. Ein Mangel ist genauso gefährlich, wie ein Überfluss. Unzureichendes Gießen verlangsamt den Wuchs der Pflanze und bei einem großen Mangel kommt es zum Absterben der Pflanze. Bei optimaler Wassermenge wuchert die Pflanze. Das Wasser, die Wärme und das Licht tun den Pflanzen

31

gut und demnach gedeihen sie auch. Allerdings zu viel kann schaden. Bei einem Wasserüberfluss, beginnen erst die Wurzeln abzufaulen, wodurch die Pflanze Nährstoffe verliert. Falls der Überfluss andauert, wird die Pflanze gelb. In einem extremen Fall beginnt auch der Stängel abzufaulen und die Pflanze stirbt völlig ab. Temperatur der Nährlösung sollte 22 – 25 °C betragen.

LUFT

Konkret Sauerstoff und CO_2. Mangel an diesen Elementen verursacht einen verlangsamten, oder fast keinen Wuchs, gelbe Blätter und kleine Blüten. Der Growroom muss regelmäßig und effektiv belüftet werden. Nicht nur wegen der Sauerstoffzufuhr, sondern oft auch zur Aufrechthaltung der gewünschten Temperatur und der Feuchtigkeit im Growroom. Widmet bitte deshalb eine große Aufmerksamkeit der ausreichenden Lüfterleistung im Growroom. Erforderliche Informationen findet man im Kapitel Lüfter/Ventilatoren.

NÄHRSTOFFE – N-P-K

N = Nitrogenium, P = Phosphor, K = Kalium

Stickstoff + Phosphor + Kalium = Grundnährstoffe, die für den Anbau von gesunden und starken Pflanzen benötigt werden. Diese Elemente enthalten die meisten flüssigen und festen Düngemittel. Mangel, oder Überfluss eines der Elemente kann fatale Folgen haben. Stickstoff beeinflusst den Gesamtwuchs der Pflanze, sein Mangel zeigt sich dann in schwachen Stängeln und kleinen Pflanzen. Phosphor hat den größten Einfluss auf die Blüten, somit verursacht sein Mangel schlechte Blütenentwicklung. Kalium hat einen markanten Einfluss auf die Qualität und die Anzahl der Früchte. Bei einer überflüssigen Nährstoffzufuhr weis sich die Pflanze alleine nicht zu helfen. Bei einer Überdosis werden die Blätter braun und verdreht und es kommt zu einem sog. Pflanzenbrand.

WÄRME

Pflanzen lieben die Wärme. Wenn man ihnen keine nötige Temperatur liefert, werden sie nicht so wachsen, wie man es von ihnen erwartet. Beim angemachten Licht, sollte sich die Temperatur zwischen 24 – 28 °C bewegen (nie mehr als 32 °C), während der Nacht sollte sie nicht unter 18 °C senken.

 **Große Temperaturschwankungen verursachen größere Abstände der einzelnen Pflanzenstöcke.** Das Ziel ist also, möglichst geringe Temperatur-schwankungen zu sichern, damit man kleinere Abstände zwischen den einzelnen Pflanzenstöcken gewinnt. Niedrigere und buschige Pflanzen beleuchtet man durch die nötige Lichtintensität nämlich viel einfacher.

FEUCHTIGKEIT

Feuchtigkeit wirkt Wunder. Wenn man den Pflanzen in der Anfangspha-se, eine konstante 80 % Feuchtigkeit sichert, werden sie viel schneller anfangen zu wachsen. In weiteren Phasen beträgt die optimale Feuchtig-keit 60 – 80 %. Der Unterschied in der Wuchgeschwindigkeit und der Vitalität der Pflanzen ist markant. Wenn man keine ausreichende Feuch-tigkeit liefert, reduziert man so die Chancen für einen Erfolg. Die Feuch-tigkeit ist für Pflanzen sehr wichtig, gleichzeitig aber kann sich dadurch Schimmel bilden, vor allem in den letzten 2 – 4 Wochen der Blütephase. Während dieser Zeit ist es besser, wenn man eine konstante Luftfeuch-tigkeit im Bereich 40 – 50% hält.

SAUBERKEIT

Im Verlauf ihres Lebens werden die Pflanzen einer dauerhaften Gefahr vom Schimmelbefall, Schädlingsbefall und verschiedenen Krankheiten, ausgestellt. Um diese Einflüsse zu eliminieren, muss auf maximale Sauberkeit in Growroom geachtet werden. Teppich oder ein anderes saugfähiges Material ist für den Growroom Boden nicht geeignet. Die Anwesenheit von Mäusen oder anderen Nagetieren erhöht nur die Wahrscheinlichkeit, dass Krankheiten auftreten können. Für Haustiere ist der Zugang zum Growroom streng verboten. Räumt den Growroom regelmäßig auf, und hält überall Sauberkeit – es lohn sich.

Die oben genannten Attribute sind ein untrennbarer Bestandteil, die zum Weg einer guten Ernte gehören.

In jede Phase der Planung und der Ausrüstung des Growrooms muss man diese Attribute bedenken und ihnen auch alles andere anpassen. Jedes Mal, wenn man etwas im Growroom umbauen oder ändern möchte, muss man immer daran denken, was die Pflanzen benötigen.

VERTEILUNG DER PFLANZEN UND DER NÖTIGEN AUSRÜSTUNG IN GROWROOM

PFLANZEN

Ihr habt den Platz ausgewählt und ihr wisst bereits, welchen Dingen die maximale Aufmerksamkeit gewidmet werden muss. Jetzt kommt der Moment, wo es wichtig ist, die Verteilung der Pflanzen sorgfältig einzuteilen. Man muss sich merken, dass man sich um die Pflanzen oft kümmern müss, also wäre es gut, wenn man einen einfachen Zugang zu allen Pflanzen hat. Man kommt einfach an alle dran, wenn sie noch klein sind. In Abhängigkeit von der Anbauweise und der gewählten Pflanzenart, kann es dazu führen, dass eure Pflanzen in der Reife vielleicht 1,5 m groß werden. Wenn man nicht über einen guten Zugang zu jeder Pflanze verfügt, kann es passieren, dass bei einem Versuch, sich zu einer Pflanze an der Wand durchzuzwängen, die Zweige abbrechen, die dann den Zugang verhindern. Man sollte überflüssige Schäden vermeiden und die Pflanzen vernünftig aufteilen. Jede Pflanze sollte einfach auch von der Stelle zugänglich sein, wo man selber auch stehen kann.

 Die Verteilung der Pflanzen muss man immer als erstes bedenken. Pflanzen sind das wichtigste im Growroom und alles andere kann irgendwie angepasst werden.

Die gesamte Ausstattung sollte in einer ausreichenden Entfernung von den Pflanzen aufgeteilt werden (außer Lampen, die ihren festen Platz über den Pflanzen haben). Im Growroom muss ein ausreichender Platz zum Durchgehen und Umstellen der Behälter, Entfeuchter usw. geschaffen werden. Es ist klar, dass man solche optimale Bedingungen nicht in jedem Growroom erzielen kann. Denkt einfach und praktisch. Die Geräte und Dinge, die man umwerfen kann, die dadurch kaputt gehen können, sollte man einfach an einen weniger frequentierten Platz stellen.

WASSERBEHÄLTER

Egal ob man die Pflanzen per Hand oder automatisch begießt, man wird in jedem Fall einen Behälter brauchen, in dem man sauberes Wasser, oder Wasser mit gemischten Düngermitteln, aufbewahrt. Manche Bewässerungssysteme werden schon mit solchen Behältern ausgestattet (NFT, Aeroponic, Aquasystem usw.), trotzdem ist es gut, mit so einem Platz zu rechnen. Wenn man die Pflanzen mit Wasser aus einer Stadtwasserleitung gießt, muss das abgestandenes Wasser sein, damit das Chlor verdunstet. Kaltes Wasser muss zuerst auf gewünschte Temperatur erwärmt werden. Der Behälter sollte so platziert werden, damit er leicht zugänglich ist – während des Anbaus muss der Behälter ab und zu von Algen und festem Schmutz befreit werden.

Voll mit Wasser aufgefüllter Behälter hält zusätzlich einen Stoff fest, der Schaden verursachen kann. Einen Behälter, der am Eingang platziert ist, kann man in einem Beschädigungsfall einfacher wechseln, als wenn er irgendwo hinter den Pflanzen stehen würde...

ELEKTROINSTALLATION

Im Growroom gibt es keine gefährlichere Ausstattung als die Elektroinstallation. Eine Verletzung mit elektrischem Strom kann fatale Folgen haben und es muss unter größter Sorgfalt und Vorsicht gemacht werden. Das Herz von jedem Growroom ist die Stelle, von wo man den Strom zu den Lampen, zu den Lüftern und zu anderen Geräten führt. Die Kabel sollen nie auf dem Boden liegen und auch die Vorschaltgeräte gehören nicht auf den Boden. Bei einer Beschädigung des Wasserbehälters oder bei einem fehlerhaften Bewässerungssystem, kann es zum Kontakt des Wassers mit der Elektroinstallation kommen, das zur Beschädigung von teuren Komponenten führen könnte. Wenn man voraussetzt, dass man den Growroom nicht täglich besucht, dann kann es dazu kommen, dass die Lampen oder andere Geräte einige Tage nicht laufen. Die Folgen für die Ernte könnten katastrophal werden.

 Plant bitte ein, dass die gesamten Geräte mindestens 20 cm über dem Boden und außer Bereich des Bewässerungssystems platziert werden müssen. So wird das Risiko des Wasserkontakts deutlich verringert. Wenn z.B. das Verlängerungskabel am Boden liegen muss, sollten die Steckdosen unbedingt mit Kunststofffolie umgewickelt werden.

BEFEUCHTER/ENTFEUCHTER

Diese zwei Geräte laufen nie zusammen. Deren Operationsraum sollte aber gleich sein. Sie sollten sich auf einer Stelle befinden, die ungefähr die gleiche Entfernung zu allen Pflanzen hat. Die Feuchtigkeit wird dann bei allen Pflanzen gleichmäßig verteilt und im Falle der Entfeuchtung, entnimmt man die Feuchtigkeit gerade wieder von den Pflanzen, für die man diese beiden Tätigkeiten ausführt. Befeuchter und Entfeuchter sollten sich aber nicht direkt zwischen den Pflanzen befinden – dort, wo die Töpfe, Würfel usw. stehen.

LUFTTECHNIK

Abhängig von der Growroom Größe, muss manchmal die Luftzufuhr und die Luftabfuhr durch verschiedene flexible Rohre geleitet werden. Deren Platzierung muss gut durchdacht werden, um die Luft dort hin zu bekommen, wo man sie braucht, bzw. sie von den Stellen, wo es gebraucht wird, abzuführen. Ich stoße auf eventuelle Verwendung eines Reflektors mit Abzug und auf kohlenhaltige (Duft) Filter. Am Anfang des Buches wurde das Grundlegende gesagt – dass die Luftzufuhr in der unteren Hälfte und die Luftabfuhr in der oberen Hälfte des Growrooms angebracht werden muss. Einer genaueren Beschreibung der Lüfter, der Filter und anderer Komponenten, die in die Gruppe der Lufttechnik gehören, werden wir uns noch später widmen.

Nach dem man sich die Aufteilung des Growrooms fleissig überlegt hat, ist es an der Zeit, sich die notwendige Ausstattung zu besorgen. Schauen wir uns jetzt also an, wie man die richtige Lampe (Röhre), den ausreichend leistungsfähigen Lüfter und weitere Ausstattung auswählen soll , die euch eine richtige Ernte zu erzielen hilft.

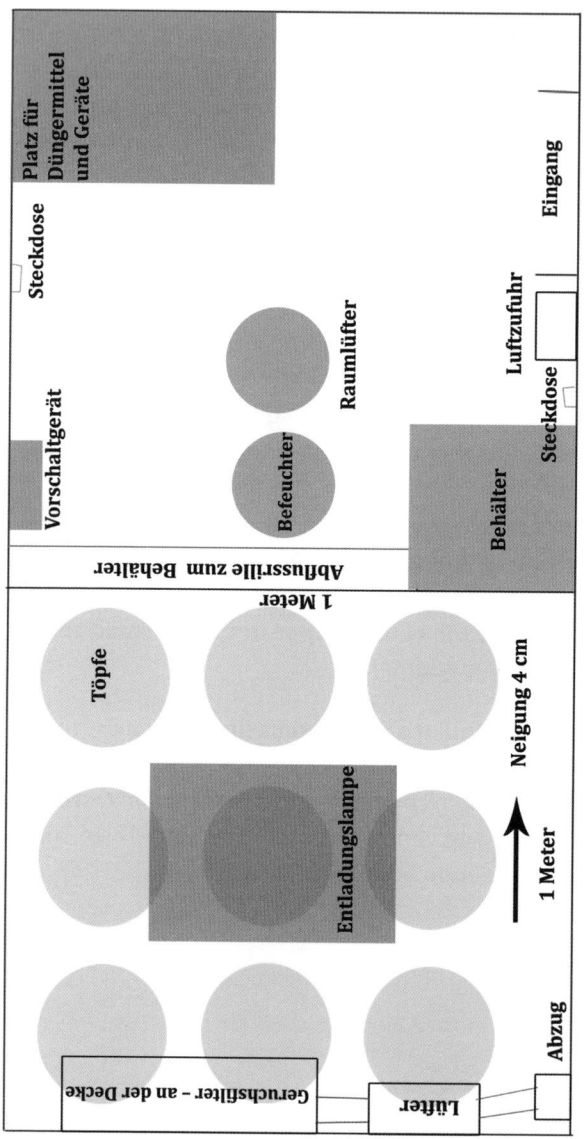

Ein Beispiel der Growroom Skizze.

STEUERUNGS- UND SCHALTELEMENTE DES GROWROOMS

STEUERUNSGELEMENTE DER LÜFTER

Durch Lüfter bekommen die Pflanzen genug Sauerstoff und CO_2. Zugleich wird dadurch die Temperatur in Growroom beeinflusst. Um eine richtige Temperatur und eine ausreichende Luftzufuhr zu verbinden, braucht man verschiedene Schalter und Drehzahlregler, die dafür geeignet sind. In manchen Growrooms genügt ein Lüfter mit der richtigen Leistung, den man non-Stopp laufen lässt. Wo anders wird es notwendig, die Lüfter richtig zu steuern, damit es nicht zur Überhitzung, oder im Gegenteil zum extremen Abkühlen kommt.

ZEITSCHALTUHR FÜR LÜFTER

Das einfachste Steuerungselement ist die Zeitschaltuhr in Form einer Schaltsteckdose. Man steckt diese einfach in die Steckdose und das Intervall und die Betriebsdauer der Lüfter wird eingestellt. Diese Art der Belüftung ist die billigste, hat aber ihre Grenzen. Einerseits erfordert sie eine konstante Temperatur der Ansaugluft – wenn sich der Growroom in der Wohnung befindet, wird es kein Problem sein, aber wenn die Luft von Außen angesaugt werden soll, wird es notwendig, die Ventilation in Abhängigkeit von der Außentemperatur zu regeln. Weiterer Nachteil ist die schnellere Motorabnutzung des Lüfters, bei häufigem Ein- und Ausschalten.

DREHZAHLREGLER

Dieses Gerät hilft bis zu einem gewissen Grad, die aktuelle Lüfterleistung zu beeinflussen. Man kann die Drehungen z.B. beim eingeschalteten Licht erhöhen, um die Lufttemperatur in den gewünschten Grenzen zu halten. Umgekehrt kann man die Drehungen in der Nacht so absenken, damit der ausreichende Luftwechsel sichergestellt wird und damit es gleichzeitig zu keinen extremen Luftabkühlungen kommt. Die Regler sind manchmal mit einem Thermostat verbunden. In solchem Fall können die Lüfter ununterbrochen mit einer niedrigen Leistung laufen und einen regelmäßigen Luftwechsel sichern. Wenn die Temperatur zu der oben eingestellten Grenze steigen würde, würden sich die Lüfterumdrehungen erhöhen und es könnte zu einer automatischen Temperaturabsenkung kommen. Der Vorteil eines mit Thermostat verbundenen Drehzahlreglers ist auch der Fakt, dass der Dauerdurchlauf des Lüfters weniger auffällig wirkt, als das häufige Schalten. Diesen Vorteil schätzen hauptsächlich Grower in Reihenhäusern, oder Wohnhäusern mit dünnen Wänden.

THERMOSTAT

Dieses relativ einfache Gerät dient zum Ein-/Ausschalten des angeschlossenen Geräts, in diesem Fall des Lüfters, und um eine bestimmte Temperatur zu erreichen. Wenn der Thermostat auf 28 °C eingestellt wird, schaltet die Lüfter in dem Moment ein, wenn die Temperatur diesen Wert übersteigt. Thermostat kann auch umgekehrt eingesetzt werden, also wenn die Temperatur unter den gewünschten Wert sinkt . In diesem Fall sollte aber eine Heizung am Thermostat angeschlossen werden.

HYGROSTAT

Hygrostat arbeitet auf derselben Basis wie Thermostat, nur mit dem Unterschied, dass er die relative Feuchtigkeit regelt. Hygrostat kann wieder so eingestellt werden, damit der Lüfter in dem Moment schaltet, wenn die Feuchtigkeit den eingestellten Wert übersteigt. Genauso kann Hygrostat zum Schalten des Befeuchters – er schaltet in dem Moment, wenn die Feuchtigkeit unter die eingestellte Grenze sinkt.

THERMOHYGROSTAT MIT DREHZAHLREGLER

Die Steuerung von Lüfterelementen, Heizung und Luftbefeuchtung auf höchstem Niveau. So ein Gerät ist natürlich etwas teuerer, trotzdem sind seine hochwertigen Dienste in Growroom nicht zu bezahlen.

Grundeinstellung der Lüfter umfasst Timing des automatischen Schaltens in der gewünschten Zeit – das schafft leicht die Schaltuhr. Allerdings, was ist, wenn in den Pausen zwischen dem Schalten zur Temperaturerhöhung, oder senken/steigen der Feuchtigkeit usw. kommt? Der Thermohygrostat kann die Lüfter auch außer der, im Voraus eingestellte Zeit schalten, und das Klima im Growroom wieder auf gewünschte Werte regulieren. Er verfolgt gleichzeitig die Temperatur und die Feuchtigkeit und zusätzlich schaltet er die Lüfter auf eine Leistung, die gerade gebraucht wird. Wenn sich die Temperatur nicht konstant halten lässt und eine stärkere Leistung der Lüfter benötigt wird, erhöht dieses Gerät die Lüfterumdrehungen und nach dem Überwinden der kritischen Werte, setzt er die Zahl der Drehungen wieder zurück in den ursprünglichen Zustand. So hat man im Growroom die Sicherheit einer stabilen Umgebung ohne dass man das Klima ständig persönlich kontrollieren muss. Gemeinsam mit den Lüftern können durch dieses schlaue Gerät auch die Luft Befeuchter/Entfeuchter gesteuert werden – er schaltet sich so ein und aus, damit die relative Feuchtigkeit ständig in den gewünschten Werten gehalten wird.

HYSTERESE

Eine Hysterese ist eine Abweichung von der eingestellten Temperatur. Bei der Verwendung des klassischen Thermostats kommt es dazu, dass die Lüfter in dem Moment schalten, sobald der Thermostat eine höhere, als die eingestellte Temperatur, registriert. Gewöhnlich rechnen Thermostate mit einer Abweichung von 1 °C. Wenn die Temperatur auf 28 °C eingestellt ist, schaltet der Thermostat den Lüfter erst bei 29 °C. In größeren Räumen kann passieren, dass sich der Belüftungseffekt nicht sofort zeigt. Die Temperatur kann also noch eine Weile steigen. Sobald die

Temperatur anfängt zu sinken, schaltet der klassische Thermostat die Kühlung (den Lüfter) erst in dem Moment aus, wenn die Temperatur 27 °C erreicht. Auch der Abkühleffekt wird nicht sofort eingestellt, aber die Temperatur kann nach dem Ausschalten sinken. Heutzutage gibt es auf dem Markt viele Regler mit einstellbarer Hysterese und stetigem Drehzahlregler. Nach Wunsch kann man die Hysterese zum Beispiel von 0,1 bis 10 °C einstellen. Ein Einbauregler senkt bzw. erhöht die Drehungen noch bevor die eingestellten Werte erreicht werden. In der Praxis heißt es, dass die Temperatur in Growroom mit geringen Abweichungen gehalten werden kann, oder umgekehrt, aufgrund der Steigerung der Growroom - Diskretion kann das häufige Schalten/Ausschalten der Lüfter verhindert werden.

STEUERUNGSELEMENTE DER BELEUCHTUNG

Steuerung der Beleuchtung ist viel einfacher, als es bei der Belüftung der Fall ist. Die Beleuchtungsdauer ist nämlich gegeben. Aus dem Grund, genügt den meisten Growern der übliche Steckdosenschalter – ich empfehle einen digitalen, der das Schaltintervall, auch während eines Stromausfalls bewahrt. Die klassische Zeitschaltuhr steuert zuverlässig allerdings nur Lampen mit einer Leistung bis 400W. Bei höheren Leistungen kann es zu einer Überhitzung kommen und sie hört auf zu funktionieren. Demzufolge sind die Lampen ständig an, oder ständig aus.

SCHÜTZ

Durch die Anwendung des Schützes wird zuverlässiges Schalten der, mehr als 400W stärkeren Lampen (oder einer größeren Menge von Lampen) gesichert. In diesem Fall fliesst die nötige Spannung nicht direkt durch die Schaltuhr, sondern durch den Schütz, das wesentlich höhere Spannung erträgt. Die Schaltuhr aktiviert nur den Schütz.

Verzögertes Relais

Wenn es zu einem kurzen Stromausfall kommt (ein paar Sekunden oder Minuten), gehen die Lampen aus und versuchen wieder „anzuspringen". So eine Situation verkürzt aber die Lebensdauer der Lampen. Nach jedem Ausschalten ist es besser, mindestens 10 Minuten zu warten, bevor man die Lampen wieder anmacht. Das gibt den Lampen genügend Zeit um auszukühlen und verhindert ihre Beschädigung. Ein kurzer Stromausfall kann auch dann auftreten, wenn man selber nicht in der Lage ist die Lampen auszuschalten und sie dann wieder einzuschalten. Das führt für Sie automatisch das verzögerte Relais aus. Der Stromausfall schaltet das Relais an und das Relais leitet den Strom in die Lampen erst nach dem eingestellten Intervall – also nach 10 Minuten, oder noch etwas später. So werden die Lampen dann vor einer Beschädigung sicher geschützt.

Steuerung der Bewässerung

Manche Bewässerungssysteme erfordern eine sehr genaue Schaltzeit, um eine präzise Bewässerung zu sichern – das heißt, damit die Pflanzen nicht zu viel oder nicht zu wenig Wasser bekommen. Zu diesem Zweck gibt es in ihrem Growshop eine ganze Reihe von Hilfsmitteln, die euch ermöglichen werden, die Länge und die Intervalle der Bewässerung von einigen Sekunden bis einige Minuten einzustellen.

Komplexsteuerung des gesamten Systems

Alle oben genannte Elemente können miteinander verbunden werden. Man kann dann einfach alles auf einmal – die Beleuchtung, die Belüftung und die Bewässerung steuern und man kann sich vollkommen sicher sein, dass alles so läuft, wie man es möchte. Die Komplexsteuerungen lohnen sich hauptsächlich in größeren Räumlichkeiten. Natürlich ist der Kaufpreis etwas höher, also genügt einem üblichen Grower eine klassische Zeitschaltuhr. Trotzdem würde ich jedem empfehlen, wenigstens in einen Thermostat mit Drehzahlregler zu investieren. Dank dem, verhindert man nämlich große Temperaturunterschiede und zusätzlich wird der nötige Sauerstoffwechsel gesichert

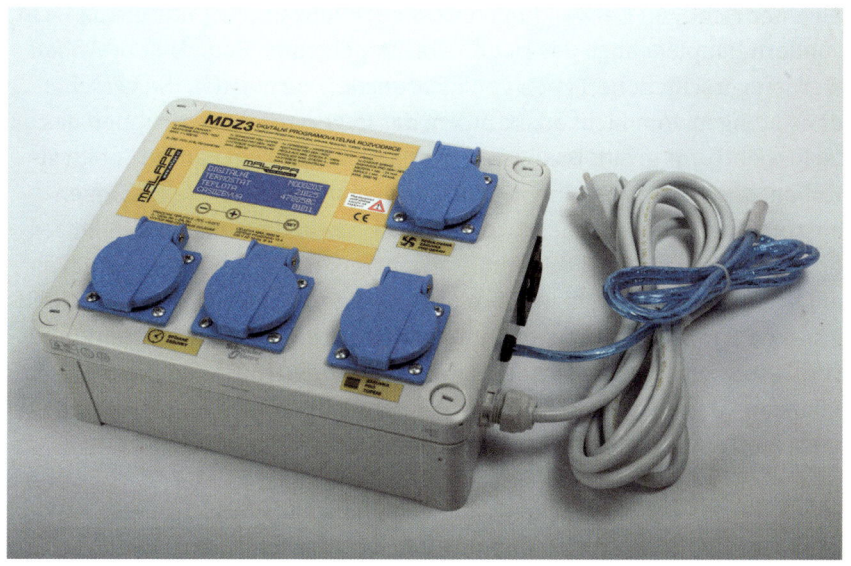

Steuerung *der Beleuchtung, Belüftung und Bewässerung in einem. Steuerung MDZ3 – www.malapa.cz*

BELEUCHTUNG

Zu einer richtigen Entwicklung brauchen Pflanzen nicht nur genug Licht, sondern hauptsächlich das richtige Lichtspektrum. Beim Indoor Anbau werden verschiedene Typen von Lichtquellen verwendet, die verschiedene Mengen vom Licht ausstrahlen, das in verschiedene Gruppen des Lichtspektrums greift. Das Lichtspektrum enthält sogenannte Spektralfarben, die bestimmten Intervallen (Entfernungen) der Wellenlängen entsprechen. Menschliches Auge ist in der Lage, Wellenlängen in Entfernung von etwa 400 bis 800 nm (Nanometer) wahrzunehmen, wobei es am besten Wellenlängen im Bereich zwischen 500 – 650 nm wahrnimmt. Für die Pflanzen ist die sogenannte photosynthetisch aktive Strahlung (PAR) sehr wichtig, die sich im Bereich zwischen 400 – 700 nm bewegt. Pflanzen können das Licht intensiver gerade in Wellenlängen aufnehmen, wofür das menschliche Auge nicht genug empfindlich ist.

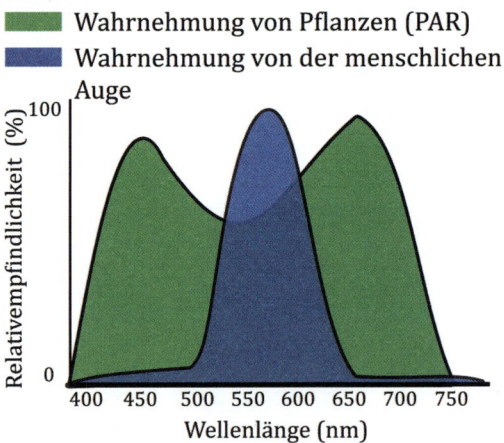

Pflanzen nutzen andere Gruppen des Lichtspektrums zur Photosynthese, als das menschliche Auge.

PRAKTISCHE LICHTMESSUNGEN

Photosynthetisch aktive Strahlung ist ein Teil der elektromagnetischen Strahlung, genauso wie zum Beispiel die Röntgenstrahlung, oder die Radiowellen. Und als solches, ist es möglich, es zu messen. Allerdings sind die meisten Messgeräte für Lichtintensität und Lichtwirkung auf das menschliche Auge orientiert. Für unsere Zwecke benötigt man einen Spektrofotometer, der die genaue Linie, in die das Licht der gemessenen Lichtquelle greift, messen kann. Spektrofotometer kann uns in Verbindung mit der nötigen Software verraten, wieviel Watt Licht in einer konkreten Wellenlänge auf 1 m² fällt.

TEST DER REFLEKTIONSFÄHIGKEITEN DER REFLEKTORE, FOLIEN UND GROWBOXEN

Während ich den ersten Teil dieses Buches schrieb, suchte ich nach einer Art, wie ich die PAR Dosis möglichst genau ausrechnen kann, die unter der Verwendung von verschiedenen Lichtquellen zu den Pflanzen gelangt. Dabei stellte ich fest, dass die Lichtmenge, die zu den Pflanzen gelangt, deutlich durch weitere Faktoren beeinflusst wird und die beste Methode, wie die Wahrheit festgestellt werden könnte, wäre gerade ein Test mit Hilfe eines Spektrofotometers auszuführen. So ein Gerät zu besorgen war sehr kompliziert und als ich endlich ein Gerät fand, das meinem Plan entsprechen könnte, stoß ich auf einen Preis, der bis zu tausenden von Euro reichte. Es handelte sich um Spektrofotometer AvaSpec 3648.

Dank dem Zuvorkommen des Distributors dieses Geräts, kam ich in Kontakt mit der Elektrotechnischen Prüfungsanstalt in Prag (EZÚ), die den AvaSpec besitzen und sind ebenfalls mit einem Labor zum Testen der Lichtquellen ausgestattet.

Die Anstalt war meinem Test gegenüber sehr offen und wir haben eine Zusammenarbeit vereinbart. Die EZÚ hat mir ein Labor und einen Mitarbeiter, der die gewünschte Messung aufzeichnen kann, vermietet. Obwohl der Preis für die Miete viel billiger war, als die Anschaffung eines Spektrofotometers und der nötigen Software, reichten die Kosten bis zu vielen zehntausend Kronen(CZK). Darüber hinaus brauchte ich jede Menge Ausstattung, derer Anschaffung wieder viel Geld kosten würde.

Zum Glück fand ich viele Sponsoren, die bereit waren, die Forschung finanziell zu unterstützen. Es handelte sich vor allem um die Gesellschaft Advanced Hydroponic of Holland, den führenden holländischen Produzenten von Düngemitteln, der die ganze Forschung bedeutend finanzierte. Die ganze Ausstattung verlieh dann Groshop.cz und das LED Modul stellte die Firma Mazar.cz zur Verfügung.

Spektrofotometer ist fähig, die genaue Kurve des Lichtspektrums das auf den Sensor fällt aufzuzeichnen und auch auf die Leistung. Das heißt, das es möglich ist, die Dosis der photosynthetisch aktiven Strahlung im Bereich zwischen 400 – 700 nm in Watt auf Quadratmeter zu messen. Bei den Lichtquellen ist es dann möglich abzuschätzen, welche für die Wuchsphase und welche für die Blütephase am besten geeignet ist. Bei den Reflektionsgeräten, wie den Reflektoren, Reflektionsfolien und Wänden der Growboxen, kann wieder die Fähigkeit, das Licht zu reflektieren und zu zerstreuen, geprüft werden.

TESTVERLAUF

Um die Bedingungen wie bei einem wirklichen Anbau am besten zu simulieren, benutzte ich die Growbox 120 x 120 x 200 cm. Nach Innen platzierte ich eine Plastikplatte mit 49 gebohrten Öffnungen, die Quadrate in der Größe von 20 x 20 cm, bildeten. Dadurch entstand das Gitter, von dem die PAR W/m^2 Werte abgelesen wurden. In jede Öffnung schob ich dann nach und nach den Sensor des Spektrofotometers (Öffnungen hatten denselben Durchmesser wie der Sensor) und der EZÚ Mitarbeiter zeichnete die gemessenen Werte in einer Datei auf. Insgesamt führten wir fast 1 000 Messungen mit verschiedenen Reflektoren, Growboxen, Vorschaltgeräten, Lichtquellen und Reflex Folien, aus. Die Ergebnisse

übertrug ich in Graphen, von denen man manche auf den folgenden Seiten sehen kann. Über den ganzen Test entstand auch die Serie „Undurch-
sichtiges Licht", die im Magazin Legalizace publiziert wurde und die
einer sehr positiven Reaktionen begegnete. Für die Ergebnisse interes-
sierten sich auch einige Auslandsfirmen und Zeitschriften.

WIE SOLLEN DIE ENDGRAPHEN GELESEN WERDEN

Die Flächengraphe repräsentieren den Grundriss der Anbaufläche.
Jede Farbe zeigt dann, in welcher Dosis die PAR auf die Anbaufläche
fällt. Die Ziffern bei den Achsen bezeichnen Zentimeter. Bei jedem
Graph wird die Durchschnittsdosis PAR W/m^2 in Zahlen ausgedrückt.
Das heißt, wenn im Rahmen zum Beispiel die Zahl 106 steht, wurde
die Durchschnittsdosis des auf die Fläche fallenden Lichts, gerade 106
PAR. Die Farbgraphe findet man auf **www.pestovat.cz,** wo man auch
das Video findet, das während des Testens aufgenommen wurde.

Beispiel:

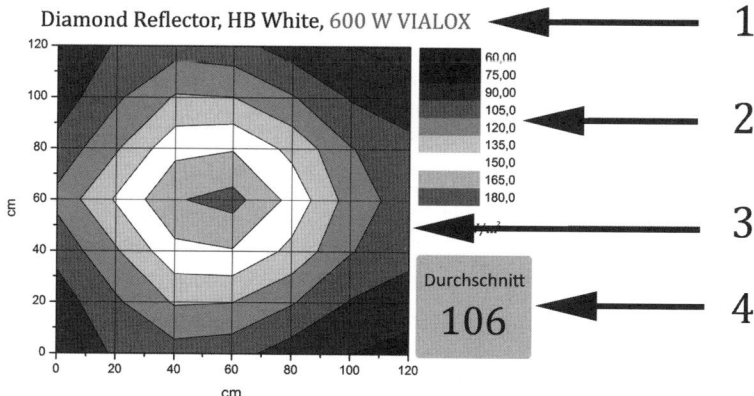

Erläuterungen:

1. Kombination der getesteten Elemente – Reflektor Diamond, Grow HOMEbox White, Lampe 600 W Osram Vialox.
2. Farbskala – Farben im Graph entsprechen den PAR W/m² Werten, die neben der Farbskala angegeben sind.
3. Testanbaufläche. Graph zeigt, wie das Licht in verschiedener Intensität auf die Anbaufläche fällt.
4. Durchschnittsdosis PAR W/m².

Nun hindert uns nichts mehr daran, sich an die Beschreibungen und Bewertungen aller Aspekte zu machen, die die PAR Dosis, die von der Lichtquelle zu den Pflanzen wandert, beeinflussen.

EIGENSCHAFTEN DER LICHTQUELLEN

Beim Kauf von Lampen, Leuchtstoffröhren und LED Beleuchtungen stößt man oft auf Angaben, die einem einiges von der Qualität und Effizienz verraten. Wenn man weiss, was die Daten bedeuten, kann man sich leichter entscheiden, welche Lichtquelle man wählen sollte.

Leistungsbedarf – bedeutet die Energiemenge, die die Lichtquelle verbraucht und wird in Watt angegeben.

Lichtstrom (Φ) – diese Angabe wird in Lumen (lm) angegeben. Lumen ist eine Lichtstromeinheit. Je größer die Leuchtkraft, desto größere Kegel von der Lichtquelle beleuchtet wird – eine Glühbirne mit der Leuchtkraft von 90 000 Lumen leuchtet weiter, als eine Glühbirne mit der Leuchtkraft von 40 000 Lumen.

Wirkungsgrad – ist die Fähigkeit der Lichtquelle, Watt in Lumen umzuwandeln. Der Wirkungsgrad wird Lumen auf Watt (lm/W, oder LPW) angegeben und ist ein wichtiger Indikator von der Effizienz der Lichtquelle. Wenn zum Beispiel eine 400W MH Lampe Lumen pro Watt spendet, erzielt man damit eine weniger effiziente Energienutzung, bzw. Beleuchtung, als mit einer Lampe mit der gleichen Leistung, die 125 Lumen pro Watt emittiert.

Beleuchtungsintensität (E) – gibt das Verhältnis des Lichtstromeinfalls zur beleuchteten Fläche an. Die Maßeinheit ist der Lux (lx). Die gemessene Beleuchtungsstärke 1 lx heisst, wenn 1 Lumen auf 1 m² fällt. Wenn man eine Lampe mit der Leuchtkraft 10 000 Lumen auf die Fläche von einem 1 m² hat, gewinnt man 10 000 Lux. Beleuchtungsstärke (E) = $\frac{lm}{m2}$

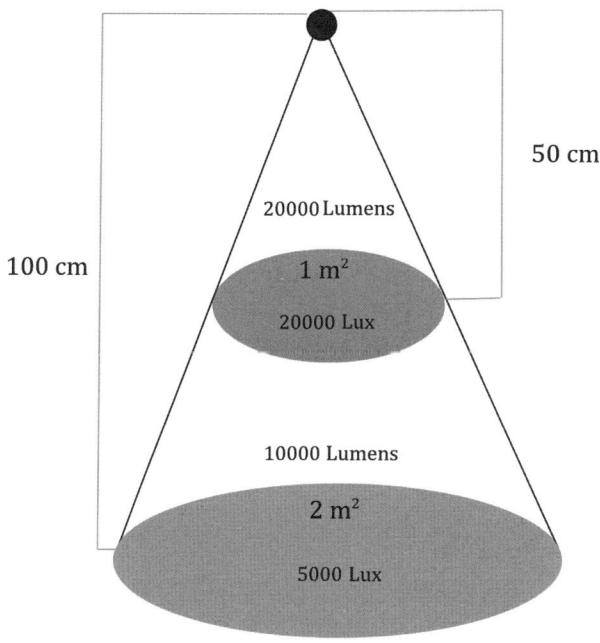

Illustrationsbild *der Berechnung von der Beleuchtungsstärke in Lux und deren Lichtabnahme abhängig auf der Entfernung von der Lichtquelle.*

Lichtspektrum – zeigt, in welche Gruppen des Lichtspektrums das Licht greift, das die gegebene Lichtquelle ausstrahlt. Dank dieser Angabe stellt man fest, ob sich die Lichtquelle für die Wuchs- oder die Blütephase, oder für beide Phasen, eignet.

Temperatur der Chrominanz (auch die Farbtemperatur) – ein Hilfsbegriff zur Definition von der Lichtzusammensetzung, das in Kelvins (K) angegeben wird. Technisch gesagt, das charakterisiert das Spektrum des weißen Lichts. Verständlich kann man sagen, dass je höher die Chrominaz Temperatur ist, desto mehr vom weißen/blauen Licht die Lichtquelle verbreitet. Noch eine nützlichere Information für die Grower ist das, dass je niedriger ist die Chrominanz Temperatur ist, desto besser eignet sich die Lichtquelle für die Blütephase. Im Gegenteil, je höher der Wert ist, desto mehr Licht in das Lichtspektrum greift, das für den Wuchs so notwendig ist.

Photosynthetisch aktive Strahlung PAR (englisch PAR – Photosynthetically Active Radiation) – Licht, das die Pflanzen für die Photosynthese ausnutzen. Einfacher gesagt, es ist ein Licht, das die Pflanzen *sehen*. Es bewegt sich in Wellenlängen zwischen 400 – 700 nm. Beleuchtungsintensität wird in PAR auf Quadratmeter (W/m^2 PAR) angegeben. Zum Ausrechnen von PAR W/m^2 Strahlung braucht man den Strahlungsfluss PAR in Watt (W PAR) und die Menge der emittierten Lumen, zu kennen. Auf die Angabe über den Strahlungsfluss PAR stößt man bei der Mehrheit der Lichtquellen zwar nicht, aber für den Anbau unter dem Kunstlicht, ist sie sehr wichtig.

Bestrahlungsdosis PAR – zeigt, welche Strahlungsdosis PAR in Watt auf die Fläche in einen bestimmten Zeitabschnitt fällt. Die Einheit der Bestrahlungsdosis PAR ist $W.h.m^{-2}$ PAR. Die Angabe kann auch in Joule angegeben werden – $J.m^{-2}$ PAR.

Strahlungsmenge PAR – wird in W.t PAR, zum Beispiel W.h PAR angegeben.

Steradiant (sr) – die Einheit des Raumwinkels. Ein Kegel, gebildet durch Licht, das in der Mitte einer Kugel mit einem Durchmesser von 1 Meter platziert ist, der auf ihrer Oberfläche eine Fläche von 1 m^2 bildet. Besser kann man es auf dem Bild sehen. Steradiant wird aus dem Grund definiert, damit wir besser das Verhältnis der Lumen und der Candela verstehen. Es ist noch zu bemerken, dass die erwähnte Kugel 12,57 Steradiant enthält.

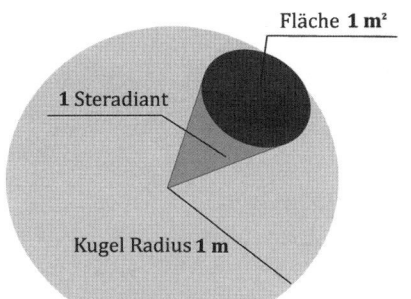

←**In der Kugel** ist 12,57 Steradiant.

Candela (cd) – dient zur Angabe von Dichte der Lichtstrahlen, der Leuchtkraft. Die Leuchtkraft in Candela zeigt uns, wieviele Strahlen ein Steradiant enthält, während uns die Lumen sagen, wievielle Strahlen aus der Lichtquelle insgesamt kommen. Candela sagt uns also, wieviele Strahlen in eine bestimmte Richtung ausgestrahlt werden.

- Lumen = Candela x Steradiant

Nun wissen wir, wie die Lichtstrahlintensität, die auf eine Fläche fällt, ausgerechnet werden soll, wenn wir Leuchtkraft der Lichtquelle in Lumen kennen. Wir dürfen allerdings nicht vergessen, dass wir uns für den Strahlungsstrom PAR interessieren. Man kann es glauben oder auch nicht, aber manche Hersteller geben auch die Menge der ausgestrahlten PAR in Watt an. Dank dem, können wir verschiede Beleuchtungstypen nachdem vergleichen, was für den Indooranbau tatsächlich grundlegend ist – nämlich die PAR Stärke. Das Beste ist allerdings, diese Angaben zu messen, dazu kommen wir aber auf den folgenden Seiten.

DAS PRINZIP DER UMGEKEHRTEN QUADRATE

 Wenn wir einen Gegenstand zweimal von der Lichtquelle entfernen, fällt die Stärke viermal (2^2), wenn wir den Gegenstand dreimal entfernen, fällt die Stärke neunmal (3^2) und wenn wir den Gegenstand viermal entfernen, fällt die Stärke sechzehnmal (4^2) ab. Die Stärke fällt exponentiell. Siehe das Bild auf der nächsten Seite.

Lichtmenge (Q) – Produkt des Lichtstroms und der Dauer t, während der die Lichtquelle das Licht ausstrahlt. Einheit der Lichtmenge wird in Lumen.t angegeben– zum Beispiel lm.h., wo h die Stunde bedeutet.

Belichtung (H) – die Dichte der Lichtmenge, die auf die beleuchtete Fläche fällt. Einheit der Belichtung wird in Lux.t angegeben, zum Beispiel lx.h. $H = \frac{Q}{S} = E.t$

Lichtquelle, die 10 000 lm ausstrahlt

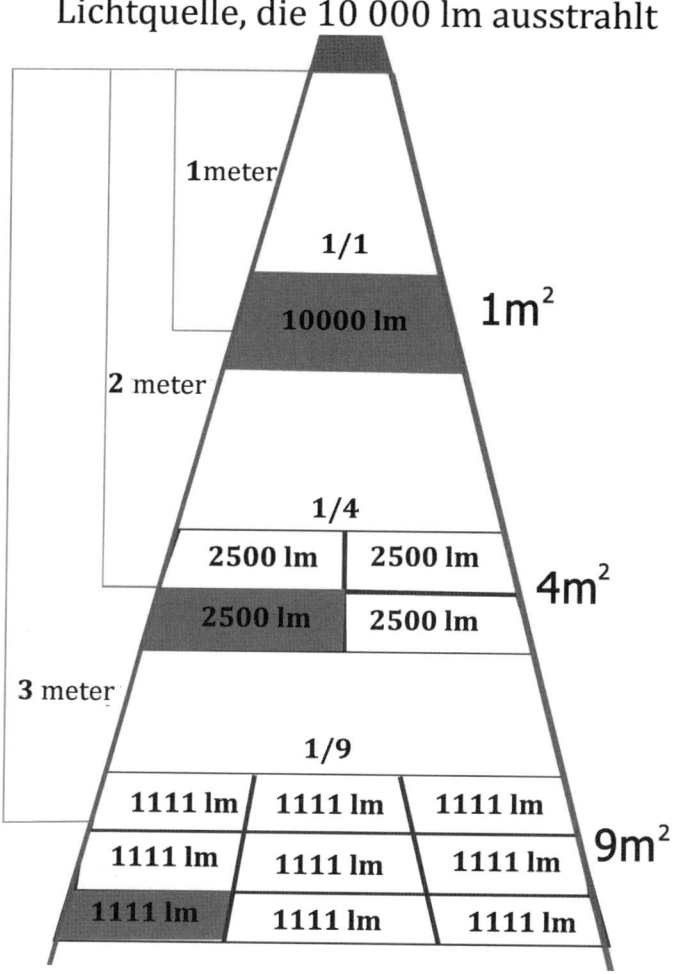

Während die Menge der Lumen gleich bleibt, fällt die Stärke ab. Auf gleich große Flächen (grau gefärbt) fällt eine kleinere Menge von Lichtstrom.

LEISTUNGSBEDARF UND LEISTUNG DER BELEUCHTUNG

Leistungsbedarf ist die verbrauchte Energiemenge, Leistung ist die ausgegebene Energiemenge. Eine Lampe mit einem Leistungsbedarf von 400 W verbraucht also 400 W/in der Betriebsstunde, wandelt allerdings nur ein Teil der verbrauchten Energie in das Licht um. Die erwähnte 400W Lampe muss nicht unbedingt genau 400 W verbrauchen. Der tatsächliche Leistungsbedarf kann nach der Formel Volt (V) x Ampere (A) = Watt (W) ausgerechnet werden. Die 400W Lampe mit einer Spannung von 100 V und fliessendem Strom 4,4 A , hat also einen tatsächlichen Leistungsbedarf von 440 W. Die Umwandlungseffektivität der verbrauchten elektrischen Energie in das Licht ist unterschiedlich, je nach der angewendeten Technologie.

HID LAMPEN

HID = High Intensity Discharge = Hochdrucklampe. Die Effizienz der Lampen kann durch die ins Licht umgewandelten elektrischen Energiemenge, geäußert werden. Halogen- und Natriumlampen wandeln 30 – 40% der Elektrizität ins Licht um. Die übrige Elektrizität wird in Wärme umgewandelt. Wenn also der Leistungsbedarf 600 W beträgt, dann beträgt die Leuchtleistung 180 – 240 W. Es ist nicht viel, aber es ist immer noch mehr, als bei den *klassischen* Lampen (5 – 10 %).

METALL–HALOGENID LAMPEN

Diese Lampen tragen die Markierung MH (aus englischen Metal Halide). Sie strahlen das meiste nützliche Licht in Wellenlängen im Bereich zwischen ca. 400 – 500 nm und in der Frequenz 500 – 700 THz. Dieses Licht nennt man Blau- oder Weißlicht und eignet sich hervorragend für die Blütephase der Pflanzen. Unter den MH Lampen werden die Pflanzen stärker – sie bilden stärkere Stängel, mächtigere Blätter und die Pflanzen wachsen nicht so viel in die Höhe. Halogenid Lampen strahlen nicht viel Licht aus, das zur Bildung der Blüten notwendig ist. Deren Effekt der

Photosynthese ist relativ hoch. Etwa ein Viertel des ausgestrahlten Licht ist photosynthetisch aktiv.

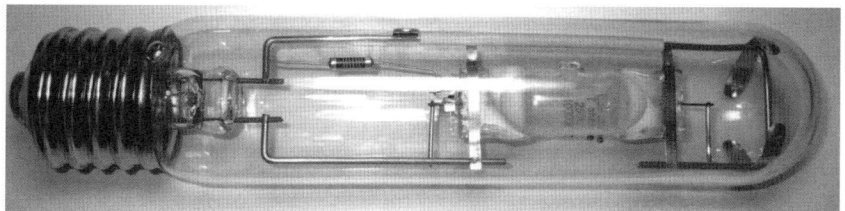

Metall–Halogenid Lampe *mit einer Leistung von 250W.*

NATRIUMDAMPF – HOCHDRUCKLAMPEN

Die Bezeichnung HPS (High Pressure Sodium) – Natriumdampf – Hochdrucklampe. Die Wellenlänge des distribuierten und nutzbaren Lichts ist im Bereich von 560 – 850 nm und der Frequenz 380 – 530 THz – sog. Rot/gelb Licht am stärksten. Dieser Teil des Lichtspektrums ist für die Blütenbildung unentbehrlich. HPS Lampen können auch für die Wuchsphase und den ganzen Anbauzyklus, verwendet werden. In Anbetracht des hohen Anteils am Rotspektrum, können sie einen Wuchs in die Höhe verursachen – die Stängel werden dünner und die Pflanzen wachsen schneller in die Hohe. Wenn man die Pflanzen weniger als 10 Tage in der Wuchsphase lässt, dann genügt ruhig für die Wuchs- und Blütephase eine HPS Lampe.

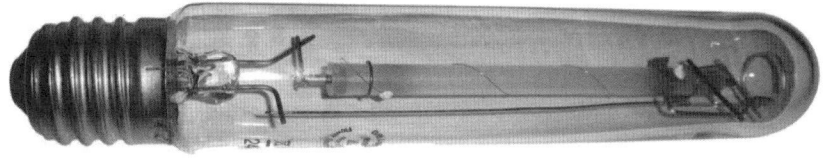

Natriumdampf Hochdrucklampe *mit höherem Anteil am blauen Licht.*

NATRIUMDAMPF HOCHDRUCKLAMPEN MIR HÖHEREM AN-
TEIL AM BLAULICHT (MIX)

Die Bezeichnung Planta Star, Lighting flower, Grolux usw. Diese Lampen kombinieren das Lichtspektrum der beiden vorigen Typen, es ist also möglich, sie für die Wuchs- und Blütephase einzusetzen. Praktisch, handelt es sich um Natriumlampen, deren Lichtspektrum so geregelt ist, dass es einen größeren Anteil am Blaulicht enthält, das für den starken Pflanzenbau so notwendig ist. Ich persönlich bevorzuge die Verwendung von MH Lampen für die Wuchsphase und HPS Lampen für die Blütephase. MIX Lampen erreichen nicht so viel Rotlicht wie die Natriumlampen und auch nicht so viel Blaulicht wie die MH Lampen. Falls man eine längere Zeit als 10 – 14 Tage für die Wuchsphase plant und nicht in zwei Typen von Lampen investieren möchte, dann sind die MIX Lampen eine gute Wahl. Deren Verwendung eignet sich auch in dem Fall, wenn man über eine niedrige Anbaufläche verfügt. Unter den MIX Lampen wachsen die Pflanzen weniger in die Höhe, als unter den klassischen HPS Lampen.

KOMPAKTE FLUORESZENZ LEUCHTSTOFFRÖHREN (CFL)

Niederdruckquecksilberlampen, die auf der gleichen Basis, wie die klassischen linearen Leuchtstoffröhren funktionieren. Das Glasrohr ist mit Argon und Quecksilberdampf aufgefüllt. Glutelektroden sichern die Glimmentladung – die allerdings vorwiegend im unsichtbaren UV Bereich strahlt. Aus dem Grund sind die Rohrwände mit Luminofor verkleidet, der die UV Strahlung absorbiert und selber im sichtbaren Bereich strahlt. Bestandteile dieser Röhren sind der Starter und die Drossel, die sich im Sockel befinden. Die CFL Effizienz bewegt sich im Bereich zwischen 50-100 lm/W. Ein unumstrittener Vorteil der CFL ist der Fakt, dass sie wesentlich weniger Wärme ausgibt und kann deshalb näher an die Pflanzen angebracht werden – bis auf einige Zentimeter. Diese Möglichkeit ist aber gleichzeitig eine Notwendigkeit. Die Menge der emittierten Lumen ist nämlich üblich niedriger, als bei den HPS und den MH Lampen. Als ein Vorteil, kann man den eingebauten Starter und die Drossel sehen – zur Inbetriebnahme der Lampe genügt dann nur ein Reflektor und ein Stromspeisekabel. In der Praxis haben sich die Energiesparlampen vor allem in Räumlichkeiten bewährt, die schlechter entlüftet werden können (Problem mit hoher Temperatur) und zur Beleuchtung der Mutterpflanzen und Klonen. Auch Energiesparlampen werden in den Varianten für die Wuchsphase (Grow), Blütephase (Bloom) und auch für beide Phasen (Dual) hergestellt. Für die Bedürfnisse der Indoor Grower gibt es bei CFL ein weiterer wichtiger Fakt. Die, für den Pflanzenanbau bestimmte Röhren, strahlen 100% der photosynthetisch aktiven Strahlung (PAR) aus.

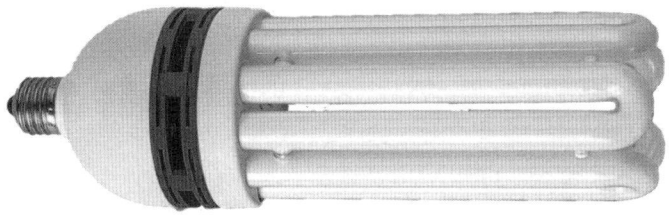

Kompakte *fluoreszenz Leuchtstoffröhre.*

LED BELEUCHTUNG (LIGHT EMITTING DIODE)

LED arbeitet nach einem Prinzip der Halbleiterplatten, die die Elektrizität direkt ins Licht umwandeln. Zurzeit bewegt sich die Umwandlungseffektivität der Elektrizität ins Licht um die 60%, dennoch schaffen die neuesten Dioden bereits 75 – 80% der Elektrizität ins Licht umzuwandeln, wodurch die LED Technologie eine versprechende Zukunft vorbestimmt. Ihr wisst, dass die photosynthetisch aktive Strahlung eine Wellenlänge von 400 – 700 nm hat. Hochdrucklampen greifen auch außerhalb dieser Werte, die verbrauchte Energie wird zwar ins Licht umgewandelt, aber bestimmter Teil ist für die Pflanzen nicht nützlich. Dank der LED Technologie, kann das Licht mit spezifischen Wellenlängen, also 100 % PAR, gewonnen werden. Ein weiterer Vorteil ist die Richtung der Lichtemission. LED Lampen benötigen keinen Reflektor, wobei sie das Licht in die richtige Richtung emittieren, unter dem Winkel 120° (abhängig von der Konstruktion), also wird die Fläche gleichmäßig beleuchtet. Weiterer Vorteil ist die längere Lebensdauer, sehr niedrige Wärmeemission (heizt den Growroom nicht), leichte Schaltung und höhere Umwandlungseffektivität der Elektrizität ins Licht. Die Meisten LED Module sind mit Dioden mit einer Leistung von 1W bestückt. Auf dem Markt erscheinen bereits Dioden mit einem Leistungsbedarf bis zu 6W und man setzt voraus, dass sich dieser Trend weiter entwickelt. LED Beleuchtung bietet aber auch einen weiteren Luxus, den man bei anderen Lichtquellen nicht findet. Manche Module für den Pflanzenanbau sind mit einem Regler der Beleuchtungsstärke ausgestattet und das sogar in verschiedenen Gruppen des Lichtspektrums. Für die Wuchsphase kann die Distribution des Rotlichts beschränkt werden – dadurch kann der hohe Wuchs der Pflanzen verhindert werden und die Stängel und die Blätter werden stärker.

Effizienz der LED Module

Hersteller der LED Module geben unglaubliche Leistungen an und empfehlen, zum Beispiel eine 600W HID durch ihr 90W LED Modul zu ersetzen. Praktische Erfahrungen und Ausrechnungen sprechen jedoch für sich. Die gegenwärtigen LED Module weisen gegenüber den HID Lampen eine Kostenersparnis auf – darüber lässt sich nicht streiten. Nichtsdestoweniger, als Ersatz für die 60W HID Lampe, wäre das LED Modul mit einem Leistungsbedarf von 300W die ideale Alternative. Auch wenn die PAR W/m² Dosis bei dem LED Modul etwas niedriger ist, aber nicht Schwindel erregend und wenn wir dazu aber die Möglichkeit das LED Modul sehr nah an die Pflanzen heranzubringen rechnen, reden wir über eine wirklich sehr gute Alternative. Wie schon gesagt, die LED Module werden sich noch weiter entwickeln und können in der nahen Zukunft die HID Lampen kompromisslos ersetzen.

PRAKTISCHE ERFAHRUNGEN MIT LED
Die erste LED Module wiesen in der Blütephase schwächere Ergebnisse auf. Einige Hersteller beseitigten bereits dieses Problem und man kann mit LED Modulen wirklich hervorragende Ergebnisse erreichen. Ich persönlich habe eine sehr gute Erfahrung mit LED Modulen von der Firma Mazar gemacht. LED Module geben nur kleine Wärmemengen ab, was die häufigen Probleme mit der hohen Temperatur im Growroom deutlich löst. Wenn man aber in einer kühleren Umgebung anbaut, dann kann eher ein Nachteil sein. LEDs kann man insgesamt positiv bewerten, bis auf den hohen Anschaffungspreis...

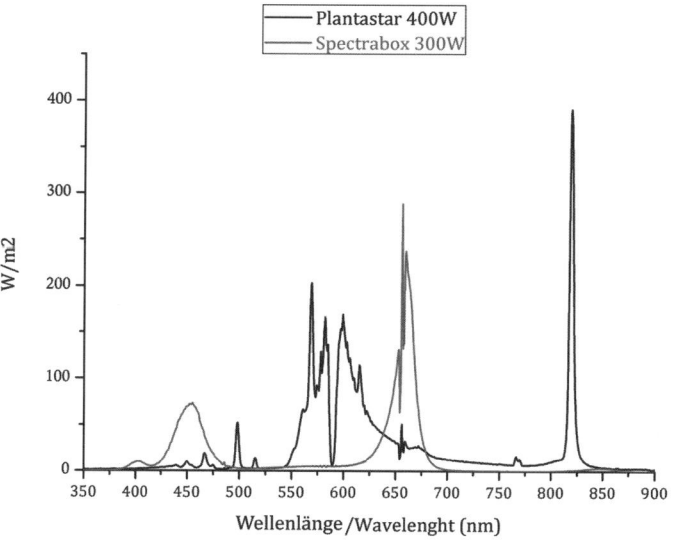

Vergleich der Spektralkurve (das ausgestrahlte Farblicht) von LED Lichtquelle Spectrabox vom Hersteller Mazar und der HPS Lampe OSRAM Plantastar. Man sieht, dass das Licht vom LED Modul die höchsten Werte im Bereich von 650 – 675 nm erreicht. Das Licht von diesem Lichtspektrum

nutzen die Pflanzen für die Blüte. Eskalation der Kurve bei Plantastar im Bereich von rund 820 nm zeigt, wieviel Wärme die HPS Lampe ausstrahlt. Das heißt, dass die Plantastar einen wesentlichen Teil der verbrauchten Elektrizität in die Wärme umwandelt, während das LED Modul die meiste Elektrizität ins Licht umwandelt.

LED BELEUCHTUNG UND TEMPERATUR IN GROWROOM

Bei der Verwendung von LED Beleuchtung muss man damit rechnen, dass im Growroom nicht so eine Wärme entsteht, wie bei der Verwendung von HID Lampen. Dem muss auch die Bewässerung und die Belüftung angepasst werden. Viele Grower, die die Hochdrucklampen durch LED Lampen wechseln, müssen dann das Problem der zu niedrigen Temperatur in Growroom lösen, genauso wie das übermäßige Gießen, weil das Anbaumedium natürlich langsamer austrocknet. Kurz gesagt - es muss ständig auf das richtige Klima geachtet werden.

WIEVIEL PAR WATT AUF EIN QUADRATMETER

Bevor wir die einzelnen Lichtquellen bewerten und vergleichen, schauen wir, wieviel PAR W/m^2 wir für die maximale Bedarfsbefriedigung unserer Pflanzen brauchen.

Beleuchtungsniveau	PAR Watt/m^2	Geeignet für
Niedrig	2 – 25	Ergänzungsbeleuchtung für Glashauspflanzen.
Mittel	26 – 60	Ausreichend für Indooranbau von Zierpflanzen und Züchtung.
Hoch	**60 – 100**	**Hervorragend für Indoor.**
Sehr hoch	101 – 135	Extrem wärmeliebende Pflanzen in geschlossenen Räumen.

***Optimal Werte** W/m^2 PAR sind für einzelne Pflanzenarten verschieden.*

REFLEKTOREN ALIAS LEUCHTER

Die Reflektoren haben deutlichen Einfluss auf die PAR Menge, die von der Lampe zu den Pflanzen wandert. Die Lampe leuchtet natürlich in alle Richtungen, also auch nach oben und in die Seiten. Wir brauchen allerdings, dass das Licht nach unten – zu den Pflanzen scheint. Gerade diesem Zweck dienen die Reflektoren. Sie schicken das Licht dorthin, wo man es braucht. Eine maßgebliche Angabe eines Reflektors, ist der Reflektionsfaktor. Die meisten, beim Anbau verwendeten Reflektoren, reflektieren ca. 80 % Licht. Hochwertigere Reflektoren bis zu 95 %.

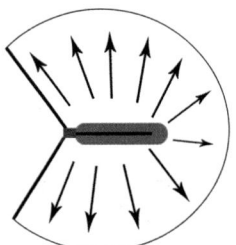

← *Ohne Reflektor* *strömt der Lichtstrom von der Lampe in alle Richtungen. Wenn die Lampe die Leuchtkraft von 10 000 lm hat, dann werden die Lumen etwa so gestreut, wie auf diesem Bild.*

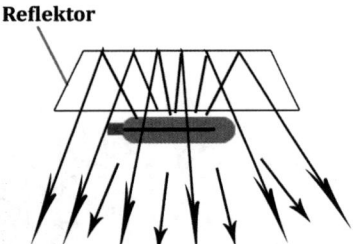

Reflektor

Reflektor *reflektiert die Strahlen in die gewünschte Richtung. Die Lichtintensität erhöht sich dadurch. Lumen strömen dorthin, wo man sie braucht. →*

Wirksamkeit des Reflektors könnt ihr selber prüfen. Zündet eine Kerze an und verfolgt, wieviel Licht in eine bestimmte Richtung geht. Dann stellt die Kerze vor den Spiegel – durch die Reflektion der Strahlen im Spiegel, gewinnt man in einer Richtung merkbar mehr Licht, als nur von der Kerze. Damit man nicht nur eine stärkere Lichtintensität gewinnt, sondern auch eine gleichmäßige Streu-

ung über die beleuchtete Fläche, muss der Reflektor über gute Streuungsfähigkeiten verfügen. Allgemein gilt, dass glatte Reflektoren das
Licht schlechter streuen, als Reflektoren aus gehämmertem Blech. Ge-
hämmertes Blech verfügt über mehr Reflektionspunkte und kann also
die Lichtstrahlen gleichmäßiger umlenken. Wichtige Rolle spielt auch die
Reflektorgröße. Besonders bei Lampen mit höherer Leistung, ist es besser, einen größeren Reflektor zu verwenden.

Adjust-A-Wing *Reflektor mit exzellenter Reflektion und Lichtstreuung.*

Obwohl die Reflektoren den Lichtstrom lenken, kann man nicht mit einer
100 % en Reflektion und dem Gewinn des ganzen Lichtstroms für die
Pflanzen, rechnen. Ein Teil der Strahlen geht immer verloren. Wie gesagt,
es ist sehr wichtig, wie groß die Fähigkeit des Reflektors ist, das Licht zu
reflektieren. Zugleich muss auf die Sauberkeit der Reflektionsfläche geachtet werden. Verstaubter, oder deformierter Reflektor hat eine niedrigere Effizienz, was man dann in der Qualität und in der Menge der Ernte
deutlich spürt. Es lohn sich nicht, an einem Reflektor zu sparen. Schaut
euch an, wie der Reflektor die PAR Menge beeinflusst, die auf die Pflanzen fällt.

Cooltube Reflektor *mit Kühlsystem.*

Leuchtkraft der Lampe	95 % Widerlicht – Exzellenter Reflektor	80 % – üblicher Reflektor	50 % – beschädig-ter/versch mutzter Reflektor
10 000 lm	9 500 lm	8 000 lm	5 000 lm

Mit einem falschen Reflektor verliert man bis zu 50 % am Licht.

BREIT- UND TIEFSTRAHLENDE REFLEKTOREN

Reflektoren teilen sich auch auf Breit- und Tiefstrahler. In den Growshops findet man meistens die Breitstrahlreflektoren, was kein Zufall ist. Diese ermöglichen eine effizientere Lichtnutzung bei einer Verteilung auf größeren Flächen. Tiefstrahlreflektoren eignen sich zur Beleuchtung von kleineren Flächen und zur Verwendung von weniger leistungsfähigen Lampen - das Licht wird nämlich auf kleinere Fläche zerstreut, wodurch eine höhere Leuchtstärke erzielt wird. Bei manchen Reflektoren ist es bis zu einem gewissen Grad möglich, die Strahlbreite zu beeinflussen.

Breitstrahlreflektor   **Tiefstrahlreflektor**

REFLEKTOREN MIT KÜHLSYSTEMEN

In dieser Phase ist es notwendig, Reflektoren mit der Möglichkeit zum Kühlen/Absaugen der heißen Luft zu erwähnen. Die Lampen geben neben dem Licht auch eine große Menge von Wärme ab. Das hindert oft die Grower, die PAR Dosis voll zu nutzen, denn wenn die Lampe in der gewünschten Entfernung zu nah an die Pflanze herankommt, verursacht sie Verbrennung von Blättern und Blüten. Dank den Reflektoren mit Kühlsystemen, können die Lampen, ohne Risiko einer Beschädigung, ganz nah an den Pflanzen platziert werden.

Reflektoren mit Kühlsystemen können in zwei Gruppen unterteilt werden

1. **Reflektoren mit offenem Abzug** – die Lampe ist mit keinem Deckel isoliert. Die heiße Luft wird durch die Öffnung in oberem Teil des Reflektors abgeführt. Die Kühleffizienz ist etwas niedriger als bei Reflektoren mit geschlossenem Abzug, trotzdem erfüllen sie die gewünschte Funktion – die Lampen können viel näher an die Pflanzen angebracht werden, als Reflektoren ohne Kühlung.

2. **Reflektoren mit geschlossenem Abzug** – hier ist die Lampe, in einer Glasröhre isoliert, oder der untere Teil ist mit einem Glas abgedeckt. Diese Reflektoren verfügen dann über einen eigenen Lüftungskreis – sie werden an einzelne Schläuche angeschlossen, durch die ununterbrochen Luft strömt, die den Lichtkörper kühlt. Bei diesen Reflektoren wird kein übliches Glas verwendet, weil es solchen Temperaturen nicht standhält und weil es einen Teil des nötigen Lichtspektrums nicht durchlässt. Meistens, wird das Borosilikatglas verwendet, das über die gewünschten Eigenschaften verfügt.

Neben dem aktiven Wärmeabsaugen von der Lampe, kann auch die **passive Kühlung** eingesetzt werden. Zu diesem Zweck sind manche Reflektoren mit Plättchen oder anderen Metallelementen ausgerüstet, die sich unter der Lampe befinden. Diese Teile schlucken einen Teil der Wärme und gleichzeitig verbessern sie die Lichtstreuung, die die Lampe abgibt. Ein solches Gerät kann man auch einzeln kaufen und es an jedem beliebigen Reflektor anbringen. Meistens werden sie unter der Bezeichnung

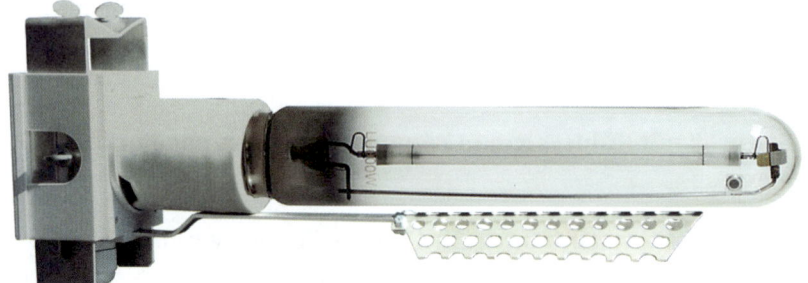

*Diffusor oder Hitzeschild verkauft. **Auf dem Bild oben** sieht man die Befestigung eines Diffusors an der Lampe.*

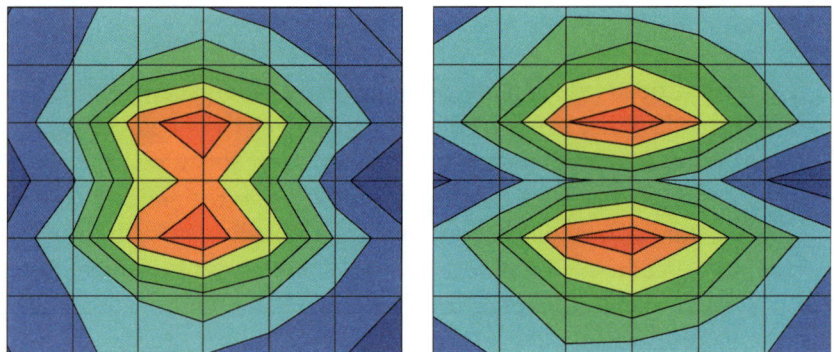

Das Bild links *zeigt, wie das Licht ohne Diffusor fällt, und das Bild rechts wiederum, wie das Licht mit seiner Verwendung fällt – es wird besser zerstreut.*

DIAGRAMM DER LICHTKRAFT

Dieses Diagramm zeigt, an welchen Stellen der Reflektor das Licht reflektiert. Im Idealfall wäre der Lichtstrom auf die Fläche gleichmäßig reflektiert, das heißt, dass man auf jeder beleuchteten Fläche dieselbe Lichtstärke verzeichnen würde. Leider ist es nicht der Fall und der Lichtstrom fällt auf die Fläche ungleichmäßig. Wenn der Reflektor ganz flach wäre, würde man die größte Intensität direkt unter dem Reflektor verzeichnen – dort, wo die Strahlen im Winkel von 90° fallen. Aus diesem Grund sind die Reflektoren gekrümmt. Das Ziel ist, dass die beleuchtete Fläche möglichst gleichmäßig beleuchtet wird.

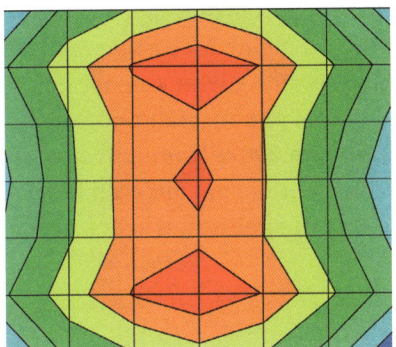 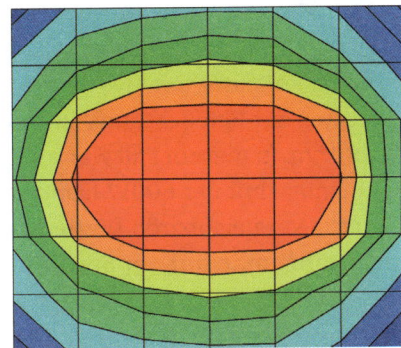

Diagramme der Lichtkraft von Reflektoren Adjust-A-Wing (links) und Spudnik. Die Diagramme zeigen, dass Adjust-A-Wing das Licht mehr in die Seiten (Breitstrahler) streut, während der Powerlux die Strahlen eher nach unten (Tiefstrahler) richtet. Für kleinere Flächen und Stellen, wo die Wände nicht mit einer Reflektionsschicht überzogen sind, ist also ein Tiefstrahlreflektor geeigneter. Wenn man mittelgroße oder größere Räume oder auch hochreflektierende Wände hat, verwendet man am besten den Breitstrahlreflektor.

RESULTATE DER EINZELNEN REFLEKTOREN

Nun schauen wir uns an, wie die einzelnen Reflektoren die Tests bestanden haben. Bei meinen Untersuchungen maß ich die Reflektionsfähigkeiten der üblichen Reflektoren, der mit Kühlsystemen, der einstellbaren Reflektoren und auch eines dynamischen Reflektors, der sich im Betrieb dreht (mit Hilfe von einem Raumventilator) und in dem die Lampe vertikal aufgehängt ist.

HOBBY REFLEKTOR

Ein Hammerschlag-Reflektor, der meist verbreitet ist, und zwar hauptsächlich wegen seinem Preis. Hobby Reflektoren werden in verschiedenen Größen produziert und sind immer die billigste Variante. Der niedrige Preis bedeutet in diesem Fall auch eine niedrige Leistung. Bei meinem Test verwendete ich einen Reflektor mit Massen 40 x 50 cm. Dieser Reflektor eignet sich am besten zur Beleuchtung von kleinen Flächen mit ungefähren Maßen 80 x 80 cm. In diesem Fall war im Reflektor eine 400W Lampe, aber noch nicht einmal mit der 600W Lampe erreichten wir die mit anderen Reflektoren vergleichbaren Werte. **Wie die Graphe gelesen werden sollen, erfährt man auf der Seite 50.**

Hobby 50x40 cm, 400 W Plantastar 40 cm von der Fläche

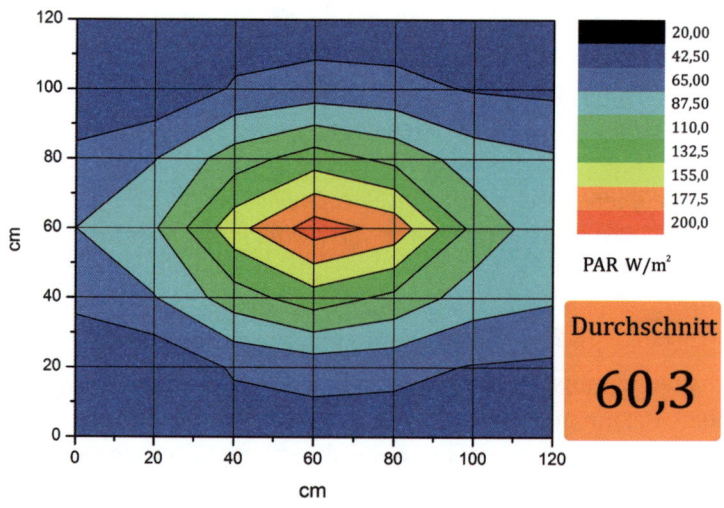

Mit dem Hobby Reflektor erreicht man nur eine Durchschnittsdosis PAR w/m² von 60,3.

DIAMOND REFLEKTOR

Ein Reflektor in der Diamantenform hat exzellente
Reflektions- und Streuungsfähigkeiten. In Verbindung mit der 600W Lampe, ist dieser zur Beleuchtung von der getesteten Fläche 120 x 120 cm absolut geeignet, wenn mit einer Dosis höher als 80
PAR W/m² belichtet wird, wird 87,8 % der Fläche beleuchtet – dadurch
ist eine optimale Beleuchtung der Pflanzen gesichert. In der Mitte der
Anbaufläche erreicht man sehr hohe Werte. Wenn wir einen Diffusor
verwenden würden, würden wir die Lichtstreuung verbessern und eine
größere Beleuchtung an den Rändern der Anbaufläche gewinnen.

Mit dem Diamond Reflektor erreichen wir eine Durchschnittsdosis von
*106 PAR W/m², wenn wir mit einer Dosis die höher als 80 ist belichten,
wird 87,8 % der Fläche beleuchtet.*

REFLEKTOREN MIT FLÜGELN

Reflektoren mit gebogenen Flügeln haben meistens eine einstellbare Lichtstreuung. Aus dem Grund kann die Flügel einfach und genau auf die Masse der Anbaufläche *einstellen*. Diese Reflektoren sind aber nicht alle gleich. Ich habe verschiedene Hersteller verglichen und die besten Ergebnisse erreichte der Reflektor Adjust-A-Wing. Es stimmt, dass man für diesen mehr Geld ausgeben muss. Es lohnt sich aber nicht nur wegen der Leistung, sondern auch wegen dem leichten Zusammenbau und der einfachen Handhabung. Mit einer Dosis höher als 80 PAR W/m² wird 91,8 % der Fläche beleuchtet. **Komplette Graphen findet man auf** www.pestovat.cz.

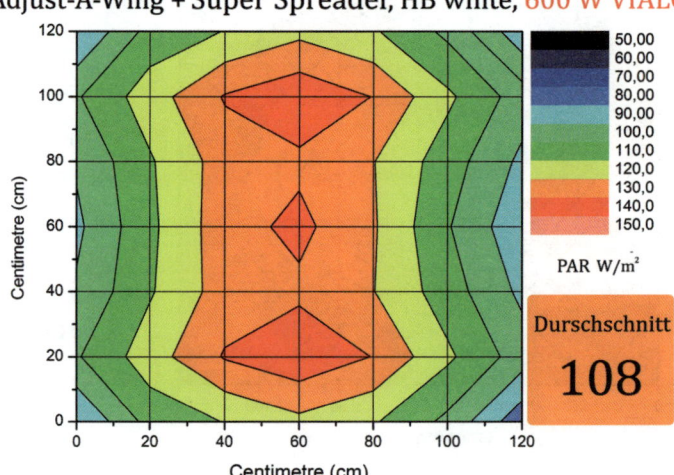

Mit dem Reflektor Adjust-A-Wing erreichen wir eine Durchschnittsdosis von 108 PAR W/m², wenn mit einer Dosis höher als 80 belichtet wird, wird 91,8 % der Fläche beleuchtet.

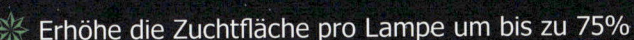

DYNAMISCHE REFLEKTOREN

Auf dem Tschechischen Markt erschien der dynamische Reflektor Topspin, den ich zum Testen erhielt. Die Lampe wird im Reflektor vertikal eingehängt und der Reflektor dreht sich um seine Achse. Dadurch wird eine sehr gleichmäßige Beleuchtung der ganzen Fläche gesichert, ohne dass sich Stellen, mit deutlich größerer Lichtintensität und Wärme bilden würden. Damit sich der Reflektor dreht, muss auf ihn ein Raumventilator gerichtet werden.

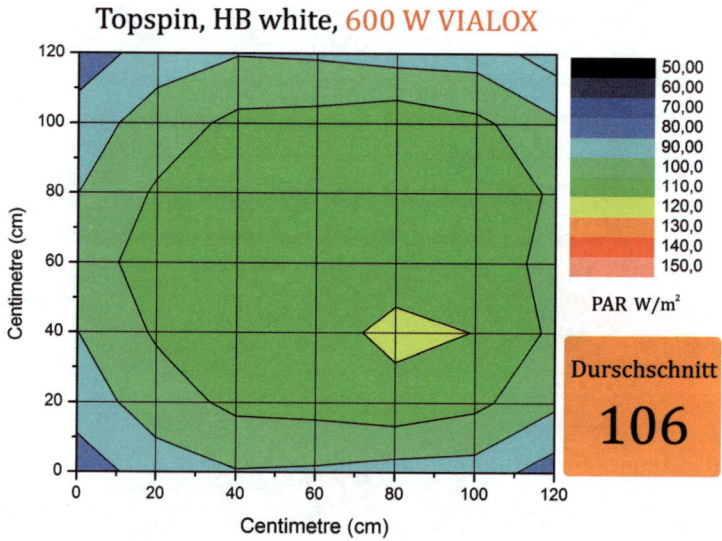

Mit dem *dynamischen Reflektor* TOPSPIN, erreichen wir einen Durchschnittswert von 106 PAR W/m². Mit einer Dosis, die höher als bei 80 PAR W/m² liegt, wird dabei 91,8 % der Fläche beleuchtet.

REFLEXFOLIEN

Der Lichtstrom sollte nicht nur mit Reflektoren gesteuert werden. Licht ist nicht stabil und wird durch genaue physikalische Gesetze geregelt. Auch wenn ihr den Lichtstrom mit Reflektoren richtet, werdet ihr einen Intensitätverlust nicht verhindern können. Das Licht wandert vom Reflektoren auch auf die Wände, den Boden und teilweise auch auf die Decke. Ein Teil des Lichts wird durch die beleuchtete Fläche absorbiert, ein Teil wird reflektiert und wandert wieder zu einer anderen Fläche. Bei jedem Lichteinfall geht ein bestimmter Teil des Lichts verloren. Ihr Ziel ist, dass das meiste Licht auf die Pflanzen fällt, das ist klar. Um das zu erzielen, muss die Wandreflektion deutlich erhöht werden und gleichzeitig muss der Lichtverlust außerhalb der Anbaufläche verhindert werden. Je dunkler die Wand, desto mehr Licht wird absorbiert und weniger reflektiert. Die einfachste Methode wie man die Lichtreflektion erhöhen kann, ist die Wände weiss zu streichen. Das bietet zwar eine höhere Wandreflektion, aber bei weitem nicht solche, wie sie die Reflexfolien bieten. Reflexfolien habe ich bereits vielen Tests unterzogen. Dabei habe ich mich bemüht, dass der Reflektor auf möglichst große Streuung in die Breite eingestellt wird, damit die Reflexfolienfähigkeiten bestmöglich gezeigt werden können.

SCHWARZ-WEIßE PE RE-FLEXFOLIEN

Folie, hergestellt aus Polyethylen, die von einer Seite weiß und von der anderen Seite Schwarz ist. Wenn ihr diese Folie auf die Wand anbringt, oder mit ihr direkt einen Growroom (konkret ihre Wände)baut, gewinnt ihr eine viel höhere Reflexion, als bei der Verwendung eines gewöhnli-

Rotierender Reflektor für den Innenanbau

chen Anstrichs. Die Grundvoraussetzung für den Erfolg ist, dass die Folie mit der weißen Seite nach Innen der Anbaufläche angebracht werden muss. Diese Folie ist von den zugänglichen Typen die billigste und verfügt über gute Reflexfähigkeit. Bei einer Dosis, die höher als bei 80 PAR W/m² liegt, wird 71,4 % der 120 x 120 cm Fläche beleuchtet, bei Verwendung einer HPS Lampe bei einer Entfernung 60 cm von der Fläche. Mehr Informationen, wie die Graphen gelesen werden sollen, findet ihr auf Seite 51.

Schwarz-wieße PE Folie, Adjust-A-Wing + Super Spreader, 600 W VIALOX

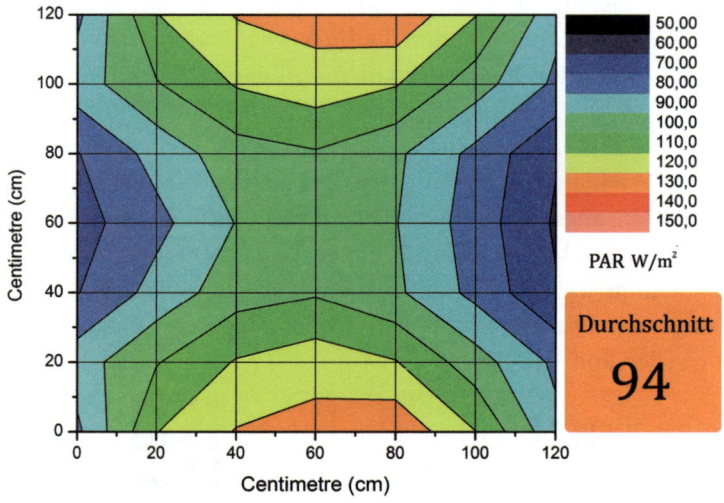

Mit der PE Folie erreichen wir einen Durchschnittswert von 94 PAR W/m². Mit einer Dosis, die höher als bei 80 PAR W/m² liegt, wird 71,4 % der Fläche beleuchtet.

A-GRO SILBERFOLIE

Der Hersteller dieser Folie gibt eine, bis zu 50 % höhere Reflexion an, als bei dem vorherigen Folientyp. Folie A-GRO ist von einer Seite silber und von der anderen weiß. Tests an dieser Folie wurden nicht durchgeführt, weil ich ähnliche, vielleicht sogar etwas schlechtere Resultate erwarte, wie bei der folgenden Diamant A-GRO Folie.

DIAMANT A-GRO FOLIE

Leider ist diese Folie nicht mit Diamanten besetzt, wie man vielleicht vermuten könnte. Ihre Fähigkeit, das Licht zu reflektieren, ist jedoch um 15 % höher, als bei der klassischen, schwarz-weißen PE Folie. Mit einer Dosis, die höher als bei 80 PAR W/m²liegt, wird 85,7% der Fläche beleuchtet.

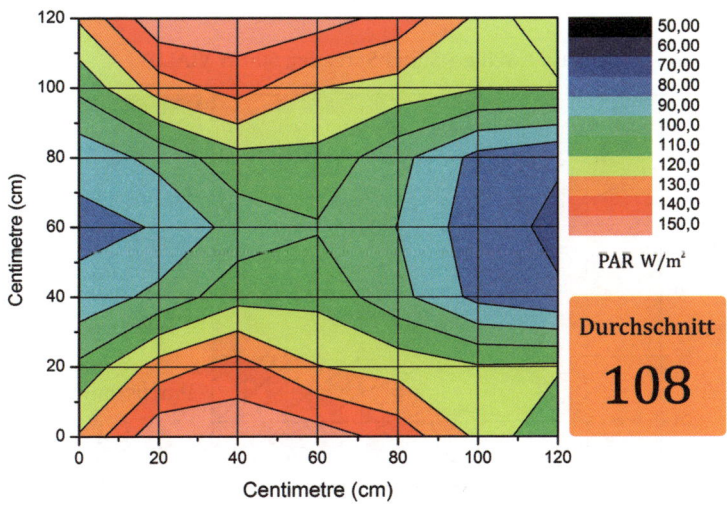

Mit der A-GRO Diamantfolie erreichen wir einen Durchschnittswert von 108 PAR W/m². Mit einer Dosis, die höher als bei 80 PAR W/m² liegt, wird 85,7 % der Fläche beleuchtet.

ORCA – WEIßE REFLEXFOLIE

Diese Reflex Folie ist zwar etwas teuerer, als die schon beschriebenen
Folientypen, aber ihre Eigenschaften sind unter den getesteten Folien
ein Unikat. Zuallererst verfügt sie über exzellente Reflexfähigkeiten. Mit
einer Dosis, die höher als bei 80 PAR W/m², wird 100 % der Fläche
beleuchtet und der Durchschnittswert PAR W/m² erreichte 134. ORCA
hat dazu noch einen bedeutsamen Vorteil – sie lässt sich leicht säubern.
Bei der Diamant A-GRO Folie ist das Säubern aufgrund der ungeraden
Fläche komplizierter. Die Fugen zwischen den einzelnen Unebenheiten
lassen sich nur schwer polieren. Wenn man also während des Anbaus ein
Spritzmittel einsezt, oder die Folie anders verschmutzt wird, ist das Säubern am einfachsten gerade bei der ORCA Folie. Das sichert eine ständig
hohe Reflexionswirkung.

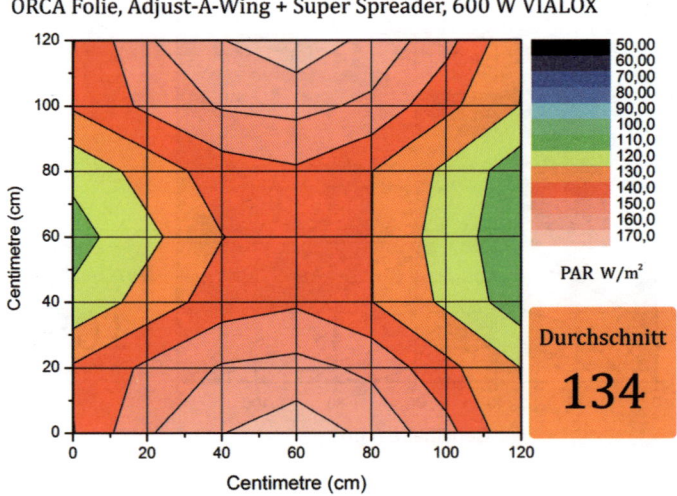

ORCA Folie erreicht konkurrenzlose Messwerte. Durchschnittlich gewinnen wir 134 PAR W/m². Mit einer Dosis, die höher als bei 80 PAR W/m²
liegt, wird 100 % der Fläche beleuchtet.

DAS LICHT UND DIE GRÖßE DES GROWROOMS

Es wurde bereits gesagt, dass ein Teil des Lichts an den Wänden, dem Boden und der Decke verloren geht. Verluste beeinflussen deutlich die Form und die Größe des Growrooms und der Growfläche (Growfläche = Fläche, wo Pflanzen wachsen, Growroom = Stelle, wo sich die Anbaufläche, einschließlich der Lagerstelle für Düngemittel, Behälter usw. befindet). Wenn ihr Anbauraum 4 m² beträgt und ihre Anbaufläche nur 1 m² groß ist, hat das Licht viel Raum zum Entfliehen. Dadurch wird deutlich seine Nutzbarkeit gesenkt, weil es unmöglich ist, den Lichtstrom nur in den erforderlichen Raum zu orientieren. Beim Ausrechnen der Lichtwirkung, wird der sog. Koeffizient der Raumform, der Wandreflexion und der Typ der Beleuchtung (Reflektor) in Betracht gezogen. Diese Koeffizienten sind in Tabellen angegeben, mit denen wir uns nicht beschäftigen werden, weil wir uns tiefer stürzen würden, als es nötig wäre. Wir werden uns nur mit einer Sache beschäftigen, aber darüber später mehr.

In diesem Augenblick muss ich wieder die Growboxen erwähnen. Diese

Grow*boxen* erfüllen nämlich perfekt die Anforderungen der hohen Reflexion und geben nur kleinen Raum zum Lichtschwund außerhalb der Anbaufläche. In den Growboxen wird das Licht eingesperrt und wenn man die HOMEbox White wählt, wird das Licht im Anbauraum hervorragend reflektiert und zerstreut.

← *HOMEbox White sichert eine exzellente Wandreflexion und verhindert den Verlust des so nötigen Lichts.*

VERGLEICH DER LICHTREFLEXION UND LICHTSTREUUNG IN GROW-BOXEN

In der elektrotechnischen Prüfungsanstalt in Prag führte ich wiederholt einen präzisen Lichtreflexionstest in den weißen und silbernen Growboxen aus. Die folgenden Graphe zeigen die Messergebnisse von PAR bei einer Entfernung **40 cm von dem 400 W Leuchtmittel OSRAM PLANTASTAR; mit Verwendung vom Reflektor WaveFlector XL auf einer 120 x 120 cm gemessenen Fläche.**

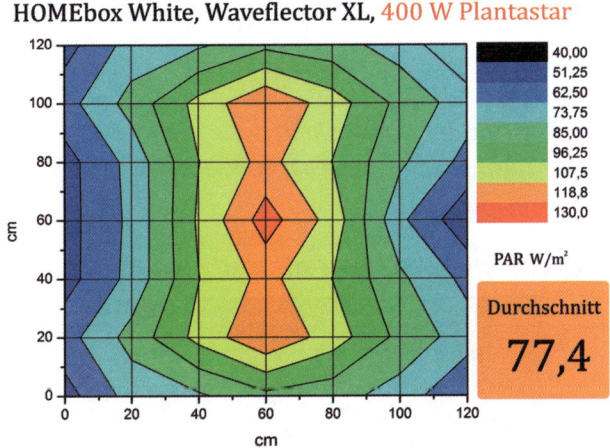

In HOMEbox White wurde der höchste Durchschnittswert von 77,4 PAR W/m² gemessen. Mit einer Dosis, die höher als bei 60 PAR W/m² liegt, wird 84 % der Fläche beleuchtet. Bei den Tests zeigte sich HOMEbox White als die beste Lösung. Sie bietet 13 % mehr Licht und fast 20 % bessere Lichtstreuung auf der Fläche.

Weiterhin könnt ihr die Ergebnisse von HOMEbox White mit den silbernen Boxen vergleichen. Ergebnisse der verschiedenen silbernen Growboxen unterscheiden sich nicht zu sehr.

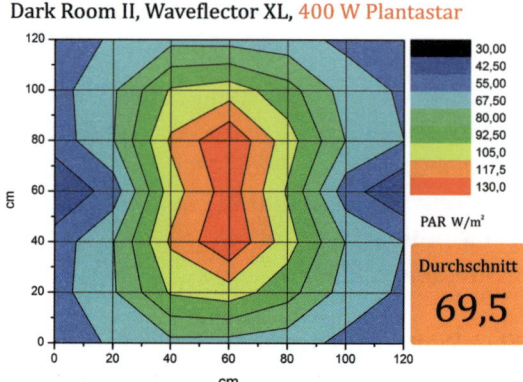

Dark Room II, Waveflector XL, 400 W Plantastar

In Dark Room II *wurde der Durchschnittswert von 69,5 PAR W/m² ge-messen. Mit einer Dosis, die höher als bei 60 PAR W/m²liegt, wird 65 % der Fläche beleuchtet.*

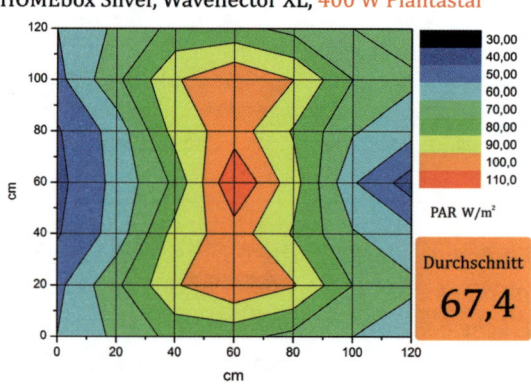

HOMEbox Silver, Waveflector XL, 400 W Plantastar

In HOMEbox Silver *wurde der Durchschnittswert von 67,4 PAR W/m² gemessen. Mit einer Dosis, die höher als bei 60 PAR W/m² liegt, wird 68 % der Fläche beleuchtet.*

BEITRAG DER HOCHWERTIGEN REFLEXELEMENTE

Auf den vorherigen Seiten habt ihr euch damit bekannt gemacht, wie
weit die Reflektoren und die Wandreflexion die Lichtmenge beeinflussen, die von der Lichtquelle zu den Pflanzen wandert. Der Unterschied
zwischen einem Growroom, der mit Reflektoren ausgerüstet ist, die über
kleine Streuungs- und Reflektionsfähigkeit verfügen, darüber hinaus
völlig ohne Reflektionswände, und einem mit hochwertigen Reflektionselementen ausgerüsteten Growroom, ist sehr groß und erreicht bis zur
80 %. Das heißt, dass man mit hochwertigen Komponenten, bei dem
gleichen Stromverbrauch, bis zur 80 % mehr Licht für die Pflanzen ge-

winnt. Das macht bei den heutigen Strompreisen wirklich viel aus.

Bisher haben wir uns nur mit den Reflektionselementen beschäftigt. In den folgenden Kapiteln werden wir uns auch mit den Vorschaltgeräten näher beschäftigen, die ebenso deutlich die Lichtmenge beeinflussen, die bei dem gleichen Stromverbrauch gewonnen wird. Die Verwendung von modernen elektronischen Vorschaltgeräten erhöht noch mehr Unterschiede zwischen einem am schlechtesten ausgerüsteten Grow Raum und einem Growroom, der einen Schwerpunkt auf effiziente Lichtnutzung, bzw. auf den verbrauchten Strom legt.

Viele Leute könnten einwenden, dass die hochwertige und effiziente Ausrüstung für die Gewinnung der möglichst größten Lichtmenge, sehr teuer ist. Allerdings gilt in diesem Fall 100%ig die Redewendung: „wir sind doch nicht so reich, um billige Sachen kaufen zu können". Das Licht ist beim Indoor Anbau das Grundelement und die Zielsetzung jedes Growers sollte seine maximale Nutzung sein. Durch die exzellente Beleuchtung der Anbaufläche und durch die Stromverbrauchnutzung, können die Beschaffungskosten der Hochreflexionsfolien, der hochwertigen Reflektoren und der elektronischen Vorschaltgeräte schon während einer einzigen Ernte, gedeckt werden.

Wer kein Licht verschwendet und sich ständig bemüht, es möglichst viel zu nutzen – der wird belohnt.

Welche Beleuchtung sollte verwendet werden

Ihr wisst bereits, welche Dosis der photosynthetisch aktiven Strahlung man zur Erreichung von Idealbedingungen für den Anbau braucht. Ihr wisst auch, dass die Lichtintensität für die Anbaufläche durch den Reflektoren, durch die Größe des Growrooms und durch die Wandreflektion, beeinflusst wird. Daraus resultiert die Tatsache, dass man zum Ausrechnen der Lichtintensität auf der Anbaufläche, mit diesen Einflüssen rechnen muss. Bei der Wahl der richtigen Beleuchtung solltet ihr von der

Größe der Anbaufläche ausgehen – das heißt von der Fläche, die effektiv beleuchtet werden soll. Zur Demonstration für das Berechnen von der nötigen Beleuchtung, stellen wir uns einen Growroom mit einer Fläche von 1 x 1,5 Meter und einer 1 m² Anbaufläche vor, auf der wir eine Beleuchtungsstärke von 80 PAR W/m² erreichen wollen.

> **Den folgenden Schritt wählt ihr nur im Falle, falls eine große, oder atypische Fläche beleuchtet werden soll. Für einen üblichen Anbau sollen die empfohlenen Lichtquellen in empfohlenen Entfernungen gewählt werden. Die findet ihr ein paar Seiten weiter. Sie sind nicht nur praktisch erprobt, sondern auch vom Labor bestätigt.**

WIE MAN DIE WAHL DER RICHTIGEN LICHTQUELLE BERECHNET:

- Wir multiplizieren die nötige Beleuchtungsintensität durch die Größe der Anbaufläche – 1 x 80 = 80 W PAR.
- Um die Lichtverluste an den Wänden und dem Boden dazuzurechnen und zugleich den Fakt in Betracht zu ziehen, dass sich die Pflanzen gegenseitig beschatten, multiplizieren wir das Ergebnis des vorherigen Schritts 1,5 Mal – dieser Vorgang wird bei dieser Berechnung üblich verwendet. 80 x 1,5 = 120 W PAR.
- Aus Tabelle 1, die sich auf der folgenden Seite befindet, kann man ablesen, dass der Strahlungsfluss von 120 W PAR mit dem 400W HID Leuchtmittel, 250 CFL, oder mit dem LED Modul 300W erzielt werden kann.
- Nun berechnen wir, ob diese Quellen tatsächlich in der Lage sind, den Pflanzen die gewünschte Dosis zu liefern und in welcher Entfernung.

Lichtquelle	Leis-tung	Lichtstrom	Strah-lungs-fluss PAR	1 Watt/m² PAR ge-wonnen bei der Stärke
Sonne	-	-	-	213 lx
Plantastar	250 W	33 200 lm	80 W	417 lx
Plantastar	400 W	56 500 lm	136 W	417 lx
Plantastar	600 W	90 000 lm	216 W	417 lx
Sunmaster CDL	400 W	38 000 lm	110 W	335 lx
Sunmaster CDL	600 W	50 000 lm	195 W	256 lx
Sunmaster CDL	1000 W	110 000 lm	320 W	345 lx
Sunmaster HPS	400 W	55 000 lm	144 W	385 lx
Sunmaster HPS	600 W	90 000 lm	215 W	417 lx
Sunmaster HPS	1000 W	150 000 lm	358 W	417 lx
CFL Phytolite	250 W	12 500 lm	100 W	125 lx
LED	90 W	3 200 lm	54 W*	59 lx
LED	300 W	15 000 lm	180 W*	83 lx
LED	600 W	24 000 lm	360 W*	67 lx

Tabelle 1: *Man rechnet mit einer 60 % er Effektivität der Stromumwandlung ins Licht. Die modernsten LED Dioden wandeln bis zu 80 % des Stroms ins Licht um. Die angegebenen Werte könnt ihr bei allen weiteren Bezeichnungen sehr ähnlich voraussetzen. Die Wahrscheinlichkeit, dass die 400 W HPS Leuchtmittel mit dem Lichtstrom von 55 000 lm von der Firma Philips, sehr ähnliche Werte, wie die schon erwähnte Sunmaster erreichen, ist sehr hoch.*

Nötige Beleuchtungsstärke zur Erreichung von verschiedenen PAR Dosen

Lichtquelle	40 PAR W/m²	80 PAR W/m²	100 PAR W/m²	130 PAR W/m²
Plantastar 250W	16 680 lx	33 360 lx	41 700 lx	54 210 lx
Plantastar 400W	16 680 lx	33 360 lx	41 700 lx	54 210 lx
Plantastar 600W	16 680 lx	33 360 lx	41 700 lx	54 210 lx
MH 400 W	13 400 lx	26 800 lx	33 500 lx	43 550 lx
MH 600 W	10 240 lx	20 480 lx	25 600 lx	33 280 lx
MH 1000 W	13 800 lx	27 600 lx	34 500 lx	44 850 lx
HPS 400 W	15 400 lx	30 800 lx	38 500 lx	50 050 lx
HPS 600 W	16 680 lx	33 360 lx	41 700 lx	54 210 lx
HPS 1000 W	16 680 lx	33 360 lx	41 700 lx	54 210 lx
CFL 250 W	5 000 lx	10 000 lx	12 500 lx	16 250 lx
LED 90 W	2 360 lx	4 720 lx	5 900 lx	7 670 lx
LED 300 W	3 320 lx	6 640 lx	8 300 lx	10 790 lx
LED 600 W	2 680 lx	5 360 lx	6 700 lx	8 710 lx

Tabelle 2: *Es ist offensichtlich, dass fluoreszente Leuchtmittel und LED Module, eine relativ hohe Effektivität aus der Sicht von PAR, gegenüber den klassischen HID Leuchtmitteln, besitzen.*

MULTIPLIZIEREN DES NÖTIGEN STRAHLUNGSFLUSSES

In der vorgelegten Situation, wird mit der Erhöhung der Wandreflexion und der Verwendung von hochwertigem Reflektor, gerechnet. Wenn diese empfohlenen Forderungen nicht eingehalten werden, muss die nötige Dosis des PAR Strahlungsflusses **nicht 1,5-mal, sondern zweimal multipliziert werden.** Das heisst, dass man ohne Verwendung von Reflexfolien und hochwertigen Reflektoren, in solcher Situation, eine Lichtquelle mit Strahlungsfluss von 160 W PAR brauchen würde – dann müsste man eine stärkere Lichtquelle wählen.

PRÜFUNG DER AUSREICHENDEN BELEUCHTUNGSSTÄRKE

Nun können wir prüfen, ob die gewählten Lichtquellen, die in der Tabelle 2 auf der folgenden Seite angegeben sind, die nötige Stärke erreichen. Dazu benutzen wir die einfache Formel E = . Dadurch gewinnen wir die Beleuchtungsstärke auf einer geraden Fläche. Um eine halbkugelige Stärke zu gewinnen, muss das Ergebnis um 30 % gesenkt werden.

Lichtquelle

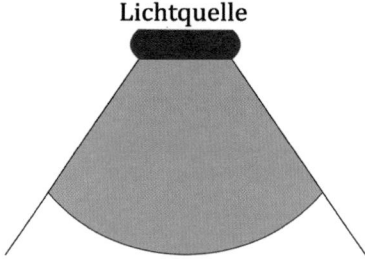

Bild 1: *Beim Messen der Flächenbeleuchtung aus Sicht des menschlichen Wahrnehmens, wird üblich mit dem Lichteinfall auf Normalebene gerechnet. Im Falle der Bewertung der Beleuchtungsstärke PAR wird die halbkuglige Beleuchtungsstärke gerechnet.*

90

GEEIGNETE BELEUCHTUNG FÜR 1 M^2

Lichtquelle	Stärke auf 1 m^2	Nach Ab-rechnen 30 %	Umrech-nung
Plantastar 400 W	56 500 lx	39 550 lx	94 PAR
Sunmaster CDL 400 W	38 000 lx	26 600 lx	79 PAR
Sunmaster HPS 400 W	55 000 lx	38 500 lx	100 PAR
CFL Phytolite 250 W	12 500 lx	8 750 lx	70 PAR
LED 300W	15 000 lx	10 500 lx	126,5 PAR

Tabelle 3: *Geht von den Angaben in der Tabelle 1 und 2 aus und des Abteils Beleuchtung.*

Als beste Lösung, zeigen sich Plantastar 400 W, Sunmaster HPS 400 W, die eine Beleuchtungsstärke von ca. 100 W/m^2 PAR erreichen. Man sieht,

dass das LED Modul, den niedrigsten Stromverbrauch hat und die besten
Ergebnisse erreicht. In Hinsicht auf die PAR Dosis, wäre es vernüftiger,
sie auf einer größeren Fläche zu benutzen. Leuchtmittel Sunmaster CDL
400 W und CFL Phytolite 250 W erreichen in den jeweiligen Situationen
auch eine gute Intensität. CDL würde man nur für die Blütephase der
Pflanzen einsetzen, also ist sie ausreichend.

Das angegebene Beispiel sagt uns zwar, welche Lichtquellen die besten sind, allerdings verrät es nichts über ihre Entfernung von den
Pflanzen. Allerdings ist die eindeutige Berechnung der genauen Entfernung fast unmöglich. Bei so eine Ausrechnung müsste man Rücksicht auf den Raumwinkel, in den das Licht ausgestrahlt wird, das
Leuchtkraftdiagram der Beleuchtung und der Lampe, die Wandreflexion, die Größe und Form des Raums usw. nehmen. In Hinsicht auf die
Menge von Varianten, kommt es bei so einer Berechnung zu markanten Unterschieden, also man kann keine Formel erstellen, die für alle
Räume verwendet werden könnte.

Aus dem Grund gilt, dass die Lichtquelle möglichst viel an die Pflanzen
genähert werden muss (mehr im Abteil Anbau). Es darf aber nicht zu
ihrer Verbrennung kommen – dieses Risiko ist bei HID Leuchtmitteln
sehr hoch. CFL Leuchtmittel und LED Module ermöglichen die Entfernung zwischen Pflanzen und der Lichtquelle wesentlich zu verkürzen,
weil sie nicht auf so hohe Temperaturen aufgeheizt werden, wie die erwähnten HID Leuchtmittel.

THEORETISCHE BERECHNUNG DER BELEUCHTUNGS-STÄRKE IM ZUSAMMENHANG MIT DER ENTFERNUNG DER BELEUCHTUNG VON PFLANZEN

Obwohl wir keine universelle Formel zur Ausrechnung von Entfernung
der Beleuchtung schaffen können, um die gewünschte Beleuchtungsstärke der Anbaufläche zu erreichen, können wir eine Orientierungstabelle

erstellen und zwar mit Hilfe von Formeln aus der Grundschule. Ich möchte wieder daran erinnern, dass die folgenden Angaben nicht für eindeutig gehalten werden können und die Berechnungen können nicht allgemein für jeden Anbauraum angewendet werden.

> **Allgemein gilt, dass es nicht möglich ist, eine Formel zur Berechnung von PAR Intensität, zu erstellen. Es gibt eine Menge von Faktoren, die das Endergebnis beeinflussen und diese unterscheiden sich in jedem Anbauraum.**

Ausgangswerte:

- Beleuchtete Fläche 1 x 1 m;
- Leuchtmittel HPS Sunmaster 400 W, 55 000 lm;
- Lichtstrom strömt von der Lampe am intensivsten im Winkel von 120°;
- Leuchtkraft in Candela cd = 55 000 lm/12,57 sr = 4375 cd;
- $\alpha = 60°$, $\beta = 30°$;
- nach der Winkelgröße und der Seitenlänge und das Resultat ist h = 0,29 m und c = 0,58 m.

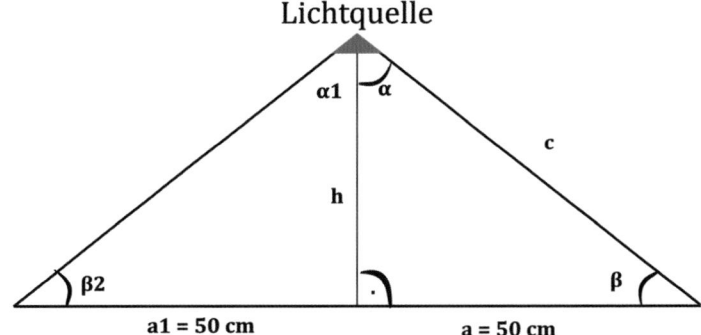

93

1. Intensitätstrahlung direkt unter der Lampe E_1= 4 375 cd : $0,29^2$ = 52 021 lx;
2. Intensitätstrahlung am Rand, ungefähr um 30 % niedriger E_2 = 36 414 lx.
3. Für eine noch höhere Genauigkeit, müssen wir die beiden Ergebnisse um weitere 30 % senken, damit wir den Lichtschwund außerhalb des begrenzten Winkels und die Verluste der Reflektion, berücksichtigen können.
4. E_1 = 36 414 lx, E_2 = 25 490 lx
5. Die Durchschnittsintensität beträgt 30 952 lx auf einer 1 m² Fläche, wenn das 400 W HPS Leuchtmittel 29 cm über der Pflanzen aufgehängt ist, was der 80 W/m² PAR entspricht.

Die Beleuchtungsstärke 80 W/m² PAR ist hoch genug, was bestätigt, dass sich das 400W HPS Leuchtmittel gut zur Beleuchtung von 1 m² eignet. Für ein Vergleich muss man darauf aufmerksam machen, dass wenn keine ausreichende Wandreflexion gesichert ist, könnte die Beleuchtungsstärke um 50% reduziert werden, anstatt der 30 % (Punkt 3). Anstelle der 80 W/m² würden wir dann nur 57 W/m² PAR bekommen. Ihr seht, dass hochwertige Reflektoren und Reflexfolien tatsächlich einen großen Einfluss auf die Lichtnutzung haben.

Weiterhin werde ich euch nicht mehr mit Berechnungen quälen und wir konzentrieren uns jetzt auf die PAR Dosierung in der Praxis bei bestimmten Entfernungen von konkreten Leuchtmitteln. Die Angaben wurden unter konkreten Bedingungen genau gemessen.

Die folgenden Werte wurden in der HOMEbox Silver, unter Verwendung von dem Vorschaltgerät Lumatek und des Lichtschirms Waveflector XL, gemessen. Versteht die Bilder als ein Orientierungspunkt. Die Durchschnittsbeleuchtungsstärke PAR ab einem Wert von 80 PAR W/m², kann für das Erreichen einer reichen Ernte, als optimal gesehen werden.

250 W Plantastar

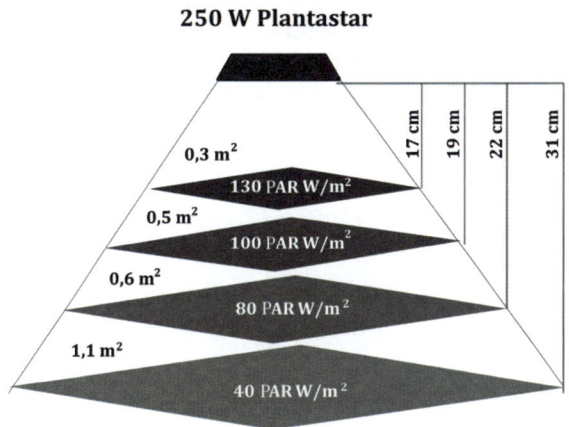

250W Plantastar kann für 0,5 m² effektiv genutzt werden, *die optimale PAR Dosis erreicht man mit 17 – 22 cm Entfernung von der Lampe.*

400 W HPS

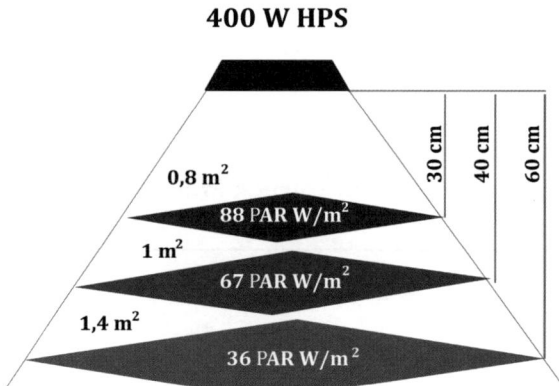

400W HPS kann für 0,8 – 1 m² effektiv genutzt werden, *die optimale PAR Dosis erreicht man mit 30 – 40 cm Entfernung von der Lampe.*

600 W HPS

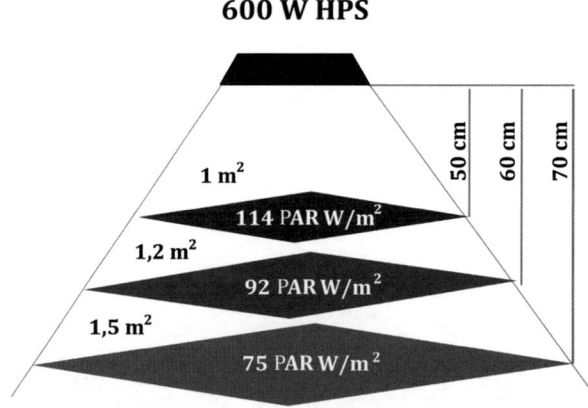

600W HPS kann für 1 – 1,5 m² effektiv genutzt werden, *die optimale PAR Dosis erreicht man mit 50 – 70 cm Entfernung von der Lampe. Auch mit der Entfernung von 90 cm messen wir durchschnittlich 61 PAR W/m².*

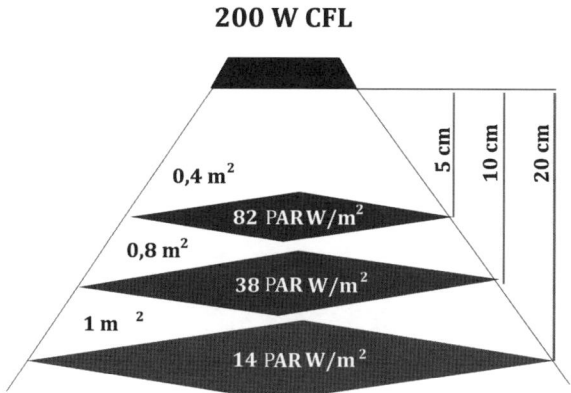

200W CFL kann für kleinere Räume mit einer Fläche von max. 0,8 m² effektiv genutzt werden, die optimale PAR Dosis erreicht man mit **5 cm Entfernung von der Lampe und somit wird 0,4 m² beleuchtet.**

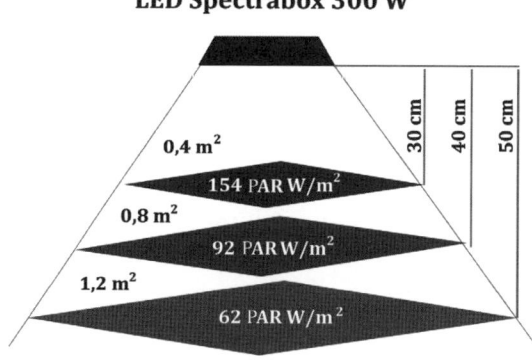

300W LED kann für 0,4 – 1,2 m² verwendet werden, die optimale PAR Dosis und die gleichmäßige Beleuchtung erreicht man mit 40 cm Entfernung von der Quelle.

VERWENDUNG VON MEHREREN LAMPEN

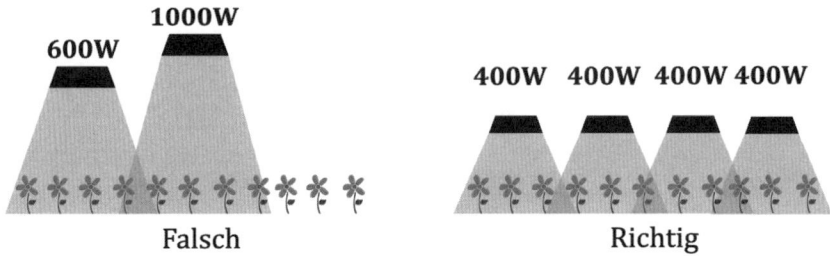

<Falsch>

Falsch   Richtig

Wenn man eine größere Fläche beleuchten möchte und man benötigt mehrere Lampen, muss man hauptsächlich an eine gleichmäßige Beleuchtung denken. In manchen Fällen ist es besser, mehrere schwächere Leuchtmittel, als nur ein starkes zu verwenden.

VORSCHALTGERÄTE

Damit die Lampen auch leuchten, braucht man Vorschaltgeräte und Lampenfassung mit einem Reflektoren. Vorschaltgeräte beinhalten Starter, Drossel und Kondensator. Ein Starter, wie der Titel schon verrät, dient zum Starten des Leuchtmittels. Er schickt dem Leuchtmittel einen elektronischen Impuls, dank dem das Leuchtmittel anspringt und leuchtet. Moderner elektronische Starter erkennen schon, ob das Leuchtmittel bereits leuchtet, oder nicht. Bis das Leuchtmittel leuchtet, bekommt es Impulse in genauen Intervallen, bis es zum Leuchten kommt. Die meisten modernen Vorschaltgeräte beinhalten bereits einen elektronischen Starter. Jedes Vorschaltgerät ist zur Verwendung mit konkretem Lampentyp und mit konkreter Leistung bestimmt. Vorschaltgerät, das zur Speisung von 400W Lampe bestimmt ist, kann für andere Lampe mit verschiedener Leistung nicht eingesetzt werden. Genauso sind die Vorschaltgeräte nur zum Schalten mit MH oder HPS Leuchtmitteln bestimmt. Auf dem Markt gibt es bereits Vorschaltgeräte, die MH- und HPS Leuchtmittel starten können. Der Preisunterschied ist nicht sehr groß, deshalb würde ich beim Kauf eines neuen Vorschaltgerätes darauf achten, dass es auch bei MH oder HPS Leuchtmitteln eingesetzt werden kann.

Die Leistungsnutzung der Lampe ist einigermaßen davon abhängig, welches Vorschaltgerät verwendet wird. Der Unterschied in der wirklichen Leistung des Leuchtmittels in Abhängigkeit vom benutzten Vorschaltgerät, kann bis zu 30 % betragen. Die Leistung eures 400W Leuchtmittels kann dann real zwischen 56 – 83 PAR W/m² schwanken und das ist wirklich viel. Das Vorschaltgerät beinflusst auch die Lebensdauer des Leuchtmittels. Die PAR Menge sinkt

in der Abhängigkeit vom Grad des Abnutzens des Leuchtmittels ab. Ein wenig qualitätsvolles Vorschaltgerät belastet das Leuchtmittel und dadurch wird ihre effektive Leistung gesenkt. Auf dem Markt findet man voll elektronische Vorschaltgeräte, die sich vor allem durch eine hohe Effizienz und niedrigeren Stromverbrauch auszeichnen. Es ist nun mal so, dass hochwertigere Ausstattung mehr Geld kostet. Bei der Suche nach einem Vorschaltgerät, sollte man wenigstens auf diese Eigenschaften achten:

- Möglichkeit das Vorschaltgerät für MH und HPS Leuchtmittel zu nutzen;
- Elektronischen Starter;
- Sicherung zum Schutz vor Überhitzung.

Ein hochwertiges elektromagnetisches Vorschaltgerät für ein 600W Leuchtmittel bekommt man meistens für 80 bis 100 EUR. Für ein voll elektronisches Vorschaltgerät, dank dem man 30 % mehr Licht (im Labor geprüft) gewinnt, bezahlt man um die 180 EUR. Ein elektronisches Vorschaltgerät hat auch eine höhere Lebensdauer.

KOMBINIEREN VON LEUCHTMITTELN UND VORSCHALTGERÄTEN

MH Leuchtmittel müssen mit Vorschaltgeräten montiert werden, die für MH oder MH + HPS Leuchtmittel bestimmt sind. HPS Leuchtmittel müssen mit Vorschaltgeräten montiert werden, die für HPS oder in MH + HPS Leuchtmittel bestimmt sind.

VORTEILE EINES HOCHWERTIGEN VORSCHALTGERÄTS

- Höhere Lebensdauer des Leuchtmittels.
- Möglichkeit die MH und HPS Leuchtmittel ohne weiterer Kosten zu wechseln.
- Maximale Stromverbrauchnutzung.
- Zuverlässiger Betrieb der Beleuchtungseinrichtung.

LAUFWERK ALIAS LIGHT-RAIL FÜR DIE LAMPEN

In den Growshops kann man einen Wagen kaufen, auf dem ein Leuchtmittel mit Reflektor angebracht werden kann. Die Lampe fährt dann auf einer speziellen Schiene hin und her. Die Entfernung, die der Wagen erreicht, wird von euch, nach Bedarf, eingestellt. Dank dem Wagen kann eine größere Fläche beleuchtet werden und somit die Stromkosten gespart werden. Die Leistung des Leuchtmittels kann man dann ca. 1,5-mal multiplizieren und mit dieser Leistung dann auch rechnen. Ein geschickter Heimwerker schafft eine Konstruktion zu bauen, dank der man den Wagen mit mehreren Lampen auf einmal schieben könnte. Bei der Verwendung von 4 Lampen, ist die Stromkostenersparnis schon sehr hoch. Neben der Stromkostenersparnis, hat der Wagen einen weiteren Vorteil – man kann mit ihm die Probleme mit der hohen Temperatur im Growroom reduzieren.

Außer der Leistung und dem Typ des Leuchtmittels, gibt es weitere Faktoren, die die PAR Menge, die zu den Pflanzen gelangt, beeinflussen.

- Reflektor,
- Vorschaltgerät,
- Anwesenheit oder Abwesenheit der Reflexfolie, die rund um den Growbox angebracht ist,
- Das Alter, bzw. Nutzungsdauer des Leuchtmittels.

KABEL

Es ist nur verständlich, dass die meisten Kunstlicht Grower an der Ausstattung des Growrooms sparen versuchen. Es betrifft übrigens nicht nur diese Art des Anbaus. Oft wird auf der falschen Stelle gespart und dadurch die Sicherheit der ganzen Einrichtung gefährdet. Ein typisches Beispiel ist die Verwendung von schwachen Kabeln und Verbindungselementen.

Leuchtmittel brauchen abhängig von deren Leistung, eine bestimmte Menge von elektrischer Energie. Kabel dienen zum Transport der Energie vom Netz zum Vorschaltgerät und vom Vorschaltgerät zum Leuchtmittel. Hier bietet sich ein Vergleich mit dem Kraftwagenverkehr. An Stellen mit dichtem Verkehr, lohnt sich mehrspurige Straßen zu bauen. Die Automenge kommt dann einfacher und fliessender vom Punkt A zum Punkt B. Mit den Kabeln ist es genauso. Ein stärkeres Kabel = mehrspurige Straße.

RICHTET EUCH BITTE NACH DIESEN PRINZIPIEN
- Für Leuchtmittel bis **600W**, verwendet bitte Kabel, die Leiter mit Minimalstärke von **3 x 1,5 mm** beinhalten.
- Für stärkere Leuchtmittel (**600W und mehr**), verwendet bitte grundsätzlich Kabel, die Leiter mit Minimalstärke von **3 x 2,5 mm** beinhalten!!!
- Falls irgendein Teil des Kabels (vom Netz zur Drossel oder von Drossel zum Leuchtmittel) **die Länge von 3 m überragt**, verwendet ihr immer mindestens **3 x 2,5 mm** starke Leiter.

Die Verwendung von schwachen Kabeln verursacht deren Überhitzung und bedeutet weniger Strom für das Leuchtmittel, und dadurch kommt es zur ständigen Beschädigung, bzw. zur Verkürzung der Lebensdauer. Im Wesentlichen gilt, dass die Stromleitungen im Growroom nur von berufserfahrenem Menschen angeschlossen werden sollten, der dann selbst entscheidet, welche Kabelstärke verwendet werden muss. Der Unterschied zwischen den Anschaffungskosten der verschiedenen Kabel ist nicht so groß, wie das Risiko für euch und eure nahe Umgebung, wie wenn ungeeignete Systemteile verwendet werden.

WIEVIELE LEUCHTMITTEL ZUR BELEUCHTUNG VON BESTIMMTER FLÄCHE:

Die meisten Grower brauchen nicht die nötige Leistung des Leuchtmittels kompliziert zu berechnen, um festzustellen, welche Röhre für ihren Anbauraum ideal ist. Man kann nämlich einfach von den Erfahrungen und geprüften Applikationen ausgehen. Jetzt schauen wir, welche Lichtquellen man bei den am häufigsten verwendeten Maßen der Anbauflächen nehmen sollte.

Beleuchtung für 0,5 m^2

- 1 x 250W HPS – ausreichende Intensität und niedriger Strom-verbrauch. Für diese Fläche, empfehle ich einen tief-strahlenden Reflektor.
- 1 x 250 CFL – führt hier eine hervorragende Arbeit durch und gegenüber dem 250 HPS, spart man Strom, weil nach dem Start, verbraucht das CFL Leuchtmittel etwa 180 – 200W und dazu werden auch Probleme mit hoher Temperatur vermieden.
- 90W LED – wenn man Stromkosten sparen möchte, dann sollte das LED Modul mit einer Leistung von 90 – 120W gewählt wer-den. Auch hier gibt es den Vorteil von niedriger Wärmeemission.

Beleuchtung für 1 m^2

- 2 x 250W HPS Leuchtmittel – diese Kombination sollte in dem Fall verwendet werden, wenn der Anbauraum nicht quadratisch, sondern länglich (z.B. 0,8 x 1,2 m) ist.
- 2 x 250 CFL –Ein Vorteil ist die niedrigere Temperatur des Leuchtmittels, dank der man dann keine so große Probleme mit Temperatur im Growroom haben wird. Die Beleuchtungsstärke ist ausreichend, vor allem wenn man die Methode des „Sea of Green" oder eine kurzwüchsige Pflanzenart wählt. Gegenüber den 2 x 250W HPS, spart man ein paar Cent mehr am Strom.
- 1 x 400W HPS Leuchtmittel – geeignet für Anbau von kleineren Pflanzenarten und für die Methode des grünen Meeres.
- 1 x 600W HPS Leuchtmittel – maximale Beleuchtungsstärke. Wenn man den Stromverbrauch wirklich senken möchte und höhere Pflanzen anbauen möchte, dann sollte man eindeutig diese Variante wählen, denn auch in den niedrigeren Stöcken gewinnt man eine relativ gute Beleuchtungsstärke.
- 300W LED – hier kann wieder Stromgeld gespart werden und die Probleme mit der hohen Temperatur vermieden werden.

Beleuchtung für 1,5 m²

- 2 x 400W HPS Leuchtmittel – ihr gewinnt eine sehr gleichmäßige Beleuchtung zum Preis von höheren Energieausgaben.
- 1 x 600 W HPS Leuchtmittel – wenn man den Light-Rail dazunimmt, gewinnt man ein hervorragendes Verhältnis der effizienten Beleuchtung und des Stromverbrauchs.
- 2 x 600W HPS Leuchtmittel – hier ist ein Nachteil der höhere Stromverbrauch. Diese Methode eignet sich in dem Fall, wenn hohe Pflanzen (lange Wuchsphase) angebaut werden sollen, wenn eine Seite der Anbaufläche wesentlich länger ist, als die andere und wenn keine Probleme mit der hohen Temperatur vorausgesetzt werden.
- 1 x 750W HPS + Light-Rail – geeignet für einen rechteckigen Anbauraum und wenn die Stromverbrauchkosten reduziert werden sollen.
- 300W LED – ist theoretisch auch für diese Fläche geeignet– liest bitte mehr über die LED Module ein paar Seiten oben.

Beleuchtung für 2 m²

- 2 x 400W HPS – eine völlig ausreichende Lösung, die mit dem Light-Rail unterstützt werden kann (siehe vorige Kapitel). Optimale Lösung für Räume mit hohen Temperaturproblemen.
- 3 x 400W HPS – diese Kombination lohnt sich in dem Fall, wenn die Fläche länger und schmaler sein soll (z.B. 0,8 x 2,6 m). Alle Pflanzen werden dann genügend Licht bekommen.
- 2 x 600 W HPS – ein Vorteil ist höhere Lichtintensität, als bei der Verwendung von 2 x 400W HPS. Eine geeignete Lösung für gut lüftbare Räume beim Anbau von hohen Pflanzen.
- 2 x 600W HPS + 1 x 400W HPS – eine gute Kombination, die ausreichende Beleuchtung beim niedrigen Stromverbrauch und kleinerer Erwärmung des Growrooms sichert.

- 4 x 250W CFL – verhindert die Bildung von hohen Temperaturen im Growroom. Das könnte in dem Fall geschätzt werden, wenn nicht richtig gelüftet, oder anders gekühlt, werden kann. Der Realverbrauch von vier 250W CFL beträgt dann ca. 800W. Blüten am Rande der Anbaufläche, werden nicht so groß und stark, wie bei Verwendung von HPS Leuchtmitteln.
- 2 x 300W LED – bei größeren Flächen macht sich die Stromersparnis bemerkbar.
- 1 x 600W LED – hier gilt dasselbe, wie bei der vorigen Variante.

WIE HOCH SOLL DIE BELEUCHTUNG AUFGEHÄNGT WERDEN

Allgemein gilt, dass je näher die Lichtquellen an die Pflanzen herankommen, desto größere Beleuchtungsstärke gelangt dann auch zu den untersten Teilen der Pflanzen und an die Ränder des Anbauraums. HID Leuchtmittel haben das Problem der hohen Wärmeentwicklung. Wenn sie zu nah an die Pflanzen angebracht werden, werden die Pflanzenspitzen verbrannt. Die hohe Temperatur kann unter Verwendung von Reflektoren mit Kühlsystemen eliminiert werden. Die minimale Entfernungen des einzelnen HID Lampentyps kann man im Kapitel „Theoretische Berechnung der Bestrahlungsstärke in Abhängigkeit von der Entfernung der Beleuchtung von den Pflanzen" lesen.

BELÜFTUNG

Ein regelmäßiger Luftwechsel ist beim Indooranbau völlig grundlegend. Pflanzen brauchen genügend Sauerstoff und CO_2, sonst werden sie nicht so wachsen, wie ihr es wollt. Als Indoor Grower, nimmt ihr gewissermaßen die Rolle der Natur in die Hand, also müsst ihr sie möglichst gut erfüllen.

GRUNDTYPEN DER VENTILATOREN UND IHRE VERWENDUNG

Ventilatoren werden nach Verwendung und nach ihrer Konstruktion in zwei Grundtypen unterteilt:

1. **Rohrventilatoren** – werden meistens zur Luftzufuhr und Abfuhr von der Anbaufläche verwendet.
2. **Raumlüftungen (Zirkulationslüftung)** – Steh- oder Hängeventilatoren, die zum Durchmischen der Luft im Growroom verwendet werden. Diese können nicht an die Rohrlufttechnik angeschlossen werden.

ROHRLÜFTER

Die Luftzufuhr und Abfuhr besorgen am besten gerade diese Rohrlüfter. Dank ihrer Konstruktion, können sie von beiden Seiten an die Leitungsschläuche angeschlossen werden. Wenn ihr zum Beispiel einen 3 Meter langen Schlauch installiert, muss der Lüfter nicht an einem der Enden, sondern ruhig in der Mitte angebracht werden. Allerdings muss auch bei dem Anschluss der Rohrlüfter auf bestimmte physikalische Gesetze geachtet werden. Ihr müsst diese Gesetze nicht völlig verstehen, aber es bleibt euch nichts anderes übrig, als sie zu respektieren. Denkt bitte daran, dass jede Biegung (Kurve) der Luftleitung die Leistung der Lüfter senkt. Genauso ist auch die effektive Leistung von der Länge der Luftleitung abhängig.

GRUNDREGEL ZUM ANSCHLUSS DER ROHRLÜFTER

Es ist immer besser, die Luft zu ziehen, als sie zu drücken. Beim Anschluss der Lüfter an die Leitschläuche, sollte der Teil, durch den die Luft zugeführt wird, länger sein als der Teil, in den die Luft eingeblasen wird.

Auch Rohrlüfter werden in mehreren Varianten hergestellt. Deren Unterschiede liegen vor allem im Geräuschpegel und in der Kapazität – also die Luftmenge, die durch diese in bestimmter Zeit durchdringt.

VENTILATOR UFO

In dem Moment, in dem man diesen Ventilatoren sieht, weiss man sofort, warum man sie UFO nennt. Die Form eines fliegenden Tellers besitzen sie nicht nur einfach so. Dank einer großen Ausbeulung im Bereich, wo sich das Laufrad versteckt, wird ein ausreichender Raum für die Installation der großen Flügel gewonnen. Größere Flügel an der Schraube bedeuten höhere Leistung bei niedrigeren Drehungen. Die Ventilator ist im

Betrieb leiser, als Ventilatoren mit kleinerer Laufrad und derselben Kapazität. Genauso, wie andere Ventilatorentypen, also auch UFO sind für konkrete Bedingungen geeignet. Sie decken den Bedarf von kleinen und mittelgroßen Growrooms. Die Konstruktion des UFO Ventilatoren eignet sich für Luftabfuhr von Growrooms bis zu 10 m² bzw. 25 m². Bei der Luftzufuhr in den Growroom, sind ihre Verwendungsmöglichkeiten noch grösser. Ihr müsst allerdings aufpassen– der UFO eignet sich nicht für lange Luftleitungen (6 Meter und länger). Ihre Leistung wird dann deutlich gesenkt und die gewünschte Effektivität kann nicht erreicht werden.

TD (TT) Ventilatoren

Diese Ventilatoren setzen auf kleineren Schraubendurchmesser. Während das Schraubenprofil der UFO Ventilatoren eng und lang ist, ist das Schraubenprofil der TD Ventilatoren breiter und kürzer. TD Ventilatoren können auch für längere Luftleitungen verwendet werden. Für die Luftzufuhr, können TD Ventilatoren de facto überall verwendet werden. Für die Luftabfuhr, können sie auch für Growrooms in der Grösse von 15 m² bzw. 40 m² eingesetzt werden. Manche TT Ventilatoren sind bereits mit einer Schaltuhr ausgerüstet, es ist also möglich die Schaltzeit einzustellen.

Schneckenhauslüfter

Für große Anbauflächen und lange Luftleitungen gibt es Lüfter im Schneckenhausform. Unzählige dünne Flügel in der Abdeckung (ähnlich, wie beim Mühlenrad), saugen die Luft aus der Trommel und treiben sie schnell in die geschickt angebrachte Mündung. Ein Nachteil dieser Lüfter ist der Bedarf an einer speziellen Box, aber nur in dem Fall, das die Leitschläuche an dem Lüfter angebracht werden sollen. Die einzelnen Schneckenhauslüfter können nämlich nicht eingeschlossen werden, sie können höchstens so angebracht werden, damit der Ausblaseteil, die Luft direkt aus dem Zimmer treibt. Der Schneckenhausventilator kann in Growrooms von allen Größen verwendet werden, wird aber üblicherweise in Growrooms von 10 m^3 verwendet. Für die Luftzufuhr eignen sich diese Lüfter nur für größere Growrooms.

LUFTZUFUHR UND LUFTABZUG – UNTERSCHIEDLICHE VENTILATOREN

In vorigen Abschnitten wurde erwähnt, dass sich ein konkreter Lüfter für die Luftzufuhr überall eignet und für Luftabfuhr nur bis zu einer bestimmten Größe des Growrooms. Warum dem so ist? Die Antwort auf diese Frage kann mit der Antwort auf die nächste Frage, die ihr euch bestimmt stellen werdet, verbunden werden. **Welchen Lüfter brauche ich für meinen Growroom?**

LEISTUNG DES LÜFTERS – ZWEI MÖGLICHKEITEN DER BERECHNUNG

1. Zuerst muss der Umfang der Anbaufläche berechnet werden. Die Leistung des Lüfters wird in der Luftmenge in einer 1 Stunde – X m^3/Stunde angegeben, die durchströmt. Bei der Wahl eines Lüfters für die Frischluftzufuhr, multipliziert man den Umfang der Anbaufläche min. 20 x , für die Luftabfuhr sogar 40 x. Wenn der Anbauraum den Umfang von 3 m^3 beträgt, braucht man für die Zufuhr einen Lüfter mit Leistung von mindestens 60 m^3/Stunde und für die Abfuhr mindestens von 120 m^3/Stunde.
2. Für 1 W HID Leuchtmittel, wird 1 m^3/Std. nötig. Für 400 W Leuchtmittel, verwendet man Lüfter mit einer Leistung von 400m^3/Std.

Das Endergebnis zeigt, wieviel m^3/Std. der Lüfter mindestens umpumpen sollte, damit die gewünschte Effektivität erreicht wird und zwar bei der Kostenminimierung für den, durch Belüftung verbrauchten Strom. Richtig ausgewählte Lüfter, zusammen mit richtigen Schaltern, können die Luft im Growroom während einiger Minuten wechseln. Der schnelle Luftwechsel im Growroom versteckt in sich zwei wichtige Vorteile:

- **Lärmminderung** – Lüfter schalten immer nur für eine Weile, also die ständigen Geräusche der Lüfter mit niedrigerer Leistung* werden vermieden.

- **Minderung des Stromverbrauchs** – wenn ein Lüfter mit dem Leistungsbedarf von 50 W, 60 Minuten läuft, verbraucht er gerade mal 50 W, währenddessen der 100W Lüfter nur 15 Minuten laufen sollte und dieselbe Luftmenge befördern sollte – verbraucht man nur die Hälfte des Stroms.

*In manchen Fällen ist es besser, wenn der Lüfter ständig läuft, bzw. die Drehungen beim Temperaturanstieg im Growroom erhöht. Der ununterbrochene Betrieb des Lüfters gibt ein konstantes Geräusch von sich, während der Wechselbetrieb auffällig sein könnte. Wenn ihr also in einem Plattenbau anbauen wollt, kann der Wechselbetrieb eure Nachbarn stören...

Als Beispiel für die Lüfterwahl, nehmen wir zum Beispiel die HOMEbox in Massen von 240 x 120 x 200 cm:

- Der Raumumfang beträgt 240 x 120 x 200 = **5,76 m³ x 20 = 115 m³** – für die Luftzufuhr braucht man einen Lüfter mit der Leistung von mindestens 115 m³/Std.
- Für die Luftabfuhr multiplizieren wir **5,76 m³ x 40 = 230 m³** – der Luftabzuglüfter muss eine Kapazität von mindestens 230 m³/Std haben.

Bei der Verwendung von HID Leuchtmitteln ist es besser, die zweite Variante zu verwenden. Für die gleiche HOME box könnten wir 2 x 400W HPS verwenden.

- 2 x 400 = 800 W. Zur Berechnung der Zufuhr und Abfuhr des Lüfters, verwenden wir das Verhältnis 2:1.
- 800 : 3 = 267, 267 x 2 = 534 m³ für Abzug, 267 m³ für Zufuhr.

In der gleichen Weise kann die nötige Kapazität der Lüfter für jeden beliebigen Raum berechnet werden.

LÜFTER MIT MEHRSTUFIGEN GESCHWINDIGKEITEN

Bei der Wahl der Lüfter, stoßt man bestimmt auf die Möglichkeit, einen Drehzahlregler zu wählen. Verschiedene Geschwindigkeiten haben den Vorteil, dass man die Lüfterleistung nach dem aktuellen Bedarf einstellen kann und dadurch wird der Stromverbrauch gesenkt. Es ist keine Ausnahme, dass am Anfang der vegetativen Periode, wenn die Pflanzen noch klein sind, nicht so viel gelüftet werden muss, wie bei bereits ausgewachsenen Pflanzen. Die Schaltung der Geschwindigkeiten ist nicht bei allen Lüftern gleich. Bei einigen Typen muss die Schaltung direkt innendrin geändert werden, während andere Typen die Drehzahlregulierung mit Hilfe eines am Deckel angebrachten Umschalters bieten. Jedem ist nun wahrscheinlich klar, welche der zwei Varianten praktischer ist.

Außer des eingebauten Drehzahlreglers, gibt es hier noch eine raffinierte Verwendungsmöglichkeit – ein Zusatzdrehzahlregler, der an jeder Menge von Lüftern, üblich mit Asynchronmotoren, angeschlossen werden kann. Weiterer Vorteil dieser Vorrichtung sind die breiteren Regelungsmöglichkeit, anders als bei den eingebauten Reglern. Mit den Zusatzreglern kann man die Lüftergeschwindigkeit völlig reibungslos von 0 bis zu 100 % beeinflussen, was bei manchen eingebauten Reglern nicht der Fall sein muss – diese bieten zum Beispiel 2 – 4 Geschwindigkeitsstufen. Manche Drehzahlregler können zwei Lüfter auf einmal steuern. Dadurch erreicht man eine absolute Harmonie zwischen der Luftabzug und der Luftzufuhr. Der Abzugslüfter muss immer eine größere

Luftmenge absaugen, als der Zufuhrlüfter zuführt – somit wird die Entweichung des unerwünschten Geruchs aus dem Growroom verhindert.

Hochwertige Drehzahlregler, die zwei Lüfter gleichzeitig steuern können, schaffen die Drehungen so zu regulieren, damit der Abzugslüfter immer schneller läuft, als der Zufuhrlüfter. Sehr oft sind die Abzugslüfter in den Growrooms viel stärker, als die Zufuhrlüfter, also wird die erwähnte Funktion nicht von jedem ausgenutzt.

LÜFTER MIT SCHALLDÄMMUNG

Ein großer Nachteil der Lüfter ist deren Lärm. Nicht nur der Motor rauscht, sondern auch die getriebene Luft. Diese unangenehme Tatsache könnte ihre Umgebung auf euren Growroom aufmerksam machen – was viele von euch sicherlich nicht möchten. Der Lärm der Lüfter kann erheblich verhindert werden, indem man eine Schalldämmung baut. Der Lüfter wird in eine Schachtel mit 3 Schichten eingebaut. Die erste Schicht deckt den Lüfter ab und kann aus Blech oder Holz hergestellt werden.

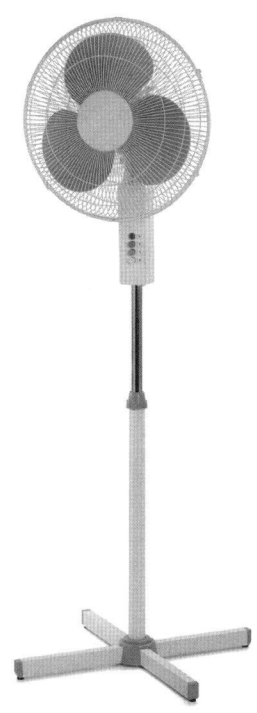

Die zweite Schicht isoliert den Lärm – es ist zu empfehlen, entweder eine Rockwool Isolierwatte oder Polystyrol zu verwenden. Die dritte Schicht verhindert, dass die zweite Schicht nicht abfällt und zu ihrer Herstellung wird wieder Blech oder Holz verwendet. Eine Schalldämmung könnt ihr ruhig selber bauen, oder einen bereits schallgedämmten Lüfter kaufen. Für eine maximale Schalldämmung, wird vor allem bei leistungsfähigeren Lüftern, die Verwendung von Sonoflex Schläuchen und von Schalldämpfern empfohlen – aber dazu später mehr.

RAUM (ZIRKULATIONS-) LÜFTER

Neben der Luftzufuhr und der Luftabzug, ist ein ständiges Durchmischen der Luft im

Growroom sehr wichtig. Die heiße Luft steigt natürlich nach oben, währenddessen die kalte Luft unten bleibt. Zur Eliminierung des Temperaturunterschieds in verschiedenen Teilen des Growrooms, verwendet man die Raumlüfter. Durch die Luftströmung wird nicht nur die Temperatur, sondern auch die Feuchtigkeit im Growroom ausgeglichen. Aufgrund dessen, können sich alle Pflanzen über das gleichmäßige Klima freuen. Zirkulationslüfter muss eine ausreichende Leistungsfähig besitzen, um die Luft im ganz belüfteten Raum in die Bewegung zu bringen. Deshalb lohnt sich, die Anschaffung eines größeren Lüfters – dieser muss allerdings locker in den Growroom reinpassen. Der Raumlüftung kann ununterbrochen Tag und Nacht laufen. Die meisten Produkte werden mit 2 Geschwindigkeiten ausgerüstet. Die richtige Geschwindigkeit muss man schon selber nach Gefühl wählen. Wenn man sich im Growroom befindet, sollte man spüren, dass die Luft strömt. Stehlüfter werden gewöhnlich mit einem Drehkopf ausgerüstet. Im Betrieb dreht sich der Kopf horizontal, sodass der Lüfter für eine gleichmässige Luftverteilung sorgt. Die Drehungen können ausgeschaltet werden, aber wenn möglich, sollte man dies nicht tun, damit eine bessere Luftverteilung erzielt werden kann.

Wenn das der Raum in dem Growroom zulässt, besorgt man sich am besten einen Zirkulationslüfter mit einstellbarer Höhe. Es ist nämlich nicht gut, wenn der Lüfter direkt in Richtung Pflanzen bläst. Wenn die Höhe des Lüfters eingestellt werden kann, kann auch die Luftströmung leichter der Größe der Pflanzen in ihren verschiedenen Wachsphasen angepasst werden.

KLIMAANLAGE

Ein hervorragender Helfer zur Einhaltung der gewünschten Temperatur im Growroom ist natürlich die Klimaanlage. Alles hat seine für und wider, also teilen wir uns zur Einleitung die Vor- und Nachteile auf:

VORTEILE:

- Klimaanlage kann die Luft, je nach Bedarf, kühlen und auch erwärmen (ist vom Typ abhängig).
- Eine ausreichend leistungsfähige Klimaanlage hält die gewünschte Temperatur ein, ohne die Notwendigkeit den Growroom zu lüften – Lüfter schalten nur aufgrund eines Luftwechsels.
- Klimaanlage erhöht die Effektivität der Zugabe von CO^2, denn sobald wir dieses Gas in den Growroom zugeben, droht sein Schwund durch häufiges Lüften nicht.
- Manche Klimaanlagen erfüllen auch die Funktion eines Luftentfeuchters – durch ihre Anschaffung, kauft man dann zwei Geräte in einem.

NACHTEILE:

- Relativ hoher Anschaffungspreis;
- höherer Stromverbrauch – allerdings muss der gesparte Strom für den Betrieb der Lüfter angerechnet werden, die ohne Klimaanlage häufiger laufen;
- in manchen Fällen kann ihre Größe ein Nachteil sein.

Für die meisten Grower ist der größte Nachteil, der Anschaffungspreis der Klimaanlage. Hochwertige Geräte mit ausreichender Entfeuchtungsfähigkeit kommen ungefähr auf 250 – 800 EUR – da reden wir aber über die Zimmerklimaanlage. Bei Wandlüftern mit einem Außenaggregat, kann der Preis mehrfach erhöht werden. Klimaanlagen mit unzureichender Leistung ist rausgeschmissenes Geld. Bei jedem Gerät ist detailliert beschrieben, für wie großen Raum es bestimmt ist. Zuverlässige Ergebnisse erzielt man mit einer Klimaanlage, die das Kühlen eines, mindestens dreimal so großen Raums verspricht, als des, den man hat.

Wenn man den Kauf einer Klimaeinheit in Betracht zieht, sollte man mit einem zusätzlichen Luftabzug mehr rechnen, weil die Wärme aus dem

Growroom abgeleitet werden muss. Das Anschließen an die bestehende Lufttechnik ist zwar möglich, trotzdem wäre notwendig, irgendeine Klappe zu installieren, die das Durchdringen von warmer Luft zurück in den Growroom (zum Beispiel durch Lüfter) verhindert. Wenn man sparen möchte und vor hat eine gebrauchte Klimaanlage zu kaufen, sollte man daran denken, dass die älteren Anlagen viel mehr Strom verbrauchen. Das gesparte Geld könnte wieder schnell weg sein. Im jeden Fall ist die Klimaanlage empfehlenswert. Es ist ein Gerät, das euren Growroom eine Stufe höher bringt. Diejenigen, die über die Anschaffung einer Klimaanlage, die CO_2 produziert, nachdenken, sollten die Klimaanlage für einen nötigen Bestandteil des Growrooms halten.

LUFTBEFEUCHTER

Die Luft in der Wuchsphase zu befeuchten, trägt wesentlich einer schnellen und gesunden Entwicklung der Pflanzen bei. Da kleine Pflanzen weiniger bewässert werden müssen, gelangt nicht genug Feuchtigkeit in die Luft durch Verdampfen. Damit optimale Luftfeuchtigkeit (80 %) erreicht wird, ist es also notwendig, einen Luftbefeuchter zu nutzen. Auf dem Markt gibt es Luftbefeuchter, die auf Basis des Verdampfers arbeiten. Diese Geräte verfügen über einen Wasservorratsbehälter, das Wasser fliesst zum Heizelement, wo sie so aufgeheizt wird, dass sie zum Dampf umgewandelt wird. Solche Luftbefeuchter könnten für manche Growrooms dadurch nachteilhaft werden, weil sie außer dem Befeuchten auch zusätzlich den Growroom erwärmen. Die Erwärmung kann unter der Verwendung von Membranbefeuchtern vermieden werden. Membranen schwingen sehr schnell, wodurch sie kleine Wassertröpfchen in Form eines Nebels in die Luft versprühen. Der Nebel ist nicht warm, deshalb entwickelt der Wasserdampfbefeuchter keine Nebeneffekte.

Luftbefeuchter

LUFT IONISATOR

Der Ionisator bereichert die Luft um negative Ionen (Anionen). Die Luft in der offenen Natur (in Wäldern, Bergen), ist reich an Anionen (5 000 Anionen auf cm^3), aus dem Grund kann sie gut geatmet werden und wirkt frisch. Anionen sind Elemente ohne Geschmack und Geruch. Sie entstehen natürlich bei Blitzen, Regen, oder bei Wassersplitterung. Anionen können auch mit Hilfe von Strom gewonnen werden. Diese Tatsache nutzt der Ionisator. Anionen töten Bakterien, Viren und andere, in der Luft enthaltene Mikroorganismen. Wenn wir in Betracht ziehen, dass die Stadtluft nur 100 – 200 Anionen auf 1 cm^3 enthält, wird uns klar, dass solche Menge an Anionen die Luft nicht sauber genug macht. Der Ionisator hilft im Growroom eine sauberere und frische Luft zu halten, weil er Mikroorganismen tötet. Anionen binden feste Teilchen (Blütenstab, Staub) an sich und neutralisieren Geruch. Der Ionisator kann als Einzelteil gekauft werden, oder man kauft einen Luftbefeuchter, der den Ionisator schon enthält.

ALTERNATIVE BEFEUCHTUNG

Die Luft kann auch durch Aufhängen von nassen Handtüchern und Lappen im Growrooms befeuchtet werden. Genauso kann man auch das Wasser mit einem Sprüher versprühen. Sprüht nie das Wasser direkt auf die Pflanzen. Bei angemachten Lampen, verursacht das Wasser auf den Blättern Verbrennungen, die durch das Wasserverdampfen verursacht werden.

LUFTENTFEUCHTER

In den letzten 2 – 4 Wochen der Blütephase, muss im Gegenteil die Luft von der Feuchtigkeit befreit werden, sonst steigt das Risiko einer Schimmelbildung. Ein Entfeuchter zieht die Feuchtigkeit aus der Luft ab und lagert das Wasser in den Behältern. Ein wichtiger Anhaltspunkt für die Qualität des Entfeuchters, ist die Wassermenge, die er während 24 Stunden abziehen kann. Eine Senkung der relativen Feuchtigkeit im Growroom, ist auch durch das häufigere Lüften möglich. Es werden aber meistens nicht solche Ergebnisse erreicht, wie bei der Verwendung von Luftentfeuchtern.

RÖHREN, SCHLÄUCHE UND ANDRE LUFTFÖRDERER

Wenn wir die Lüfter als das Herz der Lufttechnik nennen würden, dann sind die Verteilerleitungen seine Adern. Deren Aufgabe beruht aber nicht nur auf dem Lufttransport, sondern auch auf der Geräuschminderung und einigermaßen auch auf Beeinflussen der Temperatur. Die durch die Schläuche strömende Luft gibt von sich Geräusche aus. Um das zu verhindern, könnte man geräuschgedämmte Schläuche und Schalldämpfer verwenden. Trotzdem muss man bedenken, dass jede Biegung den Lärm erhöht und zusätzlich die Effektivität der Lüfter senkt. Aus dem Grund sollte jede Biegung der Schläuche, wenn es nur ein wenig möglich ist, vermieden werden.

ALUFLEX

Das ist eine Grundvariante und auch die billigste von Verteilerschläuchen. Der Schlauch kann gestreckt und geformt werden, seine Form hält er aber nicht. Der Schlauch muss mit Aufhängezubehör, Befestigungsteilen usw. gerichtet werden. Aluflex wird aus Alufolie (stärkere Alufolie) und aus dünnem Draht hergestellt. Von dieser Röhre dürfen keine wärmeisolierende oder schallisolierende Eigenschaften erwartet werden. Aluflex wurde nur zur Leitung von Luft hergestellt.

GREYFLEX

Ähnlich wie die Aluflex Schläuche. Der einzige Unterschied besteht darin, dass statt Aluminium, Gummi verwendet wurde. Gummi ist genauso biegsam, wie Aluflex. Ein Vorteil ist ihre Festigkeit. Aluflex Schlauch reißt einfacher durch.

SONOFLEX

Dieses Rohr kann schon viel mehr als nur Luft zu fördern. Es handelt sich um einen klassischen Aluflex Schlauch, der dazu mit Rockwool Isolierung und anderer Alufolie umwickelt ist. Aufgrund dieser Verstärkung weist der Schlauch wesentliche geräusch- und wärmeisolierende Eigenschaften auf. Geräuschminderung ist der Hauptgrund, warum man die Sonoflex Rohre überhaupt kaufen sollte. Neben einer guten Isolierung ist Sonoflex dazu auch noch ein guter Helfer in Fällen, falls es notwendig ist, die Luft auf langen Wegen durch den Growroom zu führen. Die zugeführte Luft wird im Schlauch er-

wärmt, während die abgeleitete Luft einen Teil ihrer Wärme im Growroom hinterlässt. Der Schlauch wird zu sogenannter Heizung. Wenn die Lüfter auch aufgrund der Temperatursenkung im Growroom schalten, senkt dieser Effekt die ganze Effektivität des Lüftens. Der Sonoflex Schlauch löst dieses Problem, weil die aus dem Schlauch strömende Luft, ausreichend von der umliegenden Umgebung wärmeisoliert ist.

SEMIFLEX

Die bisher beschriebenen Röhren sind biegsam, aber von sich aus, halten sie ihre Form nicht. Schlauch Semiflex wird aus stärkerem Aluminium hergestellt, also kann er auch seine Form gut halten. Auch dieser Schlauch ist sehr leicht und einfach formbar. Sein Vorteil, ist auch seine Beständigkeit und die Möglichkeit die Form selber zu bestimmen.

Alle genannten Schläuche werden in vielen Durchmessern hergestellt, die mit den Durchmessern der Lüfter kompatibel sind. Der Schlauch wird einfach auf die Schlauchmündung aufgesetzt und mit einer Schlauchklemme oder einem Isolierband befestigt – es ist noch notwendig zu bemerken, das eine Schlauchklemme viel zuverlässiger ist und bietet einen besseren Umgang.

REDUKTION
Ihr könnt in eine Situation geraten, wo es nötig wird, zwei Schläuche verschiedener Durchmesser zu verbinden. Achtet immer auf die Einhaltung der Durchgängigkeit. Auf der Ausblasseite darf nie ein größerer Schlauch an einen kleineren angeschlossen werden – dadurch würde man die Nutzungseffektivität von Lüfterkapazität reduzieren. Verwendet bitte eine Reduktion. Auf dem Markt gibt eine ganze Reihe davon und sie sichern eine gute und feste Verbindung. Wenn man die Luft aus zwei Schläuchen in einen leitet, sollte der Schlauch, in den die Luft geführt wird, einen Durchmesser haben, der der Summe der Durchmesser von den angeschlossenen Schläuchen, entspricht (wenn

also zwei Schläuche mit einem Durchmesser von 100 mm mit einen Schlauch verbunden werden sollen, sollte dieser einen Durchmesser von 200 mm haben).

SCHALLDÄMPFER

Genauso wie Schusswaffen, haben auch Lüfter ihre Dämpfer. Diese Vorrichtungen nutzen dasselbe System wie die Sonoflex Schläuche, allerdings ist die Isolierungsschicht wesentlich stärker und effektiver. Das bedeutet aber nicht, dass der Dämpfer eine unbewältigte Schwerlastvorrichtung ist. Die Dämpfer werden einfach auf den Lüfter eingesetzt, man muss allerdings damit rechnen, dass auch sein anderes Ende irgendwie aufgehängt werden muss. Die Fähigkeiten der Schalldämpfer sind hervorragend. In Kombination mit dem Sonoflex Schlauch und dem Schalldampflüfter, wird die Lufttechnik fast geräuschlos. Investition in die Schalldämmung ist eine Investition in die Diskretion und nicht jeder strebt danach, dass jemand von seinem Growroom erfährt, nicht wahr? Wenn man also ein wenig handwerklich geschickt ist, kann man die Lüfter selber dämpfen. Man kann einen einfachen Schalldämpfer selber bauen – und damit jede Menge an Geld für ein gekauftes Produkt sparen.

←

Aktivkohle,- und Geruchsfilter. Quelle:
www.growshop.cz

AKTIVKOHLE,- UND GERUCHSFILTER

Wen man nicht will, dass man sein Gärtchen riecht, hilft ein Aktivkohle,-
und Geruchsfilter. Der Filter ist mit spezieller Kohle aufgefüllt. Luft, die
durch ihn strömt, wird von den meisten Gerüchen befreit, also aus dem
Growroom entweicht eine geruchslose Luft. Filter werden entweder als
Endfilter oder Durchflussfilter verkauft. Der Endfilter muss dort angebracht werden, wo die Luft abgesaugt werden soll. Der Idealplatz dafür
wäre über den Lampen, wo sich die warme Luft ansammelt. Durchflussfilter können vor oder auch hinter dem Lüfter angebracht werden, in
jedem Bereich der Lufttechnik. Bei der Wahl der Filter, muss man daran
denken, dass der Durchmesser der Verbindung mit den Rohren gleich ist
und die Kapazität muss dem Raum und dem Lüfter entsprechen. Ab und
da sollte die Kohle im Geruchsfilter aufgrund der Senkung von Effektivität gewechselt werden.

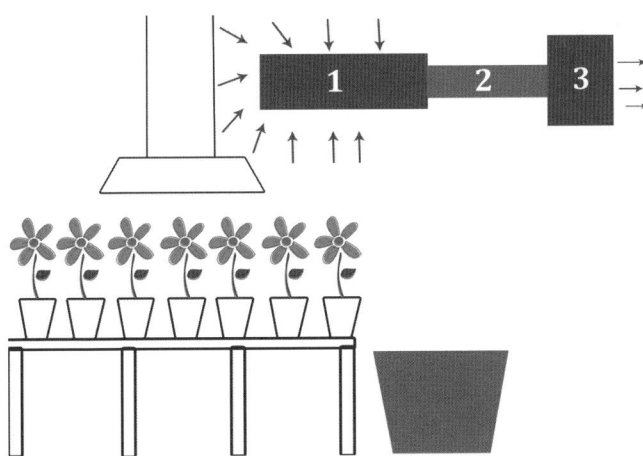

Ein Beispiel für Platzierung vom *Endgeruchsfilter: 1 – Geruchsfilter, 2 –
Leitung, 3 – Lüfter*

CO$_2$

CO$_2$

CO$_2$ – Kohlenstoffdioxid ist ein farbloses, geruchsloses und geschmackloses Gas, das in der Luft vorhanden ist. Dieses Gas ist nicht giftig, aber es ist **nicht atembar.** Sein hoher Inhalt in der Luft hat auf den Menschen keinen guten Einfluss, da es das Karbonatgleichgewicht im Blut stört. Hohe Konzentration vom Kohlenstoffdioxid **kann Bewusstlosigkeit und Tod verursachen.** Beim Manipulieren mit diesem Gas, muss man also sehr vorsichtig sein. Bevor man den Growroom betritt, der mit einer Vorrichtung ausgestattet ist, die die Luft um CO$_2$ bereichert, muss vorher richtig gelüftet werden!

WARUM IST ZUGABE VOM CO$_2$ GUT

In der Zeit, wo sich auf der Erde die Pflanzenwelt entwickelte, lag der Kohlenstoffdioxid (CO$_2$) Inhalt mehrfach höher, als heute. Es ist allgemein bekannt, dass Pflanzen das CO$_2$ in den Sauerstoff umwandeln können – das nennt man Photosynthese. Photosynthese deshalb, weil die Energie, die die Pflanzen dazu brauchen, aus Fotonen gewonnen wird. Die Photosynthese verläuft also nur in dem Fall, wenn auf die Pflanze manche Fotonen fallen – ihre Quelle ist die Sonne, oder das Kunstlicht. Am Tag brauchen Pflanzen also genügend CO$_2$, in der Nacht dann im Gegenteil mehr Sauerstoff. Photosynthese ist ein sehr komplizierter Vorgang, mit deren Beschreibung wir die Zeit nicht verlieren wollen. Wichtig ist, dass Pflanzen Tags über mehr CO$_2$ brauchen und während der Nacht dann mehr Sauerstoff.

Damit Pflanzen wachsen, gibt es in heutiger Atmosphäre genug CO$_2$. Pflanzen sind aber in der Lage, eine viel größere Menge zu resorbieren. Größere Menge an CO$_2$ bedeutet mehr Energie für die Pflanzen, schnelleren Wuchs und das Reifen. Mit Zugabe von CO_2 in die Luft des Growrooms, kann die Menge des geernteten Materials bis auf 50 % ansteigen, im Vergleich zum Anbau in idealen Bedingungen ohne Zugabe von CO_2. Wenn die CO_2 Konzentration im Growroom niedriger ist, als es üblich in der Atmosphäre ist, kann der Unterschied im Gewicht des geernteten Materials bis auf 80 % ansteigen!

Die Zeitschrift Practical Hydroponics Greenhouses veröffentlichte eine Studie, die Folgen eines Mangels an Kohlenstoffdioxid aufdeckt und vergleicht die Erträge bei Zugabe von bestimmten Mengen. Als Konzentrationseinheit wird das PPM = parts per milion verwendet. Die Partikelanzahl gemessen auf eine Million Partikel des Gesamten. Einfacher gesagt - wenn 400 ppm CO_2 in der Luft angegeben ist, bedeutet das, dass in einer Million der Lufteinheiten , 400 CO_2 Einheiten anwesend sind. Eine gewöhnliche Konzentration von CO_2 in der Luft ist 340 ppm.

MANGEL AN CO_2 UND SEINE FOLGEN

- Konzentrationssenkung auf 150 ppm bedeutet das Verlangsamen des Pflanzenwuchses um 30 – 40 % – dazu kann durch unzureichendes Lüften kommen – Pflanzen verbrauchen das CO_2 und neues wird nicht zugeführt.

Man muss sich bewusst werden, dass je mehr Licht Pflanzen haben, desto mehr CO_2 verbrauchen sie. Mangel an CO_2 verlangsamt nicht nur den Wuchs, sondern es wird auch die Effektivität der Lampen gesenkt. Zum Nichts ist also eine starke Lampe, wenn sie wenigstens mit exzellentem Lüften nicht unterstützt würde, das eine Standardkonzentration von CO_2, also die erwähnten 340 ppm, sichert.

BEITRÄGE DER ZUGABE VOM CO_2

- Die Erhöhung der CO_2 Konzentration auf 500 ppm bedeutet die Wuchsbeschleunigung der Pflanzen um 15 – 25 %.
- Eine 700 ppm Konzentration beschleunigt den Wuchs der Pflanzen sogar bis zu 40 %.

- 1 000 ppm ist die höchst empfohlene Konzentration und bedeutet bis zu 50 % Wuchsbeschleunigung. Ab 1 000 ppm neigt sich die Graph Kurve bereits zur horizontalen Stellung und weitere Erhöhung der Konzentration bringt keinen bedeutsamen Effekt.
- Durch Zugabe vom CO$_2$ beschleunigt man nicht nur den Wuchs der Pflanzen, sondern auch um 10 – 14 Tage die Ernte – das ermöglicht einen schnelleren Anbauzyklus und eine effektivere Nutzung der Lampen und Düngemittel.
- Je höher die CO$_2$ Stufe, desto höher kann die Temperatur im Growroom werden – um die 30 °C.

WIE SOLL DAS CO$_2$ ZUGEGEBEN WERDEN

TROCKENES EIS

Trockenes Eis ist das gefrorene CO$_2$. Durch sein Schmelzen wird es direkt in die Luft freigesetzt. Trockenes Eis ist sehr schwer zu bekommen, es ist schwer damit umzugehen (mit nackten Händen nicht anfassen) und es lässt sich schlecht dosieren. Das Schmelzen vom Trockeneis ist schwer zu beeinflussen, das heißt, dass man keine Kontrolle darüber hat, welche Menge in die Luft freigesetzt wird. Kohlenstoffdioxid muss nur während der Zeit zugegeben werden, wenn die Lampen an sind. Man muss also das Trockeneis für die Nacht aus dem Growroom raus schaffen, oder irgendwie sein Schmelzen im Anbauraum verhindern. Wenn man doch diese Variante wählen möchte, dann muss man wissen, dass 1 Kg Trockeneis auf einer ca. 10 m^3 Fläche, die CO$_2$ Konzentration um 200 ppm erhöht, und zwar für ca. 24 Stunden.

DAS BRENNEN

Beim Brennen entsteht auch das Kohlenstoffdioxid. Wenn man im Growroom eine Kerze anzündet, wird die Luft um CO$_2$ bereichert. Die Menge wird aber dadurch nicht viel ansteigen. Man sollte besser einen Propan-Butan Gaskocher verwenden. Auf derselben Basis arbeiten auch die CO$_2$ Profigeneratoren mit wesentlich höherer Leistung, die auch

Propan-Butan Gasflaschen verwenden– diese verbrauchen natürlich auch mehr Gas. Großer Nachteil dieser Methode, ist der Nebeneffekt der Raumerwärmung. Die Temperatur in der gewünschten Höhe zu halten, stellt oft ein Problem dar, auch wenn man nicht heizt – der Generator ist zugleich eine Heizung, also wenn man mit einer hohen Temperatur kämpft, wird der Generator die Arbeit nicht erleichtern. Viele werden auch durch seinen hohen Anschaffungspreis vom Kauf abgehalten, der sich im Bereich zwischen 600 – 1 100 EUR bewegt. Wenn man keine Probleme mit der hohen Temperatur hat, dann wird der CO_2 Generator auf Propan-Butangas Basis zur höheren Konzentration vom Kohlenstoffdioxid verhelfen. Obwohl der Generator natürlich seine Nachteile hat, funktioniert er zuverlässig und erfüllt seinen Zweck.

GÄRPROZESS

Während des Gärprozesses entsteht das CO_2 als Nebenprodukt. Das verwenden einfache und relativ günstige CO_2 Generatoren. Im Plastikbehälter befindet sich die organische Masse, aus der das CO_2 in dem Moment freigesetzt wird, indem man einen kleinen angeschlossenen Kompressor einschaltet. Das CO_2 auf Basis des Gärprozesses kann man auch selber herstellen. Dazu braucht man eine leere 2 L PET Flasche, zwei Löffel Trockenhefe, oder ein Viertel eines klassischen Hefe Päckchens und ein paar Dekagramm Zucker. Die angegebene Hefemenge, wird in 2 dcl Wasser mit der Temperatur von ca. 40 °C aufgelöst und etwa eine Stunde auf einer wärmeren Stelle (Heizung, Sonne) gestellt. Etwa nach einer Stunde fängt die Hefe zu brodeln an. Das Gas, das aus der Mischung herauskommt, ist das CO_2. Dieser Germteig wird in eine PET Flasche eingefüllt, die vorher bis zu ¾ mit warmem Wasser aufgefüllt wurde und in der zwei mittelgrosse Tassen Zucker aufgelöst wurden. Inhalt der Flasche muss richtig durchgemischt werden. Dann bohrt man in den Deckel der PET Flasche eine Öffnung, durch die man einen Luftschlauch durchsteckt, einen der z. B. beim Kompressor zur Oxidation vom Wasser verwendet wird. Nun hat man eine hauseigene CO_2 Produktionsstelle, die euch etwa 2 – 3 Wochen funktionieren wird. Dank den Schläuchen kann man das CO$_2$ direkt in die Mitte des Anbauraums zuführen, oder an mehrere Stellen des Growrooms leiten. Für Kontrolle, ob das CO$_2$ wirklich aus den Schläuchen herauskommt, genügt es, den Schlauch unter Wasser zu tauchen. Wenn Blasen rauskommen, ist alles in Ordnung.

Die CO$_2$ Menge, die aus dieser 2 L Flasche herauskommt, ist keineswegs riesig, aber es ist besser als gar nichts und es ist vorallem umsonst. Die Menge des gewonnenen CO$_2$ kann man zusätzlich dadurch erhöhen, dass man einfach eine größere PET Flasche nimmt, mehr Hefe, Zucker und Wasser in richtigem Verhältnis.

KOMPRIMIERTES, REINES CO$_2$ GAS IN FLASCHEN

Die, am einfachsten verwendbare Methode, bei der man sehr leicht die Menge des zugegebenen CO$_2$ in die Luft exakt kontrollieren kann. Wenn man ein wenig geschickt ist, kommt man bei den Kosten in der Herstellung eines automatischen Dosierers auf ein gutes Niveau. Weil ich diese Methode für die beste halte, verrate ich euch, wie man ein automatisches Dosierungssystem für einen Preis herstellt, den ihr im Geschäft nicht bekommt. Ihr werdet brauchen:

- CO$_2$ Flasche (voll) – am besten 6 Kg, es ist von der Größe eures Growrooms abhängig – bekommt man durch eine Anzeige für ungefähr 70 EUR.
- Reduktionsdruckventil, das auf die Flasche passt und ist mit einem CO$_2$ Durchfluss Messgerät ausgerüstet – das Messgerät sollte den Durchfluss in Gramm oder Liter in einer Minute angeben. Der Durchfluss sollte regulierbar sein. Das Ventil sollte mit einem Gasvorwärmer ausgestattet werden, damit es nicht zum Systemeinfrieren kommt. Preislich bewegt man sich bis 60 EUR.
- Kabel, mit dem der Strom zum Vorwärmkörper auf dem Reduktionsventil zugeführt wird. Höchstwahrscheinlich wird man auch einen Adapter brauchen, der aus 230 V, 12 oder 24 (ist vom Ventil abhängig) machen kann. Der Adapter muss die

- Spannung, mindestens 2 000 mA haben, sonst kommt er mit der Heizung nicht mit. Anschaffungspreis ca. 30 EUR.
- Elektro-magnetisches Ventil, das ohne Stromzufuhr geschlossen ist – 20 EUR.
- Digitale Schaltuhr – 15 EUR.
- Teflon Klebeband – 2 EUR.
- Silikon Schlauch, mit dem das Gas zu den nötigen Stellen geführt wird – der Preis ist von der nötigen Länge abhängig.

Zuerst muss auf den Ausgang des Reduktionsventils das elektromagnetische Ventil montiert werden. Es ist wichtig, dass es an dem Ausgang montiert wird, bringt es nie direkt an die CO_2 Flasche an – es ist nicht nur gefährlich, sondern es wird nicht funktionieren, weil das Ventil dem Druck in der Flasche nicht stand hält. Sobald sich das Ventil öffnet, schließt es nicht mehr und das ganze Kohlenstoffdioxid entweicht auf einmal.

Weiterhin muss die Gasvorwärmung auf dem Reduktionsventil in Betrieb gesetzt werden. Da sich die Typen und der Kraftbedarf der Ventile unterscheiden, sollte man sich beim Kauf des einzelnen Ventils bei dem Verkäufer erkundigen. Ich setze voraus, dass sich an den Zusammenbau der ganzen Vorrichtung nur derjenige ran macht, der wenigstens einen Leuchter an Decke anbringen und anschließen kann. Wenn man auch mit so einer Tätigkeit grosse Schwierigkeiten hat, dann sollte man die ganze Installation lieber jemandem überlassen, der das wirklich kann. Jetzt sollten wir das Reduktionsventil haben, an dessen Ausgang das elektromagnetische Ventil montiert ist (natürlich führt von ihm ein Kabel mit einem Stecker) und zugleich ist die Gasvorwärmung im Betrieb gesetzt. Nun bringt man das Ventil auf die CO_2 Flasche an. Das Gewinde sollte mit Teflonklebeband leicht umgewickelt werden, damit das Gas nicht durch einen anderen Weg, als geplant ist, entweicht.

Nach dem Anbringen der Vorrichtung auf die Flasche, den Hahn umdrehen und das Gas in das Reduktionsventil einlassen. Wenn alles richtig installiert ist, strömt kein Gas in den Growroom. Nach der Schaltung des elektromagnetischen Ventils, sollte das Kohlenstoffdioxid anfangen in den Growroom zu strömen. Wenn dem nicht so ist, überprüft bitte, ob das Reduktionsventil geöffnet ist. Beim Abschalten des elektromagnetischen Ventils aus dem Netz, schließt sich das Ventil und das Gas hört auf zu strömen. Wenn es nicht schließt, versucht die Gasströmung durch das Reduktionsventil zu senken. Wenn die ganze Vorrichtung nicht funktioniert, habt ihr irgendwo einen Fehler gemacht. Es muss die Schaltung überprüft werden, oder man holt sich einen Rat.

Vor dem Einschalten und nach dem Ausschalten des Reduktionsventils, immer die Hauptsperre auf der CO$_2$ Flasche schließen!!!

Wenn die Vorrichtung funktioniert, bringt man an den Ausgang des elektromagnetischen Ventils einen Silikonschlauch an. Den führt man dann zwischen die Pflanzenspitzen und macht ein paar Löcher an den Stellen, wohin man das CO$_2$ distribuieren möchte.

←Zu-
hause herge-
stellter
CO$_2$
Dosierer.

Es zeigte sich, dass es am besten ist, das CO_2 an die Pflanzenspitzen zu führen. Von da, wird die beste Distribution für die ganze Pflanze gesichert. Das CO_2 ist nämlich etwas schwerer als die Luft.

EINSTELLUNG DER DOSIERUNG

Nun bleibt noch übrig, die richtige Dosierung einzustellen und diese mit den Lüftern zu harmonisieren. Dazu braucht man wissen, wieviel Gramm man vom Kohlenstoffdioxid zugeben muss, um den erhofften Effekt zu erreichen. Wenn das Reduktionsventil den Durchfluss in Litern angibt, dann sollte man sich merken, dass **ein Liter des Kohlenstoffdioxids 1,88 Gramm wiegt.** Mit dem Messen des CO_2 Durchflusses durch das Reduktionsventil, stellt man fest, wieviel Gramm Gas im Growroom während 60 Sekunden gelangt, was die möglich kürzeste Zeit ist, die an der gekauften digitalen Schaltuhr eingestellt werden kann. Wenn der Durchfluss auf 10 Liter pro Minute eingestellt ist, gelangt in den Umlauf 18,8 Gramm CO_2 in einer Minute.

DAS LÜFTEN UND ZUGABE VOM CO₂
Durch das Lüften (genauer, durch Luftabzug aus dem Growroom) kommt es zur Entweichen vom CO_2. Aus dem Grund muss immer vor der Kuppelung des Schalters, der die Luft mit Kohlenstoffdioxid bereichert, gelüftet werden. Falls es zum ständigen Abzug im Growroom kommt, muss man mehr CO_2 in den Growroom zugeben. Wenn man also in eine CO_2 Vorrichtung investiert, sollte man auch einen ausreichend starken Abzugsventilator haben, der in kurzer Zeit den Growroom abkühlen kann. Ideal ist allerdings die CO_2 Kombination der emittierten Vorrichtung mit der Klimaanlage, dank der die Luft nicht so oft abgezogen werden muss – das CO_2 wird nämlich durch die Vorrichtung zugegeben und der Sauerstoff wird von dem Zufuhrlüfter zugeführt. Es ist auch sehr wichtig, dass der Anbauraum gut isoliert wird und dass es nicht zur Entweichung vom wertvollen Gas kommt.

129

Der Verbrauch von CO$_2$ steigt mir seiner Menge. Je mehr CO$_2$ Pflanzen bekommen, desto mehr CO$_2$ können sie verarbeiten. Alles wird in der folgenden Tabelle erklärt.

DOSIERUNG VON CO$_2$

Die Werte sind für einen Raum von 1 m^2 bzw. 2 m^3 und ohne Verwendung des Abzugslüfters, angegeben.

Konzentration von CO$_2$	Nötige Dosis	Verbrauch der Pflanzen
340 ppm	Durch ausreichendes	2 – 5 Gramm/m^2/Std.
500 ppm	5 – 9 Gramm/m^2/Std.	3 – 6 Gramm/m^2/Std.
900 ppm	7 – 13 Gramm/m^2/Std.	4 – 8 Gramm/m^2/Std.

Angegebene Werte können eine gute Führung beim Einstellen der Dosierung von CO$_2$ für den Growroom werden. Man sollte auch den Fall in Betracht ziehen, wenn aus dem Growroom, aufgrund der Sicherung von gewünschten Temperaturen, die Luft Growroom abgeführt wird. Genauso wird hier mit dem Entweichen durch die undichten Türen oder andere Mängel, nicht gerechnet. Die Tabelle rechnet mit völlig idealen Bedingungen. In Anbetracht dessen, dass man die optimale Bedingungen nur in wenigen Fällen erreicht, muss man sagen, dass mit Hinsicht **auf das Verhältnis angewendete Mittel/Leistung, ist es optimal, in den Growroom 5 – 20 Gramm/m^2/Std. zuzugeben.** Wenn es schwach gelüftet werden muss, muss man diese Menge mit zwei multiplizieren – also bis 40 Gramm/m^2/Std., bei starkem Lüften kommen wir auf 80 Gramm/m^2/Std.. Die Schlussfolgerung, die Installation einer Vorrichtung, die das CO$_2$ emittiert, fördert eine komplexe Einstellung bereits schon im Moment, in dem man die Lufttechnik im Growroom plant.

> **Höhere CO_2 Dosis schadet den Pflanzen nicht** und be-
> einflusst keineswegs deren Wuchs negativ. Mittel, die auf
> die Zufuhr von CO_2 in den Growroom aufgewendet wur-
> den, werden weniger effektiv.

Kosten des CO_2

6 kg von CO_2 kosten ca. 50 EUR. Man kann also leicht ausrechnen, dass 1
Gramm des Kohlenstoffdioxids etwa 0,0083 EUR kostet. Wenn ihr 10
Gramm/m²/Std. zugibt und ihr Anbauzyklus 10 Wochen dauern wird,
wovon 2 Wochen lang 18 Stunden am Tag das Licht leuchtet, verbraucht
ihr 9 240 Gramm von CO_2 auf 1 m², was Kosten in einer Höhe von 76,69
EUR/m² darstellt.

> ### CO_2 NUR IN DER BLÜTEPHASE
> Aus Sicht der Ertragmaximierung, ist es ideal, das
> CO_2 während des ganzen Zyklus der Pflanze zuzu-
> geben. Es ist allerdings nicht schlecht, wenn das CO_2
> erst in der Blütephase zugeben wird. Die Effektivität
> ist auch so groß genug und die aufgewendeten Mittel werden zu ei-
> nem größeren Umfang von Blüten führen.

Professionelle CO_2 Dosierungsanlagen

Das oben beschriebene automatische Dosierungssystem ist effektiv und
relativ billig. Wenn man aber das CO_2 mit einer präzisen Genauigkeit
dosieren möchte, wird man eine Vorrichtung brauchen, die nicht nur das
Ventil aufmacht und das Kohlenstoffdioxid in den Anbauraum einlässt,
aber gleichzeitig wird sie fähig sein, die aktuelle Konzentration genau zu
messen. Auf der Profi Dosierungsanlage wird einfach die gewünschte
Stufe ppm eingestellt, die dann selbst das elektromagnetische Ventil
einschaltet und ausschaltet, wodurch das CO_2 dosiert wird.

Mir persönlich sind zwei Varianten dieser Vorrichtung bekannt. Eine von denen muss an eine Vorrichtung angeschlossen werden, derer Herstellung im Kapitel reines CO$_2$ Gas in Flaschen beschrieben wurde. In diesem Fall wird die Schaltuhr durch ein Messgerät der CO$_2$ Konzentration ersetzt, das mit dem Schalter ausgerüstet ist. Falls die Konzentration unter die eingestellte Stufe sinkt, macht der Schalter das elektromagnetische Ventil auf und füllt die Ebene des Kohlenstoffdioxids auf die gewünschte Konzentration wieder auf. Nach dem Erreichen der gewünschten Ebene schließt das Ventil wieder. So eine Dosierungsanlage kommt auf etwa 1 200 EUR.

Das zweite System ist komplett, das das Reduktionsventil, das elektromagnetische Ventil und das Messgerät der CO$_2$ Konzentration enthält. Dieses Gerät kann direkt auf die CO$_2$ Gasflasche angeschlossen werden und der gewünschte ppm Wert kann eingestellt werden. Die Automatik kümmert sich um alles. Dieses Gerät kann man ungefähr für 1 300 EUR und mehr kaufen.

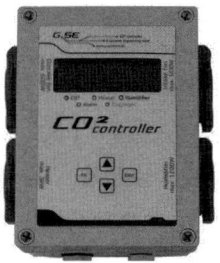

CO$_2$ Dosierungsgerät.

ZUGABE VON CO$_2$ INS WASSER

Kohlenstoffdioxid kann auch während der Bewässerung zugegeben werden. In so einem Fall ziehen Pflanzen das CO$_2$ mit Hilfe der Wurzeln ein. Man erreicht zwar keinen deutlichen Effekt, wie bei der CO$_2$ Zugabe in die Luft, aber man trägt einer gesunden Entwicklung der Pflanzen bei.

CO_2 LÖSBARE TABLETTEN

Kohlenstoffdioxid ist in den üblichen Growshops in Form von lösbaren Tabletten zugänglich. Die Tabletten werden einfach in einen Behälter mit Nährlösung geworfen und lösen sich auf.

CO_2 AUS EIGENER FLASCHE MIT GÄRTEIG

Ein paar Seiten zuvor habt ihr erfahren, wie man selbst einen kleinen CO_2 Generator herstellt. Den Schlauch aus dieser Flasche könnt ihr in die Nährlösung tauchen und diese dann anstelle der Luft bereichern.

ANBAUSYSTEME – HYDROPONIC

Falls man das Gefühl hat, dass die Auswahl der richtigen Beleuchtung und der Lufttechnik durch verschiedene Typen von Anlagen und Geräten erschwert wird, dann kann man sich auf das nächste Kapitel freuen. Es gibt eine Menge an Anbauarten und an automatischen Bewässerungssystemen. Ich versuche die bekanntesten zu beschreiben – also die, die die meisten Grower ansprechen könnten. Anbausysteme können in zwei Kategorien geteilt werden – der Anbau im Bodensubstrat und der hydroponische Anbau. Wir fangen mit dem zweiten an.

WAS IST HYDROPONIC

Hydroponic heißt, dass die Pflanzen die Nahrung nur aus dem Wasser gewinnen und nicht aus dem Anbaumedium. Beim hydroponischen Anbau werden keine Bodensubstrate, sondern anorganische inerte Materialien verwendet, die als Raum für die Wurzeln und zur Unterstützung der Pflanzen dienen. Die Pflanzen müssen zuerst einfach in etwas angepflanzt werden, damit sie dann bewässert werden können. Dank diesem System wachsen die Pflanzen schneller, erzeugen mehr und neigen weniger zur Krankheiten. Falls ihr fragt, wer diese Methode entwickelt hatte, dann könnt ihr ruhig glauben, dass diese Erfindung tausende von Jahren alt ist. Hydroponic wurde bereits im alten Ägypten verwendet. Seit dieser Zeit veränderte sich einiges und heutzutage gibt es auf dem Markt unzählige hydroponische Systeme. Grundlegend ist, dass man ein Medium hat, dass keine Nährstoffe enthält und das Wasser dringt gut durch. Ein solches Medium sind folgende Produkte.

HYDROCORRELS (KERAMSIT)

Eines der geeigneten Materiale für den hydroponischen Anbau ist Hydrocorrels, bekannt auch als Liaflor. Es handelt sich um ein Granulat in verschiedenen Größen, das während der Extrusion vom Ton gewonnen wird (bei Temperaturen über 1 200 °C schmelzen diese im Drehofen, wodurch das erwähnte Granulat entsteht). In hydroponischen Systemen wird meistens das Granulat mit einer Größe von 4 – 16 mm verwendet. Die Verwendung von möglichst kleinem Granulat ist empfehlenswert. Dieses Material saugt nicht, schleift sich nicht viel ab, das heißt, dass kein unerwünschter Schmutz entsteht und zwischen den einzelnen Stücken bildet sich genug Platz, wo Dunkelheit, Luft und die nötige Feuchtigkeit, zur Verfügung stehen. In solchen Bedingungen geht es den Wurzeln hervorragend und beziehungsweise auch den ganzen Pflanzen. Hydrocorrels kann man ganz gut in hydroponischen Systemen, die zu Hause geschaffen wurden, verwenden. Grower mischen das Hydrocorrels manchmal mit Perlit, Kokos, Rockwool, oder sie verwenden sie einzeln. Auf Hydrocorrels werden auch Serien hergestellte und verkaufte hydroponische Systeme gegründet. Für alle, nennen wir zum Beispiel das Aqua System und die hydroponischen Töpfe, die in den meisten Gärtnereien zur Verfügung stehen. Großer Vorteil des Keramsits ist, dass es sich schnell wiederverwenden lässt – in diesem Fall meine ich, es mehrmals hintereinander zu verwenden.

SAUBERKEIT DES HYDROCORRELS

Hydrocorrels gibt es in verschiedenen Qualitäten, wobei die Sauberkeit den Unterschied darstellt. Ungewaschenes Hydrocorrels enthält viel Staub, der durch gegenseitiges Schleifen des Granulats entsteht. Gereinigtes Hydrocorrels wird nicht ganz von den kleinen Teilchen befreit, aber es handelt sich nur um eine geringe Menge. Also fragt bitte ihren Verkäufer, ob er ein saubereres Hydrocorrels am Lager hat. Die Bezeichnung Liaflor bedeutet, dass es sich um ein gereinigtes Hydrocorrels handelt.

Hydroponisches System *mit Hydrocorrels.*

ROCKWOOL

Steinwolle – so könnte man die Bezeichnung dieses Materials frei übersetzen. Und es trifft auch ziemlich zu. Rockwool wird aus Basalt hergestellt und ähnelt der Glaswolle. Rockwool ist rein von allen Patogenen (genauso wie Hydrocorrels) und ist gut saugfähig. Zu-
gleich hält sich in Rockwool genug Sauerstoff, den die Wurzeln so nötig haben. Dank seiner Isolationsfähigkeiten wird Rockwool sehr häufig im Bauwesen verwendet, wo er erfolgreich als Wärmedämmung eingesetzt wird. Das Bauwesen ist seine Mutterstation. Von hier aus, verbreitete sich Rockwool in die Gärtnereien.

ROCKWOOL TYPEN

Zum Anbau von Pflanzen muss das Rockwool für Gärtnereien verwendet werden, das völlig inert ist. Das Rockwool für Bauwesen enthält chemi- sche Bindestoffe und weitere unerwünschte Stoffe, ist also zum Anbau von Pflanzen nicht geeignet. Von allen verwendeten hydroponischen Medien staut Garten Rockwool die meiste Wassermenge. Einen grossen Einfluss auf das Stauen hat die Dichte und die Richtung der Fasern. In

Rockwool Würfeln werden die Fasern vertikal zusammengepresst – und die Nährlösung fliesst schneller ab. In Matten werden die Fasern im Gegenteil horizontal zusammengepresst, also hält sich die Nährlösung länger und wird über die ganze Matte gleichmäßiger verteilt. Manche Rockwool Matten bieten einige Schichten mit verschiedener Dichte. Die Oberschicht ist dichter und trägt zur gleichmäßigen Distribution der Nährlösung bei. Die dünnere Unterschicht, sichert wieder das leichte Abfließen der Nährstoffe und die ausreichende Menge an Luft.

Auf Rockwool stoßen Grower relativ oft. Aus Rockwoll werden Zuchtwürfeln, Würfelchen und Matten verschiedener Formate hergestellt. Manche dieser Würfel, werden dann auch von Growern verwendet, die als Hauptanbaumedium Hydrocorrels, Ton, oder Aeroponic gewählt haben. Neben den ganzen Würfeln, kann man auch den Rockwoolsplitt bekommen. Es handelt sich um Würfelchen mit einem Durchmesser von ca. 1 cm. Diese können für Töpfe verwendet werden – einfach anstelle des Tons, Keramsists usw. Auf Rockwool werden wir noch öfter stossen und zu seiner Verwendung kommen wir dann zurück.

PERLIT

Amorphes vulkanisches Glas, das durch Temperatur von ca. 900 °C bearbeitet wurde. Bei dieser Temperatur dehnt sich das Perlit aus und eine weiße granulierte Masse entsteht. Perlit wird, soweit mir richtig bekannt ist, als selbstständiges Anbaumedium in der Hydroponic nicht verwendet. Seine Verwendung befindet sich in der Ergänzung mit oben genannten Materialen, aber auch zur Entlastung der Bodensubstrate. Perlit wird auch oft als Drainageschicht für den Topfboden (genau wie Hydrocorrels) und auch als Untergrund beim Anwurzeln der Klone verwendet.

KOKOS

Zermahlene Kokosfasern werden mehrmals gereinigt, damit ein inertes Material entsteht, das für den hydroponischen Anbau geeignet ist. Kokos hat eine ganze Reihe an Vorteilen, besitzt eine gute Durchlässigkeit, manche Typen werden um die nützliche Trichoderma bereichert und ihre Entsorgung ist sehr einfach – sie können für den Garten, oder für die Zimmerpflanzen verwenden werden. Kokos hat sich in vielen hydroponischen Systemen etabliert und eignet sich für Töpfe mit Hand- oder Druckbewässerung. Aus Kokos werden auch Matten zusammengepresst, die den Rockwoolmatten ähneln, können also in Libra Systemen verwendet werden.

VERMIKULIT

Vermikulit ist ein Mineral, das als Bestandteil der Mischung von hydroponischen Anbaumedien verwendet werden kann. Vermikulit staut sehr gut das Wasser und wird meistens mit Hydrocorrels, oder mit Perlit kombiniert. Er kann auch für Mischungen der Bodensubstrate verwendet werden. Bei uns wird Vermikulit nicht so häufig verwendet. Er hat wie alles, auch seine Nachteile – er zerfällt bald in kleinere Teile. Wenn man sich entscheidet, ihn beim Anbaumedium dazu zu mischen, sollte man darauf achten, dass sein Anteil maximal 20 % hoch sein sollte.

Nach dem schnellen Durchgehen der Grundmaterialen, die in größeren oder in geringen Menge in der Hydroponic verwendet werden, widmen wir uns ausführlich den Grundsystemen, die gekauft werden können, oder die man selber herstellen kann. Die folgende Beschreibung und Bewertung der einzelnen Systeme geht von den persönlichen Erfahrungen vieler Growern aus. Wenn ich erwähne, dass ich ein System für gegebene Situation als bestes bezeichne, dann ist es aufgrund eigener Erfahrungen.

AEROPONIC

Von der Hydroponic unterscheidet sich Aeropinie vor allem dadurch, dass kein Anbaumedium verwendet wird, in dem sich die Wurzeln ausbreiten können. Die Pflanze wird im Körbchen angepflanzt, das mit einer kleinen Menge des inerten Anbaumediums (Rockwool, Hydrocorrels, Kokos) aufgefüllt wird – also ein kleiner Teil des Anbaumediums ist trotzdem da. Die Körbchen werden in das Aeroponic System angepflanzt. Hier hängen die Wurzeln frei und werden mit Hilfe der Düsen befeuchtet, die die Nährlösung in den Raum, wo die Wurzeln hängen, sprühen. Dadurch werden optimale Bedingungen dazu geschaffen, dass die Wurzeln die Nährstoffe ansaugen und gleichzeitig einfacher atmen können, als bei der Hydroponic.

Das im Aeroponiesystem Amazon, **sich entwickelndes** *Wurzelsystem der Tomaten.*

ANBAU IN AEROPONIC SYSTEMEN

Auf dem Markt tauchen immer mehr Aeroponic Systeme auf und viele Grower können der Versuchung nicht widerstehen, etwas Neues auszuprobieren und stürzen sich in die Aeroponic immer häufiger. Die Grundidee der Aeroponic ist ausgezeichnet – Nährstoffe in Kombination mit vollständiger Sauerstoffzufuhr zu den Wurzeln, ist ein hervorragendes Rezept, wie die schnelle Entwicklung der Pflanzen stimuliert wird. In den Aeroponic Systemen muss allerdings die richtige Temperatur gesichert werden. Die sollte sich im Bereich von 19 – 21 °C bewegen. Besonders

die Überschreitung dieser Temperatur verursacht das Faulen der Wurzel. Niedrigere Temperatur verlangsamt wiederum den Wuchs der
Pflanzen. Die Temperatur der Lösung konstant zu halten, kann eine
schwierige Aufgabe werden. Der Anbau unter der Verwendung von HID
Leuchtmitteln, stellt oft eher das Problem der hohen Wassertemperatur
dar, vor allem bei kleinen Systemen. Weiteres Element, das die Lösung
erwärmt, ist die Pumpe, die die Nährlösung in die Systeme treibt. Deshalb wäre es gut festzustellen, ob die Pumpe in vorgesehenem Aero-
ponic-system nicht einen anspruchsvollen Verbrauch hat. Je mehr Strom
die Pumpe verbraucht, desto mehr erwärmt sie sich. Manche Aeroponic
Systeme werden mit ECO Pumpe ausgerüstet, die den nötigen Wasser-
druck sichert und erwärmt sich nicht so viel. Die hohe Wassertemperatur kann auch durch einen Kühler der Lösung gelöst werden. Der kostet
dann aber wieder viel Geld.

AUFBEREITUNGS SYSTEME

NFT = NUTRIENT FILM TECHNIQUE

NFT Systeme funktionieren relativ einfach. Unter den angepflanzten Pflanzen fließt ständig, um Nährstoffe bereichertes Wasser durch. Die Pflanzenwurzeln „gehen" der Feuchtigkeit nach und holen sich die Nährstoffe. Dank der andauernden Zufuhr der nötigen Stoffe, kann die Pflanze so viel entnehmen, wieviel sie verbrauchen kann. Zwischen der Stelle, wo der Stängel der Pflanze wächst und der Stelle, wo das Wasser fließt, ist ein Raum, in dem sich die Wurzeln unbeschränkt ausbreiten können – sie haben hier auch genug Sauerstoff, der den Wuchs der Pflanzen beschleunigt. Je größer die Menge und die Kraft der Wurzeln ist, desto besser absorbiert die Pflanze die Nährstoffe und wächst besser. Dank dem, dass es nicht zum Kontakt des einzelnen Anbaumedien kommt (bei Indoor Anbau meistens der Rockwool Würfeln), wird das Übergiesen und das Faulen von Wurzeln, bzw. von Stängeln der Pflanzen, verhindert. Die Bewässerung bei NFT Systemen kann 24 Stunden am Tag laufen, aus dem Grund fallen Sorgen mit Einstellung der Menge der Mischung aus.

NFT ist ein sehr effektives und einfach steuerbares System. Der Kern punkt bei seiner Inbetriebnahme ist die Einstellung von dem Fluss der Nährlösung. Diese muss durch die Kanälchen strömen und das gleichmäßig in ganzem System. Das wird auch durch die Neigung der Anbauplatte beeinflusst, die richtig eingestellt werden muss. Ein nötiger Teil des NFT Systems ist eine Vlies Textilie. Die Nährlösung fließt durch die Kanälchen und befeuchtet das Vlies, aus dem die Wurzeln Nährstoffe schöpfen. Weitere Bedingung des Erfolgs ist das richtige Timing der Pflanzung – Rockwool Würfeln müssen bereits mit Wurzeln durchgewachsen werden.

VORTEILE DES NFT SYSTEMS

Ein unfraglicher Vorteil, ist die Systemgesamtheit und der geschlossene Kreis der Bewässerung. Systeme werden gut werkstattlich bearbeitet und bei der richtigen Installation, ist es fast unmöglich, eine Überschwemmung zu verursachen. Die Schaltung ist einfach und im Handel gibt es unzählige Varianten. Ihr sucht euch sicher die aus,die für euren Raum perfekt passen würde. Mit NFT ist auch ein niedrigerer Verbrauch von Düngemitteln verbunden. Ein riesiger Vorteil ist die einfache Systemreinigung zwischen zwei Ernten. Hartes Plastik, aus dem sie hergestellt sind, lässt sich einfach reinigen und sieht dann wieder wie neu aus.

In dem NFT System haben Wurzeln genug Platz und Sauerstoff, was einen wohltätigen Einfluss auf die ganze Pflanze hat. Fragloser Vorteil ist auch die dauernde Kontrolle über die Entwicklung des Wurzelsystems. Man kann jederzeit den Deckel abklappen und schauen, ob die Wurzeln

so wachsen, wie man es will. Eventuelle Nachteile kann man rechtzeitig entdecken und die Bewässerung nach Bedarf regulieren.

← Wurzelsystem *in NFT*

NACHTEILE DES NFT SYSTEMS

Zwischen den Ernten lässt sich das System gut reinigen. Aber den Behälter während des Anbaus zu reinigen, ist schwierig. Der Behälter bildet nämlich eine wichtige Stütze des oberen Teiles, wo sich die Pflanzen befinden. Wenn man den Behälter ausreiben will, muss man sich schwer strecken, um dort hin zu kommen und den Schmutz aus dem Boden holen – der Behälter wird nicht geleert und auch der Zugang zum Behälter ist schwierig. Weiterer Nachteil ist der Fakt, dass man die Pflanzen währen des Anbaus nicht bewegen kann. So kann man nicht auf den schnelleren/langsameren Wuchs mancher Pflanzen reagieren.

NFT System.

AQUASYSTEM

Zwei Behälter, die so ineinander gelegt werden, dass zwischen dem eingelegten Behälterboden und dem äusserem Behälterboden ein Raum von etwa 15 – 25 cm entsteht. In diesem Raum befindet sich die Nährstofflösung. Der Innenbehälter wird mit Hydrocorrels aufgefüllt, in dem die Pflanze eingepflanzt ist. Vorher wird die Pflanze aber noch in Rockwool Würfel von einer Größe mindestens 7x7 cm gesteckt – das verbessert ihre Stabilität. Der Innenbehälterboden wird mit Öffnungen versehen, durch die das Giesswasser zurück in den Außenbehälter fließt. Von der Nährstofflösung führt ein Röhrchen durch Hydrocorrels bis zum Stängel der Pflanze. Das Röhrchen endet mit einem Auge im Durchmesser von ca. 15 cm. Der Kreis befindet sich unmittelbar direkt über dem Hydrocorrels, in deren Mitte die Pflanze wächst. Die Nährstofflösung wird durch einen aquaristischen Kompressor oder durch eine kleine Pumpe ins Röhrchen getrieben und fliesst durch das Auge zum Hydrocorrels. Sie fließt durch den ganzen Innenbehälter und kehrt in den Außenbehälter zurück. Die Pflanze bekommt so genug Feuchtigkeit, die Wurzeln freuen sich über die nötige Sauerstoffmenge und die Pflanzen wachsen wie von alleine. Aber Achtung, die Nährstofflösung muss den Hydrocorrels bewässern, aber nicht den Rockwool Würfel.

VORTEILE DES AQUASYSTEMS

Das Aquasystem ist, wie man sagt, ein blöd-trotziges System. Ich kenne keinen, der damit keine gute Ernte gemacht hätte. Dank einem relativ großen Raum für die Wurzeln und einer größeren Menge am Hydrocorrels, können die Pflanzen nicht überwässert werden. Eine Überschwemmung ist auch ausgeschlossen, denn das Wasser fliesst immer nach unten, zurück in den Auffangbehälter. Die Einstellung des Bewässerungsintervalls ist einfach, man könnte sagen, dass es immer gleich ist. Im Aquasystem können riesige Pflanzen mit einem grossartigen Ertrag und einem köstlichen Geschmack gezüchtet werden. Ein großer Vorteil ist die Möglichkeit, dass man die Pflanzen im Anbauraum umstellen kann. Wenn manche größer werden, kann man sie an den Rand stellen und die kleineren wiederum in die Mitte. Ich persönlich, finde dieses System unbezahlbar. Wenn man also erst anfängt und die Sicherheit haben möchte, dass man nichts falsch macht, sollte man bestimmt das Aquasystem wählen. Nichts ist umsonst, also muss man sich auch bei der Verwendung von Aquasystemen mit einigen Mängeln abfinden…

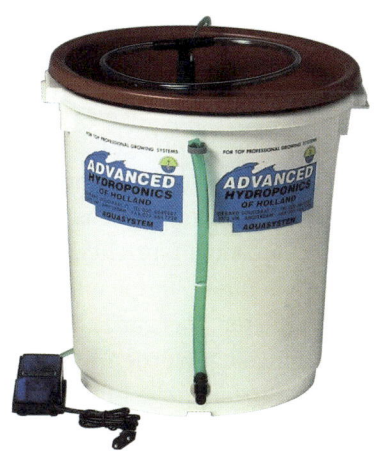

Original Aquasystem von Advanced Hydroponic of Holland.

NACHTEILE DES AQUASYSTEMS

Ein Nachteil ist der schwierige Austausch von der Nährstofflösung. Auch wenn das System mit einem Schlauch ausgerüstet ist, der die aktuelle Menge der Nährstofflösung anzeigt und durch den die Lösung ausgegossen werden kann, wird man ein zeitweiliges Rausholen des Innenbehälters (ja, in dem sich die Pflanze befindet) und das Reinigen des Außenbehälters, nicht vermeiden können. Die von Düngemitteln festgesetzten Salze, wird man nämlich nicht anders los. Einen Nachteil kann jemand darin sehen, dass das Aquasystem mehr Platz braucht. Allerdings, wenn wir die erfolgreiche Ernte, nach dem Verhältnis, Gewicht der Ernte/verwendeter Raum, berechnen, stellen wir nur das fest, dass wir zwar weniger Pflanzen, dafür aber eine reiche Ernte, haben. Wenn man plant, die Pflanzen nach weniger als 14 Tagen der Wuchsphase, auf die Blütephase umzuschalten, kann man in jedem Aquasystem 2 – 3 Pflanzen platzieren. Das System, ist aufgrund seiner schlechteren Manipulation, für große Anbauräume nicht geeignet.

LIBRA SYSTEM

Diese Methode macht sich längliche Kasten zu Nutze, dessen Masse den Matten aus Kokos oder Rockwool 100 x 15 x 7,5 cm entsprechen. Im Gegenteil zu den vorigen Systemen, verfügt Libra nicht über eigenen Behälter und eigene Pumpe. Besitzen sollte man Libra Kästen, Matten, Rockwool Würfel in der Größe von mindestens 7 x 7 cm (in der Zahl, die der geplanten Menge von Pflanzen entspricht), Tropfbewässerungssystem inklusive einer entsprechenden Pumpe und einige Schläuche für die Abfuhr der Lösung aus den Kästen. Das ganze System funktioniert so, dass die Matten in die Kästen gelegt werden, auf die Matten werden die Rockwool Würfel aufgesetzt, in denen die Pflanzen stecken. Jede Pflanze hat ihre eigenen Kapillare mit einem in der Würfel eingesteckten Halter. Die Pumpe treibt das Wasser in die Kapillaren, aus denen die Nährstofflösung über den Halter in die Würfel tropft und fließt durch die Matten in den Behälter vom Libra Kasten. Die Kästen werden mit einer bestimmten Neigung hergestellt, dank der das Wasser ins Ausgangsröhrchen geführt wird. Das Wasser mündet dann in den Schläuchen. Weil die Schläuche verstopft werden können, oder anders den Ablauf der Nähr-

stofflösung verhindern können, ist es besser stattdessen eine Art von Rinne zu benutzen. Auf dieser Weise wird das Wasser entweder zurück in den Behälter mit Nährstofflösung, oder in den Abfallbehälter transportiert.

VORTEILE DES LIBRA SYSTEMS

Im Ganzen, ein einfaches Anschliessen und eine einfache Systemwartung. Wenn man sich für das Libra System entscheidet, gewöhnt man sich schnell daran. Die Giesshäufigkeit kann nach der Anleitung eingestellt werden, die man im Abschnitt „Anbau" findet und sie muss nicht

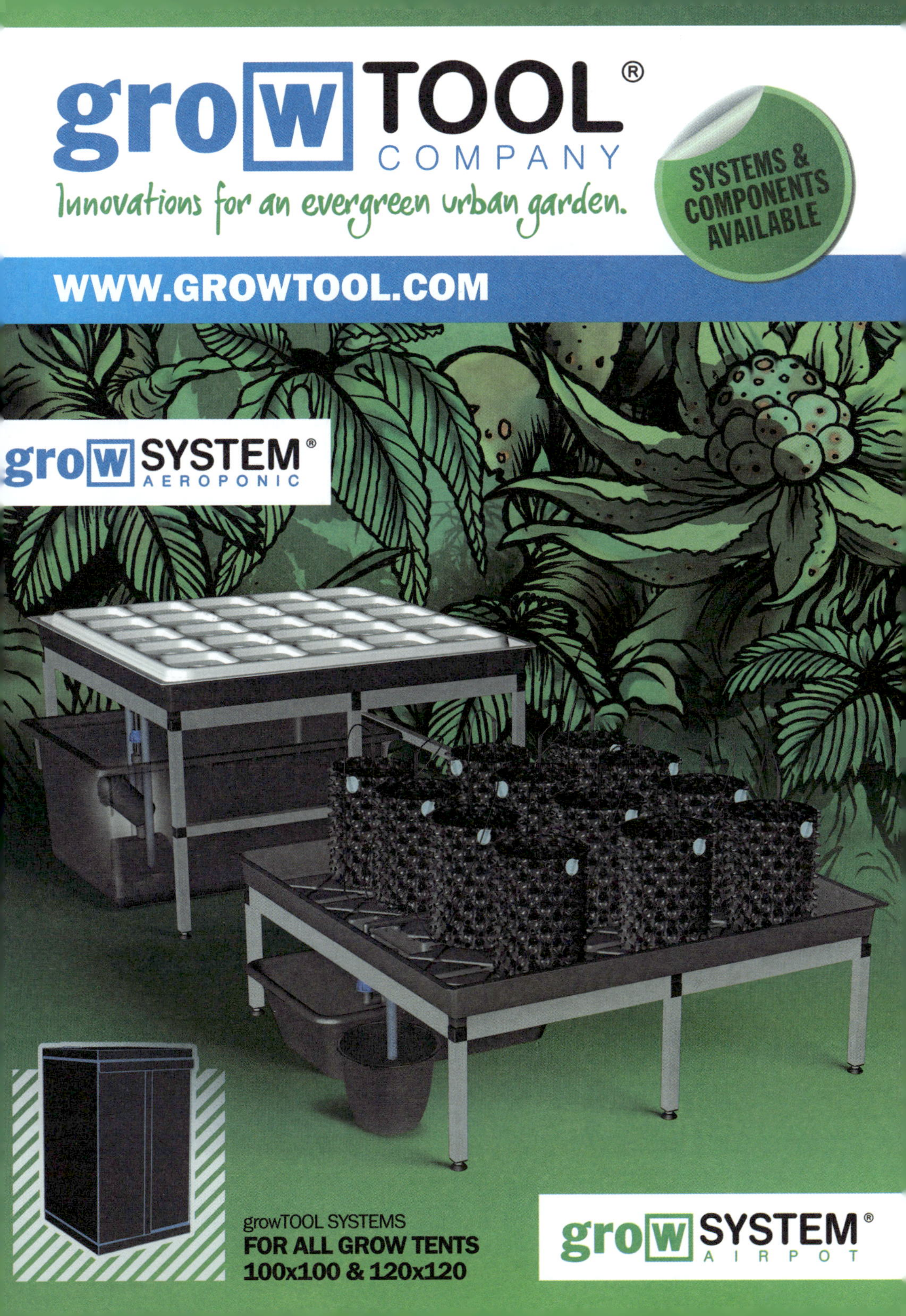
growTOOL® COMPANY
Innovations for an evergreen urban garden.
SYSTEMS & COMPONENTS AVAILABLE
WWW.GROWTOOL.COM
growSYSTEM® AEROPONIC
growTOOL SYSTEMS
FOR ALL GROW TENTS
100x100 & 120x120
growSYSTEM® AIRPOT

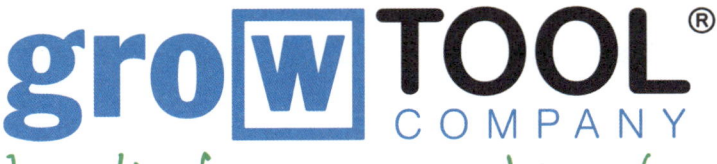

anders geregelt werden. Der Kastenanbau ist allgemein verbreitet, viele Grower sind damit zufrieden und erreichen ausgezeichnete Ergebnisse. Dieses System ist für diejenigen geeignet, die möglichst viele Ernten in einem Jahr machen wollen und für den Wuchs der Pflanzen nicht mehr als 3 Wochen planen. Große Pflanzen lassen sich besser in Aqua Systemen, oder in Töpfen, anbauen.

NACHTEILE DES LIBRA SYSTEMS

Der größte Nachteil ist wieder, dass die Pflanzen nach aktuellem Bedarf nicht umgestellt werden können. Sobald sie angebaut werden, müssen sie auf derselben Stelle bleiben. Weiterer Nachteil ist die große Abfallmenge nach jeder Ernte. Jedes Mal müssen die Würfel und Matten gewechselt werden und man muss das verwendete Material auch beseitigen. Das kann in manchen Fällen schwieriger werden. Wenn man einen eigenen Garten hat, kann man die Kokos Matten nach jeder Ernte von der Plastikverpackung befreien und sie dann weiter zur Bodenauffrischung der Beete verwenden.

FLUTTISCHE

Ein weiteres hydroponisches System, das erwähnt werden muss. Pflanzen werden in diesem Fall in die Töpfe, oder direkt ins Anbaumedium gesteckt. Für die Töpfe und direkten Anbau wird meistens Hydrocorrels, in Kombination mit Rockwool Würfeln oder Rockwool Matten verwendet. Unter dem Fluttische befindet sich ein Behälter mit der Nährstofflösung und eine Pumpe, die mit Hilfe eines angeschlossenen Schlauchs, die Flüssigkeit in den Tisch treibt – der Tisch wird aufgefüllt. Wenn das Wasser die gewünschte Menge erreicht, schaltet sich die Pumpe aus und die Lösung fließt zurück in den Behälter. Das Ein- und das Ausschalten der Pumpe muss mit der Zeitschaltuhr eingestellt werden. Es ist optimal, wenn der Wasserabfluss langsamer als die Wasserzufuhr ist – das Wasser sollte im Fluttische eine Weile bleiben. Die richtige Funktionsfähig-

keit erreicht man mit Hilfe von original Fluttische, die mit einem Über-
lauf, einem Ablassventil und einem Sieb ausgerüstet sind.

VORTEILE DER FLUTTISCHE

Vor allem ein niedriger Anschaffungspreis und niedrige Betriebskosten.
Man braucht keine extra leistungsfähige Pumpe um die 50 cm Höhe zu
überwinden und den Tisch mit Wasser aufzufüllen. Darüber hinaus, hat
eine kleine Pumpe auch einen niedrigen Stromverbrauch und ausser
dem Behälter und dem Tisch, hat man keine großen Ausgaben. Wenn die
Pumpe mit der Zeit kaputt geht, kann man eine andere für etwa 20 EUR
kaufen.

NACHTEILE DER TISCHE

Der gleiche Nachteil, wie bei den NFT und Libra Systemen – man kann
die Pflanzen während des Anbaus nicht umstellen. Gegenüber dem NFT,
verbraucht man etwas mehr an Düngemitteln.

PASSIVE BEWÄSSERUNGSSYSTEME

Bei der Spezifikation der fertigen Anbausysteme, dürfen wir die passiven
Systeme nicht vergessen. Diese Systeme bestehen meistens aus Töpfen,
die mit verschiedenen Substraten aufge-
füllt werden – Erde, Kokos, Rockwool,
Vermikulit. Erde und Kokos können zu
diesem Zweck mit Perlit vermischt werden. Eine bewährte Kombination ist z.B.
50 % von Kokos und 50 % von Perlit.
Bei manchen passiven Anbausystemen
kann teilweise auch Hydrocorrels verwendet werden. Passive Systeme benötigen keine Pumpe und funktionieren
meistens auf der Gravitationsbasis, wo
die Nährstofflösung aus dem Reservoir

natürlich in die Behälter unter den Töpfen herunterfliesst, oder sie wird mit Hilfe von Stoffdochten dahingeführt, oder sie ist die Kombination von beiden Varianten. Nährstoffe werden direkt zu den Wurzeln geführt, und so kann sie die Pflanze leicht aufnehmen.

Nachteil der passiven Systeme ist ein schlechterer Sauerstoffzufuhr für die Wurzeln, und dass das Wasser im Behälter steht und nicht strömt. Für beide Probleme gibt es eine Lösung. Im Reservoir der Nährstofflösung kann man eine Pumpe stellen, die die Lösung ständig durchmischt. Genauso kann man einen Luftkompressor beigefügen, der die Lösung mit Sauerstoff versorgt. Moderne passive Systeme werden bereits mit einem Kompressor ausgestattet. Der bereichert dann entweder die Lösung mit dem Sauerstoff, oder liefert ihn, mit Hilfe von speziellen Luftmodulen, direkt zu den Wurzeln.

Passive Systeme können das Giessen per Hand ersetzen und ein Vorteil ist der relativ niedrige Preis. Fragt bitte in eurem Growshop, welchen Typ sie auf Lager haben.

Vertikale Anbausysteme

Bei der Spezifikation der vorbereiteten Anbausysteme, dürfen wir auch die vertikalen hydroponischen Systeme nicht vergessen. Es ist notwendig zu bemerken, dass die vertikalen Anbausysteme in einem Raum stehen sollten, der einfach zu lüften ist. Gleichzeitig ist es wichtig, dass man gute Pflänzlinge hat, weil es bei diesen Systemen nicht möglich ist zu warten, bis die schwächeren Pflanzen wach werden. Alles geht sehr schnell und wenn man nicht über ein perfektes genetisches Material verfügt, dann wird man auch nicht zufrieden.

Arena Plantage

Arena hat die Form einer Walze, die hochkant gestellt wird und die Pflanzen (bis zu 320 Stück) werden in Reihen übereinander gesteckt. Das System ist für Rockwool Würfel vorbereitet, die in die vorbereiteten

Öffnungen genau reinpassen. Man kann auch Hydrokörbchen verwenden, uns sie mit Rockwool Splitt auffüllen. In der Mitte der Arena ist ein Raum, in dem die Lampen vertikal eingehängt werden. Es wird keine übliche Lichtblende verwendet, sondern nur ein Tubus aus Siliziumglas. Der Tubus wird auf ein einzelnen Lüfter angeschlossen, wodurch die Lampen dann ständig gekühlt werden. Das Licht leuchtet in alle Seiten und damit mit 100 % ausgenutzt. Um eine gleichmäßige Bewässerung zu sichern, werden die Verteilerschläuche durch Membranen versorgt, die sich erst in dem Moment öffnen, wenn in ganzem System der gleiche Druck herrscht – in dem Moment beginnt die Nährstofflösung durch die

Kapillaren zu strömen. Ein dominantes Material bei der Arena Plantage ist das Plastik.

Pi Rack

Äußerlich sehr ähnliches System, wie die Arena Plantage. Pi Rack ist allerdings viel mehr fortgeschritten. In einer robusten und genauen Aluminiumkonstruktion ist ein Bewässerungssystem viel besser eingebaut, das sogar auch

spezielle Töpfe enthält. Dadurch fällt jede Sorge mit den Kapillaren ab und man kann dabei die Bewässerung bei jeder Pflanze separat steuern. Die Topfböden sind mit einem patentierten Abflusssystem ausgerüstet, das vor der Verstopfung schützt. In PI Rack können bis zu 350 Pflanzen platziert werden.

HANGING GARDEN

Dieses vertikale Anbausystem hat gegenüber den anderen, einen Vorteil von größerem Manipulationsraum, von der minimallen Störanfälligkeit und problemlosem Betrieb. Dank der hervorragend ausgedachten Konstruktion, hat man immer einen einfachen Zugang zu allen Pflanzen und Töpfen. Die einzelnen Komponente von Hanging Garden sind beim Bedarf austauschbar. In diesem System können 196 Pflanzen platziert werden. Von allen, hier beschriebenen Systemen, bewährte sich der Hanging Garden am besten.

OMEGA GARDENS

Omega Gardens ist ein hydroponisches System, das wie eine horizontal liegende Walze aussieht, in derer Mitte sich die Lampen befinden. In der Walze werden die Pflanzen platziert (bis 169 Stück), die sich rund um die Lampen drehen, ja ihr stellt es euch richtig vor – in einer Phase des Drehens hängen die Pflanzen nach unten. Unter der Walze befindet sich der Behälter mit der Nährstofflösung, in die die Wurzeln während der „Fahrt", eingetaucht werden. Der Hersteller rechnete aus, dass diese Anbauart viele und viele Hektar der landwirtschaftlichen Flächen ersetzt und dadurch wird der Anbau billiger. Der Nachteil ist sein hoher Anschaffungspreis.

VARIABEL ANBAUSYSTEM GrowTOOL

Auf der Abbildung sieht man ein Anbausystem von der Firma
GrowTOOL. Sein Vorteil ist die grosse Variabilität. Durch weitere Ergänzungen von einzelnen Modulen kann man vom Topfsystem bis zum ae-
roponischen System übergehen. Mehr darüber finden Sie auf
www.growtool.net.

Soll man ein Fertigsystem kaufen oder ein eigenes machen

Fertige Systeme haben den Vorteil, dass sie einfach nur eingeschaltet werden und man kann anfangen anzubauen. Alle Sorgen mit der Auswahl der richtigen Pumpe, oder mit der Wasserleitung zurück in den Behälter, haben für uns andere gelöst. Man kann sich nur auf den Anbau konzentrieren. Fertige Systeme sind selbstverständlich etwas teuerer, als wenn man sie selbst zusammenbaut. Allerdings sparen diese Systeme viel Zeit und Enttäuschungen. Fertige hydroponische Systeme sehen oft einfach aus und viele Menschen denken, dass sie so was selber zusammenbasteln könnten und dadurch auch viel Geld sparen können. Die Praxis zeigt aber, dass man mit eigenen Kräften niemals die Vollkommenheit erreicht, was die Einzelheiten anbetrifft, die aber entscheidend sind. Das System kann zwar genauso aussehen, wie das Original, aber seine Effizienz kann wesentlich niedriger liegen. Ein hausgemachtes System, ist empfehlenswert, wenn man in Töpfen anbauen möchte.

← *Aeroponic Growsystem:* *www.growtool. net.*

AUTOMATISCHE BEWÄSSERUNGS – TYPEN

Automatische Bewässerungssysteme sind ein untrennbarer Bestandteil des hydroponischen Anbaus. Abgesehen von den passiven hydroponischen Systemen, ist die automatische Bewässerung die einzigste Art, wie man den Pflanzen regelmäßig die nötige Menge an Nährstofflösung liefern kann. Nur die wenigsten haben nämlich so viel Zeit, bei den Pflanzen ständig zu sitzen und sie mehrmals am Tag gießen zu können, obwohl auf diese Weise wäre die Hydroponic Basis bewahrt. Wenn wir die Nährstofflösung zu den Pflanzen durch eine häufiges Giessen liefern, dann reden wir von aktiven Systemen, oder von einer aktiven Hydroponic.

TROPFBEWÄSSERUNG ALLIAS DRIP SYSTEM

Die Tropfbewässerung wurde bereits im Kapitel Libra System erwähnt. Die schauen wir uns jetzt näher an. Grundelemente dieser Bewässerung sind Plastik- oder Gummischläuche, die allerdings keine starken Wände haben müssen, weil sie keinem großen Druck widerstehen müssen, weiter sind es die Kapillaren, die Kapillar Halter und natürlich die Pumpe. Ergänzungsteile, wie z.B. verschiedene Knie, Stöpsel und Weichen, dienen zu einer besseren Verteilung der Leitungen, falls es nötig ist die Richtung zu ändern.

Jede Kapillare sollte mindestens 75 cm lang sein. Es ist wünschenswert, dass alle Kapillaren in einem System dieselbe Länge betragen – so wird eine gleichmäßige Bewässerung aller Pflanzen im System gesichert. Der Durchmesser der verwendeten Schläuche muss nach der Menge der angeschlossenen Kapillaren gewählt werden. Die häufigste Anschlussart, ist das Bilden der entsprechenden Öffnungen im Schlauch, der von der Pumpe führt. In die Öffnungen werden nachfolgend Kapillaren eingeschoben. Es ist notwendig, dass die Kapillaren gut abgedichtet werden, sonst wird überall das Wasser spritzen, der Druck wird entweichen und

155

die Kapillaren werden nicht ausreichend gießen. In unseren Growshops gibt es gewöhnlich zugängliche Adapter, dank denen das Anschliessen der Kapillaren auf den Schlauch viel einfacher wird.

Für die Tropfbewässerung genügt eine viel schwächere Pumpe, als bei Verwendung der Drucknadeln, zu denen wir gleich kommen werden. Aber auch trotzdem ist es notwendig, einen entsprechenden Auftrieb der Pumpe für die vorgesehene Kapillaren Anzahl zu haben. Eine nicht genug starke Pumpe verursacht nämlich, dass die Kapillaren die Pflanzen nicht gleichmäßig bewässern können, was deutliche Unterschiede im Pflanzenwuchs verursachen kann. Die Tropfbewässerung ist allgemein eine billigere Lösung als die Drucknadeln. Auch aus dem Grund, dass uns für die Steuerung eine klassische Zeitschaltuhr reicht, die den Stromabnehmer mindestens für eine Minute anmachen kann. Solche Zeitschaltuhr bekommt man schon für ein paar Euro.

Die Tropfbewässerung kann für Rockwool Matten, Rockwool Splitt, Kokos Matten, Rockwool Würfel verwenden werden und man kann sagen, dass sie ihren Zweck auch in Bodensubstraten und dem einzelnen Kokos, erfüllt. Hier muss aber darauf geachtet werden, dass die Töpfe nicht zu groß sein dürfen, weil die Tropfbewässerung die Nährstofflösung nur an einen Punkt liefert. Von diesem Punkt aus verbreitet sich die Feuchtigkeit natürlich in einen bestimmten Bereich, aber ein Topf mit einem Durchmesser von 20 cm wird dadurch nicht gleichmäßig befeuchtet. Für Hydrocorrels eignet sich die Tropfbewässerung nicht.

DRUCKBEWÄSSERUNG – SPRAY STAKE

Das Wort „Druck-" und seine verschiedene Formen, werden sich in den folgenden Zeilen oft wiederholen. Dieses Bewässerungssystem fordert nämlich die Druckschläuche – die wieder aus Plastik oder Gummi hergestellt sind, allerdings haben sie stärkere Wände als die, bei der Tropfbewässerung. Weiterer erforderlicher Bestandteil ist die Drucknadel, die die Kapillaren auf der richtigen Stelle hält, und ist zusätzlich mit einer

Abflachung versehen, durch die die zugeführte Flüssigkeit versprüht wird. Die Kapillaren sind auch wieder unter Druck – genauso wie der Schlauch, haben sie stärkere Wände. Das Anschließen der Kapillaren an die Schläuche wird auf die gleiche Art gemacht, wie bei der Tropfbewässerung. Auch hier ist die Technik schon weiter und es gibt passende Adapter, die uns die Arbeit erleichtern und dazu eine vollkommene Dichtheit der „Wasserleitung" sichern. Was die Kapillarlänge angeht, gelten hier für beide Typen der Bewässerungssysteme die gleichen Regeln.

Eine Pumpe für die Druckbewässerung muss wesentlich stärkere Leistung haben. Wenn man es nicht schafft, den Druck in Schläuchen bzw. in den Kapillaren zu sichern, wird die Nährstofflösung nicht versprüht, sondern strömt nur, oder man könnte sagen, von den Nadeln tropfen. In solchem Fall würde wieder zu einer ungleichmäßigen Bewässerung und einem schlechten, unausgeglichenen Wuchs der Pflanzen im System kommen. Die Druckbewässerung kann für Töpfe mit einem Durchmesser von 15 – 20 cm verwendet werden und für alle Typen der Anbaumedien, die man in diesem Fall verwenden kann. Umgekehrt eignet sich

diese Art nicht zur Bewässerung vom Kokos und der Rockwool Matten.

FILTERN DER NÄHRSTOFFLÖSUNG

Beide erwähnten Systeme haben eine Achillesferse. Das ist die unerwünschte Verstopfung der Kapillaren – in der Regel an der Stelle, wo sie an die Halter bzw. Drucknadeln angeschlossen sind. Beim Entdecken der verstopften Kapillare, ist es kein Problem, sie zu reinigen. Allerdings ist eine regelmäßige Kontrolle wichtig und man wird dem Risiko ausgestellt, dass manche Kapillaren, für eine bestimmte Zeit, nicht bewässern können. Das stellt natürlich ein Problem dar. Sicherlich weiss man, dass es besser ist, den Problemen vorzubeugen. In diesem Fall genügt es, einen Flüssigkeitsfilter zu benutzen, den man entweder auf die Saugung der Pumpe (Silikon Strumpfe oder Filtrierungsstoff) anbringt, oder man besorgt sich einen Flüssigkeitsfilter, der am Ausgang der Pumpe installiert wird. Ein gekaufter Filter verfügt über die richtige Filtrierungsfähigkeit. Wenn man eine Alternative verwendet muss darauf geachtet werden, dass die Öffnungen im Filtermaterial kleiner sind, als der Innendurchmesser der Kapillare. Man wird es bestimmt nicht messen müssen, aber man kann versuchen es wenigstens abzuschätzen. Je feiner das Sieb ist, desto zuverlässiger ist das Filtern.

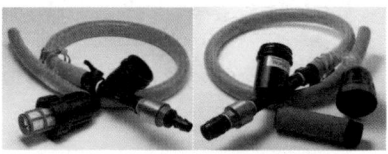

← *Filter der Nährstofflösung A-Pump kann einfach direkt an die Pumpe angeschlossen werden. Bestandteil des Filters ist eine Reduktion, dank der ein Schlauch mit einem anderen Durchmesser einfach angeschlossen werden kann. Vorteil der A-Pump ist das Gegendruckventil, das den Druck im Bewässerungssystem ausgleicht, und das Duchflussregulationsventil. **Quelle:** www.growshop.cz*

WIE MAN EIN EIGENES BEWÄSSERUNGSSYSTEM ZUSAMMENBAUT

Ihr wisst bereits, welche Typen der automatischen Bewässerung für den Indoor Garten verwendet werden können. Diese Kenntnisse können beim Planen von eigenem Anbausystem verwendet werden. Bevor man sich entscheidet, welches Bewässerungssystem man verwendet, muss man sich für das Anbaumedium entscheiden. Die Materialien wurden bereits ein paar Seiten früher erwähnt. Wenn man sich entscheidet, aus den zugänglichen Anbaumedien, ein eigenes zu mischen, muss man immer bedenken, auf welche Art man anbauen möchte. In der Hydroponic ist es wichtig, dass das Material durchlässig ist.

Jedes automatisches Bewässerungssystem hat drei wichtige Punkte:

- Behälter für Nährstofflösung und die Pumpe;
- Pflanze;
- Ableitung der überflüssigen Lösung.

Auf die erwähnten Punkte stosst man bei jedem automatischen Bewässerungssystem. Man muss zugeben, dass an diesen Stellen die größte Gefahr lauert, was den Ausfall der Bewässerung anbetrifft.

BEHÄLTER

Der Behälter muss entsprechend der vorausgesetzten Pflanzenmenge, gross sein. Ein optimaler Umfang für 1 m^2 des hydroponischen Systems ist 40 – 60 L. Ein kleiner Behälter muss oft nachgefüllt werden. Wenn man im Gegenteil eine große Lösungsmenge vorbereitet, zum Beispiel 100 L auf 1 m^2, kann man den Behälter beim Durchspülen nicht verwenden. Natürlich ist es möglich, einen großen Behälter zu haben und darin eine kleinere Menge der Lösung vorzubereiten. In den meisten Fällen, ist es notwendig, zwei Behälter zu haben. Einer wird mit Wasser gefüllt und danach abgestellt. Gewöhnlich ist das Wasser kalt, und wenn ihr es aus der Wasserleitung entnehmt, enthält es Chlor. Wenn man das Wasser für mindestens 24 Stunden stehen lässt, steigt die Temperatur auf die gewünschte Ebene und das Chlor verdunstet. Das abgestandene Wasser kann dann zur Vorbereitung der Nährstofflösung verwendet werden.

Die Höhe der Lösung im Behälter darf nie die Kapillaren übersteigen, das sollte man sich unbedingt merken. Wenn es passiert, kommt es zu einem Effekt der verbundenen Behälter und das Wasser wird durch die Kapillaren ins Anbaumedium fliessen und das auch nach dem Ausschalten der Pumpe. Auch aus diesem Grund ist es besser, wenn man nur einen Behälter hat, dessen oberer Rand, maximal bis zum Rand der Töpfe, oder anderen Anbaugefäße, reicht. Solche Behälter lassen sich auch viel leichter reinigen.

DIE PFLANZE

Es wurde bereits in der Anleitung gesagt, dass alles, was man im Growroom macht, macht man für die Pflanzen. Das Bewässerungssystem ist hier keine Ausnahme. Deshalb sollte man auch während des Zusammenbaus vom Bewässerungssystem, hauptsächlich daran denken, dass alle Pflanzen dieselben Bedingungen haben. Man sollte so eine Bewässerungsart wählen, die dem gewählten Anbaumedium, was seine Eigenschaften und die Größe der bewässerten Fläche angeht, entspricht.

ABLEITUNG DER ÜBERFLÜSSIGEN LÖSUNG

Die vom Giessen überflüssige Lösung muss aus den Anbaubehältern ablaufen und muss entweder im einzelnen Gefäß gesammelt und weiter nicht mehr verwendet werden (drip to waste), oder fließt zurück in den Quellbehälter, wo sie wieder zum Gießen verwendet wird (drip to feed). Die erste Methode wird meistens beim Anbau in Rockwool und Kokos

Matten, oder im Boden verwendet, die das Wasser besser speichern kann. Die Zirkulationsmethode (drip to feed) eignet sich im Gegenteil für den Anbau im Hydrocorrels und in Töpfen (Rockwool Schrott, Kokos). NFT-Systeme, Fluttische, Aquasysteme, vertikale und horizontale Systeme nutzen die „drip to feed" Methode.

Bei dem Zusammenbau von eigenem System, muss eine Konstruktion hergestellt werden, wo die Pflanzen platziert werden. Auf dem oberen Teil dieser Konstruktion muss eine Unterlage mit einer geringen Neigung gemacht werden, die die Ableitung der Lösung von unteren Teilen der Anbaugefäße sichert. Das beste Material für den Bau der Grundkonstruktion, sind Holzlatten mit einem Profil von mindestens 3 x 4 cm. Solche Latten sind ausreichend stark genug, um die Anbaugefäße mit Füllung und ausgewachsenen Pflanzen, zu halten. Diese Latten lassen sich einfach kürzen und man kann sie leicht mit Holzschrauben, Schrauben oder Nägeln miteinander verbinden.

Eine gute Alternative ist auch ein Recycling Kunststoff, aus dem dieselben Sachen gemacht werden, wie aus dem Holz – Bretter, Latten usw. Vorteil dieses Kunststoffs ist seine Beständigkeit gegen Wasser, bzw. gegen Schimmel und der Umgang ist genauso so einfach, wie mit Holz (Verbinden, Verteilen).

Es ist gut, sich die Grundkonstruktion vorher zu skizzieren. Es ist wichtig, dass sie stark genug ist, aus dem Grund sollte lieber mehr, als zu wenig Latten, verwendet werden. Die Beine sollte man in einer entsprechenden Höhe bilden, auf die der Rost befestigt werden kann und auf den dann die Platte installiert werden kann. Die Platte kann aus Wellblech, Wellpolycarbonat, Kunststoff, Eternit, oder aus einem anderen Wellmaterial hergestellt werden. Wellen dürfen aber nicht größeren Abstand haben, als die Größe der Töpfe. Das könnte dann ein Problem darstellen, weil sie dann nicht gut stehen könnten, sondern sie könnten sogar umkippen. Für diesen Fall, gibt es eine Variante B, die einfacher und praktischer ist. Als Platte verwendet man eine Holzspanplatte, oder

Anbausysteme – Wie man ein eigenes Bewässerungssystem zusammenbaut

eine andere Holz/Kunststoffplatte mit einer Stärke von mindestens 20 mm (ist von der geplanten Belastung abhängig). Auf die Platte wird dann eine Noppenfolie gelegt, mit der oft Häuser isoliert werden. Damit erzielt man ein einfaches Ableiten der Flüssigkeit aus den Töpfen und dank der Neigung der Platte, wird sie dann in dem vorbereiteten Behälter aufgefangen. Zur Vorstellung, füge ich lieber eine Beispielskizze der gesamten Konstruktion, bei...

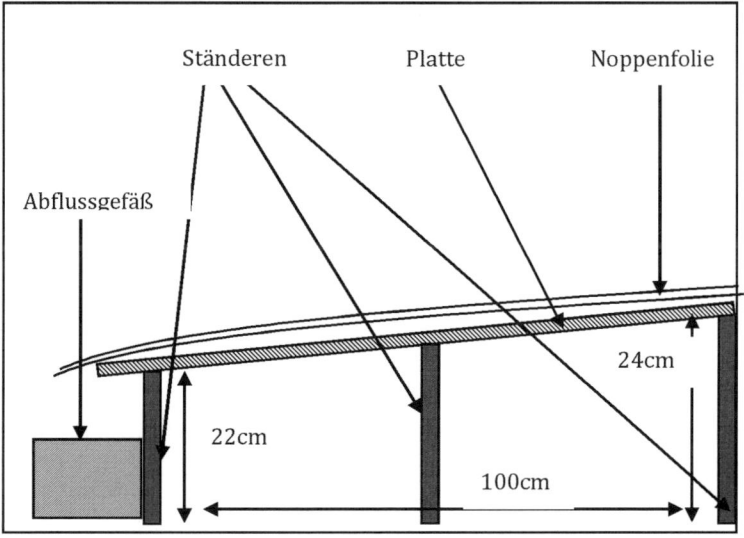

Noppenfolie *sieht so aus, dass sie über der Platte flattert, in Wirklichkeit aber liegt sie auf der Platte. Die Lücke auf der Skizze dient nur zur Übersichtlichkeit. Für eine ausreichende Wasserableitung genügt ein Höhenunterschied von 1 cm/1 m der Länge. Für euren Bedarf, lohnt sich, einen Höhenunterschied von 2 – 4 cm/1 m der Länge bzw. der Konstruktionsbreite einzuhalten.*

Auf dem Bild ist ein Abflussbehälter abgebildet. Falls man diese Lösung wählen sollte, kann man die Lösung aus diesem Behälter mit Hilfe einer kleinen Pumpe und eines ausreichend langen Schlauchs in den Lösungsbehälter, einfach umpumpen. Die Pumpe wird an eine Schaltsteckdose angeschlossen, die so eingestellt wird, dass die Pumpe noch eine Weile läuft, nachdem das Begießen bereits aufgehört hatte. Das Wasser fließt langsamer ab, als es zufließt, und mit genug langem Umpumpen, wird das Überlaufen des Abflussgefäßes verhindert. Solche Sachen müssen in jedem Fall individuell angepasst werden. Fantasien und Ideen werden keine Grenze gesetzt und die dargestellte Lösung ist natürlich nicht die einzige Möglichkeit. Man muss damit einfach ein wenig spielen. Hier sind noch ein paar Bilder, wie das ganze System nach Anschluss aussieht. Als Beispiel, schlage ich ein System in den Maßen von 1 x 2 m vor.

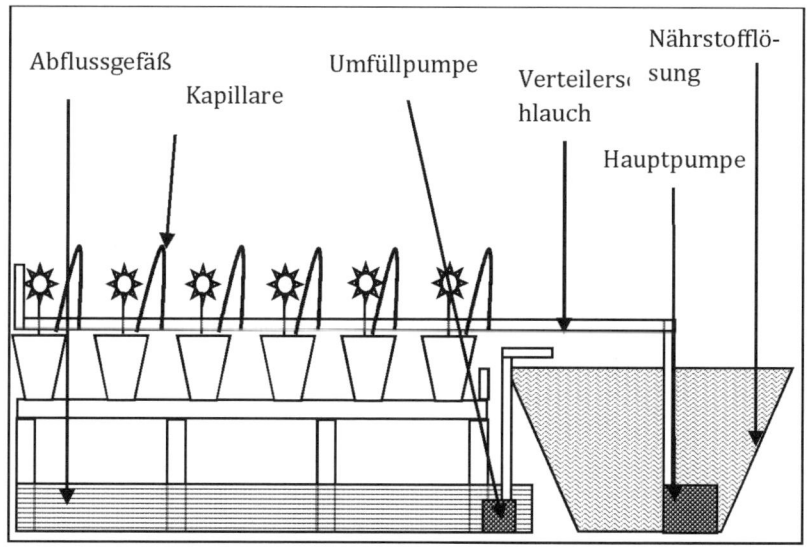

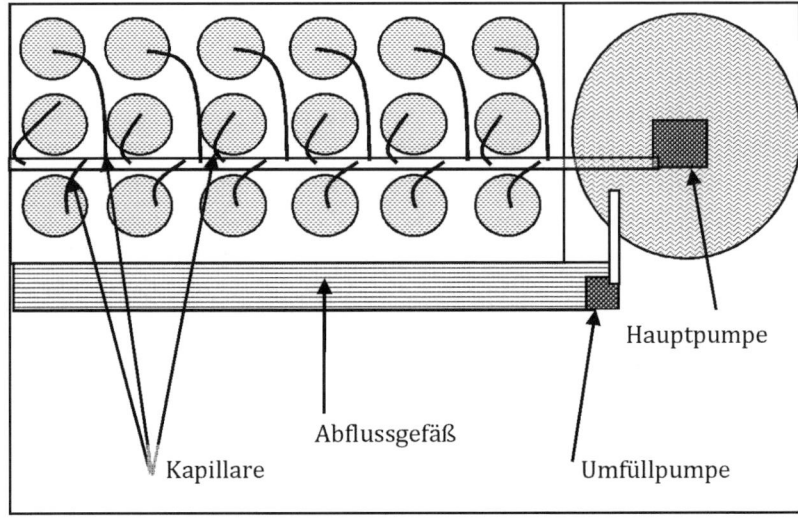

Auf der Abflussfläche darf sich nirgends Wasser aufhalten und es dürfen sich keine Lacken bilden. Durch stehendes Wasser können die Wurzeln von Schimmel befallen werden und verschiedene Krankheiten verursachen. Vergisst bitte nicht – alle Kapillaren müssen ungefähr gleich lang sein, damit ein gleichmäßiger Druck bzw. gleichmäßige Bewässerung gesichert werden kann. Bei der Abbildung ist dies nicht unbedingt offensichtlich. Das Ende des Verteilerschlauchs sollte nach oben gebogen werden, so erreicht man einen gleichmäßigen Druck in allen Kapillaren schneller. Aus demselben Grund sollte der Schlauch von der letzten Kapillare mindestens 25 cm überragen. Das abgebildete Anschliessen kann für Tropf- und Druckbewässerung angewendet werden. Genauso können beide Bewässerungssysteme für den Anbau im Kokos, oder im Bodensubstrat verwendet werden. In solchem Fall gibt es nur einen Unterschied in der Häufigkeit vom Gießen, wie man im Abschnitt „Anbau" lesen kann.

KUNSTSTOFF STATT HOLZ

Wenn man plant, den Growroom für eine längere Zeit auf derselben Stelle zu bewahren, muss das Holz, die Holzspanplatte usw. nicht die optimale Lösung sein. Im Growroom ist oft eine hohe Feuchtigkeit, die das Holz zuverlässig aufsaugt. In Folge dessen, verzieht sich das Holz mit der Zeit und es kann sich Schimmel bilden, der im Growroom nichts zu suchen hat. Die Holzverformung kann einen schlechten Wasserabfluss bzw. Bildung von Lacken verursachen, was das Vorkommen an Schädlingen und Krankheiten unterstützen kann. Zum Glück kann man mit der Verwendung vom Kunststoff, diesen Mängeln vorbeugen. Aus dem Recyclingkunststoff werden Bretter, Latten und Platten verschiedener Maßen hergestellt. Wenn man diese Produkte verwendet, und gewinnt man die Sicherheit, dass die Konstruktion kein Wasser aufsaugt und sehr lange hält. Der Vorteil ist eine einfache Bearbeitung, als bei der Verwendung vom Holz. Der einzige Unterschied liegt darin, dass die Kunststoffprodukte, beim Sägen mit einer Elektrosäge, ein wenig schmelzen, also ist es besser, bei niedrigeren Umdrehungen zu sägen. Bohren und Schrauben geht völlig problemlos.

HAUSGEMACIITES AQUASYSTEM

Dieses bewährte System kann ganz einfach hergestellt werden. Für jede Einheit genügt:

- 2 Eimer mit Umfang von 6 – 20 L;
- Kunststofftopf;
- Ca. 1 m vom festen Kunststoffrohr – Innendurchmesser 15 mm;
- 1,5 m langer Gartenschlauch – Innendurchmesser 12 mm;
- Knie in Form eines T Stücks – Aussendurchmesser 12 mm;
- Aquarium Pumpe mit Auftrieb mindestens 1 m;
- Hydrocorrels.

<u>Anbausysteme – Wie man ein eigenes Bewässerungssystem zusammenbaut</u>

In den Boden eines der Eimer wird eine Öffnung mit einem Durchmesser von 1 cm gebohrt, und zwar gleichmäßig über die ganze Fläche. Eine der Öffnungen muss größer sein um dem Außendurchmesser des Kunststoffrohrs zu entsprechen, ca. 2 cm. Die größere Öffnung muss in so einer Entfernung vom Rand des Bodens gebohrt werden, damit man von unten die Pumpe einfach anschließen kann. Siehe das Bild, das den Eimerboden darstellt. Die Öffnung für das Rohr ist schwarz markiert.

- Der Kunststofftopf muss vom Boden befreit werden. Statt Blumentopf kann ein Kunststoffrohr verwendet werden, dessen Durchmesser wenigstens zwei Dritteln des Bodendurchmessers vom des Eimers entspricht.
- Nun verkürzt man das Kunststoffrohr auf eine Länge, die der 90 % er Summe der Eimerhöhe und des Topfes entsprechen soll. Dann steckt man das Rohr in die dafür bestimmte Öffnung so rein, damit es 10 % unter den oberen Rand des Eimers reicht.
- Dann steckt man den Schlauch durch das Rohr so durch, dass ein Stück oben und unter herausschaut. Das Rohr ist hier deshalb, damit der Hydrocorrels den Schlauch nicht eindrückt – das System würde dann nicht zuverlässig funktionieren.
- Auf den Boden stellt man einen Eimer mit vollem Boden und legt den Blumentopf kopfüber rein und darauf stellt man den Eimer mit den Öffnungen. Dann schüttet man soviel Hydrocorrels rein, dass das Rohr ca. 1 – 2 cm über die Fläche herausragt, und der Gartenschlauch im Rohr 1 cm.
- Jetzt steckt man das T-Stück in den Schlauch.
- Nun nimmt man ein weiteres Stück des Schlauchs und schneidet ihn in so einer Länge, damit sich der Schlauch, nach dem Anschluss von beiden Enden auf das T Stück, in der Entfernung von ca. 2 – 5 cm vom Eimerumfang befindet – so entsteht ein geschlossener Kreis.
- In diesem gekürzten Schlauch macht man gleichmäßig 5 – 7 Öffnungen.

- Der Schlauch wird auf das T Stück aufgeschoben.
- Nach dem Auffüllen des unteren Eimers mit Lösung und nach dem Auftrieb der Pumpe (die am unteren Ende des Schlauchs angebracht ist), fängt das Wasser an, aus dem unteren Eimer in den oberen Eimer zu fließen, und nach dem Durchfließen, kehrt das Wasser wieder zurück, also es wird zirkulieren.

Bei der Wahl von Schläuchen und T Stücken, muss die gegenseitige „Kompatibilität" getestet werden, das heisst, sie müssen ineinander passen und es darf nicht zur Druck- und Wasserabwanderung kommen. Für eine noch bessere Sauerstoffversorgung der Nährlösung, kann der Luftkompressor (auch aquaristischer) verwendet werden. Dieses System kann auch mit einem Antrieb, mit Hilfe eines Kompressors (wie beim Original Aquasystem) hergestellt werden. Die Durchmesser der Schläuche müssen dann etwas kleiner sein und der, vom Boden des oberen Eimers herausragende Schlauch, muss bis zum Boden des unteren, reichen. In diesen, wird dann ein Silikonschlauch vom Kompressor reingeschoben. Sobald man den Kompressor einschaltet, zieht das Wasser die Luft zu den Pflanzen heraus – wie einfach.

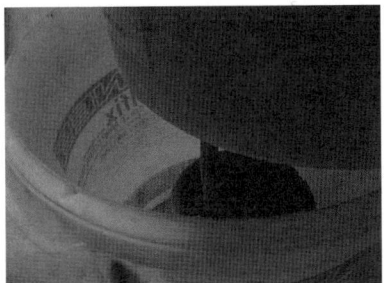 

Hausgemachtes Aquasystem.

ANBAUSYSTEME – BODENSUBSTRATE

WAS BEDEUTET DIE WAHL EINES BODENSUBSTRATS

Bodensubstrat ist das Anbaumedium, das bereits manche Nährstoffe enthält. Es ist nicht inert, wie es bei den Anbaumedien ist, die in der Hydroponic verwendet werden. Anbau in Bodensubstraten unterscheidet sich praktisch von der Hydroponic vor allem durch die Zahl vom Gießen, durch die Art der Düngung und durch Länge der Pflanzenentwicklung, die etwas langsamer ist, als in der Hydroponic. Wenn man sich also für den Anbau in Bodensubstraten entscheidet, muss man sich darauf vorbereiten, dass man während eines Jahres weniger Ernten macht, als es der Fall in der Hydroponic ist.

Vorteile vom Anbau in Bodensubstraten:

- Kleinerer Verbrauch an Düngemitteln;
- Meistens ein besserer Geschmack des Endprodukts;
- Weniger Abfall – das verwendete Substrat lässt sich einfach entsorgen.

Nachteile:

- Bereits erwähnte langsamere Pflanzenentwicklung – die Pflanzen wachsen im Substrat langsamer;
- Grösseres Risiko des Vorkommens von Krankheiten.

Aber es hilft nichts, der Anbau im Boden ist die traditionelle Art, die seit jeher verwendet wird. Die Grundvoraussetzung der Qualität und des Ertrags vom Pflanzenbestand, ist das fehlerfreie Substrat. Dieses Anbaumedium hat viele Varianten und die Auswahl ist so gross, dass es manchmal sehr schwer ist, sich darin zu orientieren. Allerdings dank der praktischen Erfahrungen der Grower, kann ziemlich genau charakterisiert werden, welches Bodensubstrat für einen bestimmten Indoor Anbau, das beste ist. Viele Grower haben selbstverständlich ihre eigene Rezepte für die Substratproduktion. Die Vielzahl an Varianten ist fast unerschöpflich. Wir werden uns, was das Substrat anbetrifft, den Grundvoraussetzungen widmen und werden uns nur einige „Rezepte" nennen.

GRUNDVORAUSSETZUNGEN FÜR BODENSUBSTRATE

Das größte Problem der Substrate ist das mögliche Vorkommen von unerwünschten Krankheitserregern und Schädlingen. Es kann nur schwer verhindert werden, dass in einen Sack mit Boden, irgendein Schädling oder eine Bakterie gelangt. Aus dem Grund, muss man beim Kauf der Substrate genau verfolgen, unter welchen Bedingungen es gelagert wird und man muss versuchen abzuschätzen, wie lang es schon verpackt ist. In großen Mengen, und draußen gelagerte Bodensubstrate, können leichter angegriffen werden. Das Verseuchungsrisiko ist wieder dort größer, wo die Bodensubstrate in der Nähe von größeren Beeten liegen, woher die Schädlinge kommen können. Eine wichtige Rolle spielt, wie schon gesagt, die Zeit – das heisst, wie lange das Substrat an einer Stelle liegt. Zwei Jahre alter Sack, der an einer Stelle in der Gärtnerei liegt, wird höchstwahrscheinlich häufiger von Schädlingen befallen werden. Kauft also dort ein, wo die Ware schnelle Abnahme hat...

Es ist nötig zu verdeutlichen, das es gut ist die Bodensubstrate zu kaufen, die gerade für eure Pflanzen geeignet sind. Growshops bieten Bodensubstrate, die den Humus oder die Nährstoffe schon enthalten und deshalb ist es nicht nötig, die Pflanzen eine bestimmte Zeit zu düngen.

WAS SOLLTE IN JEDEM FALL VERMIEDEN WERDEN

- Alte, lang liegende Substrate.
- Bodensubstrate, die für eine andere Pflanzensorte künstlich vorgedüngt sind – für Pelargonien, Gerberas und andere Pflanzen, die man nicht anbauen will, die meisten Pflanzen fördern

ein spezifisches Verhältnis von Nährstoffen, Spurenelementen usw.

- Boden aus nicht bewirtschaftetem Garten ist ein hervorragender Raum für verschiedene Schädlinge und Krankheiten – das sollte man vermeiden.

- Kuh-, Hühner-, Pferdemist und Mist von anderen Tieren, ist in bestimmter Menge für das Bodensubstrat ein Beitrag, allerdings nicht zu viel. Wenn man also nicht über ausreichende Erfahrungen und Kenntnisse mit derer Anwendung verfügt, sollte man es lieber sein lassen. Ein totaler Unsinn wäre, diese Teile direkt in den Blumentopf, in Schichten zu geben.

Gewünschte Eigenschaften des Bodensubstrats

Wenn gesagt wurde, worauf man beim Kauf von Bodensubstraten verzichten soll, muss auch gesagt werden, welche Parameter die Bodensubstrate erfüllen sollen. Vergisst bitte nicht, **dass das Substrat einen riesigen Einfluss auf die gesamte Form der Ernte hat,** sucht also sorgfältig aus und versucht alle Risikofaktoren zu vermeiden.

- Das Bodensubstrat muss **leicht und luftig** sein. In so einem Substrat haben Wurzeln die idealen Bedingungen für den Wuchs. Hartes, festgestampftes Substrat, bedeutet für die Wurzeln einen großen Widerstand und es dauert länger, bis sie sich in die nötige Größe ausbreiten. Sauerstoffmangel verlangsamt den Wuchs der Wurzeln auch und beeinflusst ihren Gesundheitszustand negativ. Die Wurzeln sind sozusagen der Mund der Pflanzen, wenn sie nicht in einer perfekten Kondition sind, wachsen sie langsamer, sind weniger beständig ihre Rentabilität sinkt.

- Das Substrat muss **das Wasser gut aufsaugen können. Ein g**ut saugfähiges Substrat, leitet die Lösung bzw. die Nährstoffe in den ganzen Topf. Gleichmäßig aufgeteilte Feuchtigkeit beeinflusst wieder positiv den Wurzelwuchs und somit den Wuchs der ganzen Pflanze.

- Wenn das Bodensubstrat vorgedüngt oder mit Nährstoffen bereichert wird, sollten diese immer **biologischen Ursprungs sein**. In die Substrate werden manchmal Torf, Humus und andere Zusätze beigefügt. Diese Tatsache, genau wie eventuelle Verwendung von chemischen Zusätzen, sollte auf der Verpackung angegeben werden. Das chemisch behandelte Substrat sollte lieber vermieden werden.

ÜBLICHE ZUSATZSTOFFE DER BODENSUBSTRATE

Substrate, die man zum Anbau der Pflanzen bestimmt, sind oft eine Mischung aus verschiedenen Torf-, Rinder-, oder Humusarten. Stellen wir uns manche der Mischungen vor, damit wir eine klarere Vorstellung darüber haben, was sich im Sack mit Substrat versteckt.

ANORGANISCHE ELEMENTE

In die Bodensubstrate werden oft anorganische Elemente beigegeben, die zur besseren Durchlässigkeit und einfacherer Durchlüftung der Substrate dienen. Das Verhältnis der anorganischen Elemente in industriell hergestellten Substraten ist irgendwie abgetestet, trotzdem fügen viele Grower diese Elemente nach eigener Erwägung bei. Wenn man das Substrat also selber mischt, können ein paar Euro gespart werden, bei größeren Growrooms wird die Ersparnis viel höher ausfallen.

PERLIT

Das Perlit wurde bereits beschrieben, wenn man es also übergangen hat, muss man ein paar Seiten zurück kehren – zum Abschnitt „Hydroponic."

HYDROCORRELS

Hier gilt dasselbe, wie beim Perlit, wenn man also die Charakteristik des Keramsits nicht kennt, muss man auch ein paar Seiten zurück blättern. Der Hydrocorrels wird dem Substrat nicht so oft beigemischt. Dieser wird oft als Drainageschicht im unteren Teil des Topfes verwendet. In solchem Fall wird Hydrocorrels 1 – 4 cm hoch auf den Boden des Topfes geschüttet, darauf kommt dann das Substrat.

SAND ODER KIES

Sand kann einigermaßen den Perlit ersetzen. Sand macht den gleichen Dienst, aber er hat den Nachteil, dass er nicht so sauber ist (kann Schädlinge oder Keime enthalten). Es ist immer gut, ihn vor dem Beimischen ins Bodensubstrat zu waschen. Relativ sauberer Sand und Kies kann in Aquaristik Shops gekauft werden, aber der Preis ist dann zu hoch, also ist es billiger, Perlit zu kaufen.

ACHTUNG AUF GROßE MENGE

 Alle erwähnten Materialien erfüllen ihre Funktion nur in dem Falle, wenn sie in der richtigen Menge verwendet werden. Anorganische Elemente sollten nicht mehr als 20 % vom gesamten Umfang des Topfes einnehmen. Über dieser Grenze, verfügt das Bodensubstrat über keine ausreichende Absorptionsfähigkeiten.

ERDE

Die Erde ist de facto ein unbefestigtes Gestein, das Sand-, Staub- und Lehm Teile enthält, die immer kleiner, als 2 mm sind. Die erwähnten Elemente können in verschiedenen Verhältnissen enthalten sein. Wenn die Erde überwiegend aus einem Lehm besteht, wird sie Lehmerde genannt, wenn der Sand überwiegt, wird sie Sanderde genannt. Die Lehmerde durchlässt und saugt das Wasser schlechter und ist dann schwer, bei der Sanderde ist es genau umgekehrt.

ORGANISCHE ELEMENTE

Organische Elemente bilden einen wesentlichen Teil der Bodensubstrate. Sie erhöhen seinen Nahrungswert, verbessern die Absorptionsfähigkeiten, beeinflussen den pH Wert, und vieles andere. Es gibt immer mehr Stoffe, die den Substraten beigegeben werden und die Hersteller versuchen sich zu überholen und preisen gerade die ihre Elemente an, die sie ihrem Produkt beigegeben haben. Meistens handelt es sich um verschiedene Arten von Humus und Torf. Ich werde die beschreiben, die mir bekannt sind.

DER HUMUS

Es handelt sich um abgestorbene organische Stoffe eines pflanzlichen und tierischen Ursprungs. Humus entsteht in zwei Phasen, die eng zusammen hängen. Wir unterscheiden zwischen **dem unstabilen und dem stabilen Humus. Der unstabile Humus** bildet bereits zerlegte, aber noch nicht humifizierte organische Stoffe (Eiweiß, Pektine, Glycine...). Die Zerlegungsphase der organischen Stoffe, in deren Folge der unstabile Humus entsteht, wird Mineralisierung genannt. Es folgt die Humifizierung, bei der es zur Bildung der komplizierten organischen Stoffe kommt. Am Ende der Humifizierung gibt es einen dunklen schwarzen Stoff, der einer weiteren Zerlegung widersteht – das nennt man **stabiler Humus.** Der ist der Grundträger der Bodeneigenschaften. Der ganze Prozess der Humusentstehung, ist sehr kompliziert, allerdings für unsere Bedürfnisse genügt wohl die Grundcharakteristik. Der Humus ist der fruchtbarste Teil des Bodens. Er hält das Wasser gut auf, gleicht den pH Wert des Bodens aus, und ist in der Lage, toxische Stoffe an sich zu binden. Er bildet auch optimale Umgebung für das Leben der nützlichen Mikroorganismen und er sollte ein Bestandteil jedes Substrats sein.

DER TORF

Teilweise zerlegte organische Stoffe, deren vollständiger Zerfall durch anaerobe und saure Umgebung beschränkt wird. Der Torf entsteht in Torfbecken, die sich vorwiegend in der nördlichen Hemisphäre befinden.

Torfbecken werden auch Torfmoor, Moor, Sumpf usw. genannt. Einfacher kann man sagen, dass ins Moor z.B. Bäume, Pflanzen, Pilze und Tiere hineinfallen, die sich teilweise in der saueren Umgebung ohne Sauerstoffzufuhr zerlegen.

Torf, der dem Bodensubstrat beigegeben wird, erhöht seine Fähigkeit, die Feuchtigkeit zuhalten. Ein Teil der organischen Stoffe zerlegt sich bis zu einem gewissen Grad, sodass man von einer Humusentstehung sprechen kann – der Torf enthält also teilweise auch den Humus, wodurch die Eigenschaften des Bodensubstrats positiv beeinflusst werden. Wichtig ist, dass sich der Torf durch seinen niedrigeren pH Wert auszeichnet. Das richtige Verhältnis vom Torf im Bodensubstrat hilft eine milde Säure zu erzielen, die so wichtig ist. Der Torf selbst kann zu sauer sein, aus dem Grund ist es besser, ihn immer nur als Bestandteil einer Mischung zu verwenden, die wir Bodensubstrat nennen.

FLEDERMAUSMIST – GUANO

Den Fledermausmist kann man als Düngemittel im flüssigen Zustand verwenden, oder ihn direkt dem Substrat beimischen. Und wozu können Fledermaus Exkremente gut sein? Sie sind eine reiche biologische Quelle vom Phosphor und Stickstoff. Diese Stoffe sind für einen guten Wuchs und Blüte der Pflanzen nötig. Fledermausmist kann auch als Auffrischung des verwendeten Bodensubstrats verwendet werden. Guano wird in verschiedenen Konzentrationen und Aggregatzuständen verkauft (Pulver, Granulat usw.).

REGENWURM MIST – WURMHUMUS – VERMIKOMPOST

Wenn wir bereits den Fledermausmist berührt haben, werden wir uns auch nicht vor den Regenwurmausscheidungen fürchten. Diese kleine Tiere bohren ununterbrochen im Boden herum, den sie zugleich auch fressen. Aus dem anderen Ende ihres Körpers kommt dann ein hochwertiges organisches Düngemittel raus, ein sog. Vermikompost. Dieser Stoff eignet sich hervorragend als Zusatz für ein neues Substrat oder zur Auffrischung des bereits verwendeten Substrats und eignet sich sehr gut für den Indoor Anbau.

MISCHEN DES BODENSUBSTRATS

Falls man sich entscheidet, das Substrat eigenhändig zu mischen und man nutzt das breite Angebot der Growshops und der Gärtnereien nicht, sollte man die **maximal empfohlene Anteile aller Bestandteile befolgen:**

- Perlit, Sand oder Hydrocorrels maximal 20 %
- Humus maximal 30 %
- Torf maximal 70 %
- Regenwurm Mist maximal 25 %
- Guano nach der Konzentration – die empfohlene Dosierung ist immer auf der Verpackung angegeben.

REZEPT FÜR DAS BODENSUBSTRAT

Damit der Anbau möglichst einfach ist, füge ich ein erprobtes Rezept bei, das alle nötige Eigenschaften des Substrats sichert:

- 65 % Torf;
- 15 % Perlit;
- 20 % Vermikompost

Das Substrat soll immer in einem separaten Gefäß gemischt werden und erst dann kommt es in die Töpfe. Wenn man das Substrat direkt im Topf mischt, werden alle seine Stoffe nicht ausreichend genug vermischt und mit einer großen Wahrscheinlichkeit hat man dann in jedem Topf verschiedene Verhältnisse.

BEWÄSSERUNG DES BODENSUBSTRATS

Die Bewässerung des Substrats kann mit Hilfe des Drip Systems, der Drucknadeln Spray Stake, oder per Hand ausgeführt werden. Wenn es zeitlich möglich ist, empfehle ich die Pflanzen per Hand zu gießen. Die Einzelheiten liest man im Abschnitt „Anbau".

ANBAUGEFÄßE

DIE GRÖßE DER GEFÄßE

Wenn jemand behauptet, dass die Größe nicht wichtig ist, dann meint er bestimmt nicht das Anbaugefäß. Seine Größe ist nämlich wichtiger, als man denken kann. Das Anbaugefäß stellt nämlich einen Lebensraum für die Wurzeln, deren Kraft und Gesundheitszustand deutlich die Gesundheit der ganzen Pflanze beeinflussen. Bei der Wahl der Anbaugefäße ist wichtig, dass man genau weiss, welche Anbauart man praktizieren möchte. Ob man auf 1 m^2 fünf oder dreissig Pflanzen anbauen will. Wenn man sich für mehrere Pflanzen entscheidet, die man nicht zu sehr in die Höhe wachsen lässt, dann genügen Töpfe mit einem kleineren Umfang. Wenn man aber große Pflanzen haben möchte, dann braucht man auch große Töpfe.

In der Natur haben Pflanzen keinen limitierten Raum für ihre Wurzeln. Bei manchen Sorten, kommt es dann sogar dazu, dass das Wurzelsystem eine größere Fläche unter der Erde einnimmt, als die einzelne Pflanze über dem Boden. In einem optimalen Fall, sollte man den Wuzeln genauso viel Platz lassen, wieviel Platz die grüne Masse über dem Topf hat. Die Wurzeln sollen minimal so einen Raum haben, deren Umfang einem Drittel des Umfangs von der grünen Masse entspricht. Dabei wird der vorausgesetzte Umfang der Pflanze am Tag der Ernte berechnet – also der größte Umfang.

DIE GEFÄSSFORM

Das Anbaugefäß muss einen guten Zugang zu allen Pflanzen ermöglichen und zugleich die höchstmögliche Nutzung des Anbauraums sichern, der zur Verfügung steht. Mit eckigen Töpfen nutzt man den Raum besser und sie eignen sich gut zum Anbau von größeren Menge an kleineren Pflanzen. Runde Töpfe eignen sich besser für große Pflanzen. Aber auch für große Pflanzen können eckige Töpfe verwendet werden.

DIE DRAINAGEÖFFNUNGEN

Ein sehr wichtiger Parameter bei der Gefässwahl , sind die Drainageöffnungen. Das gilt bei dem hydroponischen Anbau doppelt. Wenn die Drainageöffnungen viel zu klein sind, oder es sind zu wenige, wird die Lösung aus dem Anbaumedium nicht abfließen und auf dem Topfboden setzen sich Salze aus den Düngemitteln fest. Zu hohe Feuchtigkeit verursacht die Bildung vom Schimmel und Krankheiten im Wurzelsystem. Die Salze beeinflussen dann deutlich den pH Wert des unteren Teils des Topfes und der wird dann für die Wurzeln unbewohnbar. Wenn man die Töpfe bereits gekauft hat und der Boden diese Forderung nicht erfüllt, kann man sich mit einer ca. 5 cm Keramsitschicht aushelfen.

Bei den hydroponischen Systemen und auch beim Anbau in Bodensubstraten, ist der Ablauf der überflüssigen Lösung sehr wichtig. Nur eine ausreichende Anzahl und Größe der Drainageöffnungen, sichert euch eine gleichmäßige Verteilung der Feuchtigkeit im Anbaugefäß. Falls man als Anbaumedium einen Auffülltisch mit Töpfen gewählt hat, dann hängt sein richtiges Funktionieren gerade von den Drainageöffnungen ab.

← DerTopf Teku sichert eine exzellentes Ableiten der Nährstofflösung dank den großen Drainageöffnungen.

VORTEILE EINES ANBAUS IN TÖPFEN

Ein riesiger Vorteil vom Anbau in Töpfen, ist die Möglichkeit die Pflanzen je nach Bedarf umzustellen. Wenn der Bestand unausgeglichen ist, dann ist es besser die große Pflanzen an den Rand der Anbaufläche zu stellen und die kleinen in die Mitte. So erhöht man die Pflanzenmenge, die eine richtige Lichtintensität bekommen. Das Umstellen von Pflanzen ist nur mit Töpfen im Aquasystem möglich.

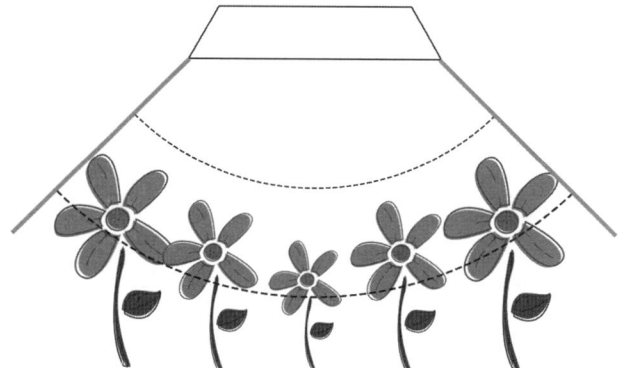

← Durch das Verschieben der höheren Pflanzen an den Rand des Anbauraums, gewinnt man gleichmäßigere Beleuchtung aller Pflanzen.

DerTopf "AirPot" ist eine ideale Lösung für alle Systeme. Er bietet einen vollkommenden Ablauf der Nährlösung und zusätzlich führt er eine große Menge vom Sauerstoff zu den Wurzeln. →

DER ANBAU IM SACK

Außer der Anbaugefäße, kann man auch direkt den ganzen Sack mit dem gekauften Bodensubstrat verwendet. In so einem Fall wird nur eine Öffnung im Sack gemacht in die man dann die Pflanze steckt. Es sieht ein wenig wild aus, aber manche Grower finden diese Methode sehr gut. Der Sack kann entweder per Hand, oder mit Hilfe des automatischen Bewässerungssystems Drip oder Spray Stake, gegossen werden. Das Ablaufen der Lösung wird einfach durch das Durchstechen des unteren Teils des Sacks gesichert, wodurch Drainageöffnungen gebildet werden. Mit diesem System spart man Geld für die Töpfe und es bietet einen großen Raum für die Wurzeln. Beim Sackanbau werden in der Regel nur 1 – 2 Pflanzen in eine Packung mit Umfang von 50 oder 25 L, gesteckt.

Der Sack kann horizontal gelegt werden, in die obere Seite wird ein Loch mit einem Durchmesser von ca. 10 – 15 cm ausgeschnitten. In dieses Loch wird die Pflanze gesteckt. Bei der zweiten Variante, legt man den Sack vertikal hin und packt den oberen Teil aus, schlägt die Ränder so über, als wenn man sich die Ärmel aufkrempelt und man pflanzt die Pflanze von oben ein.

***Anbau** kann direkt im Sack erfolgen.*

180

MESSGERÄTE, TESTER UND ANDERE ELE-MENTE

Wenn wir uns bis jetzt den größeren Komponenten des Growrooms gewidmet haben, müssen wir uns auch die Elemente anschauen, die nicht so groß sind und de facto nicht einmal den Wuchs selbst und das Klima im Growraum beeinflussen. Sie haben auch keinen Einfluss auf den Wuchs und Ertrag der Pflanzen – genauer gesagt, sie haben keinen direkten Einfluss. Angaben, die uns diese Geräte gewähren, sind allerdings zum Erreichen des gewünschten Ergebnisses sehr wichtig.

THERMOMETER

Das Messen der Temperatur im Growroom ist absolut notwendig. Ein Thermometer, das die grundlegende Funktion bietet, ist sehr billig und deshalb kann man es sich leisten, mehrere davon zu kaufen. So gewinnt man Informationen über die Temperatur in verschiedenen Teilen des Groowrooms. Die gewonnenen Daten verwendet man dann beim Einstellen der Lüfter, Klimaanlagen oder der Heizung. Das Beste ist aber, wenn man in ein Thermometer investiert, das die minimal und maximal erreichte Temperatur verzeichnet. Die kann nämlich während des Tages und während der Nacht, abhängig vom Betrieb der Lampen und Lüfter, sehr stark schwanken. Falls man die Temperatur in allen Phasen des Tages nicht persönlich kontrollieren kann, kann passieren, dass die extreme Temperaturschwankungen gar nicht bemerkt, was zu fatalen Folgen führen könnte. Mini-Max Thermometer zeigt an, welche die höchste bzw. niedrigste Temperatur im Growroom erreicht wurde – und wenn etwas nicht stimmt, können dem entsprechende Schritte zur Besserung ausgeführt werden.

DAS HYGROMETER

Das Beobachten der relativen Luftfeuchtigkeit ist genauso wichtig, wie das Temperaturmessen. Die Feuchtigkeit beeinflusst wesentlich nicht nur den Wuchs der Pflanzen, sondern auch das Vorkommen am Schimmel, Krankheiten und Schädlingen. In der Wuchsphase beträgt die notwendige Feuchtigkeit um die 80 %. Je mehr sich der Ernte nähert, desto größeres Risiko stellt die hohe Feuchtigkeit dar. Die Wärme und die Feuchtigkeit sind Idealbedingungen für die Bildung von Schimmelkrankheiten. Das größte Risiko, ist dann das Verschimmeln der einzelnen Blätter. In den letzten 3 – 4 Wochen der Blütephase reicht es, die optimale Feuchtigkeit zwischen 40 – 50 % zu halten. Manche Hygrometer werden, genau wie die Thermometer, mit der Aufzeichnungsunktion von der minimal und maximal erreichten Feuchtigkeit ausgerüstet. Mechanische Haarhygrometer sind relativ billig - das heißt - ihre Abwesenheit im Groowroom sind unentschuldbar ...

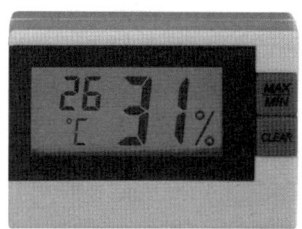

← *Digital Thermometer,* kombiniert mit *Hygrometer*, das den niedrigsten und höchst erreichten Wert aufzeichnet. Preis – um die 20 EUR.

PH TESTER

Das Messen des pH Wertes von der Nährlösung ist die Pflicht jedes erfolgreichen Growers. PH Wert ist sehr wichtig und seine richtige Höhe beeinflusst den Gesundheitszustand und die Kondition der Pflanzen. Weil wir im Growroom alles für die Pflanzen tun, ist das Messen vom pH Wert unentbehrlich. Die billigste Art des Messens sind die pH Wert Tester in Tropfen. Diese sind zuverlässig und ihre Verwendung ist einfach. Darüber hinaus brauchen sie keine Batterien, und falls sie ins Wasser fallen sollten, erleidet man keine finanziellen Verluste. Falls man nicht nach der höchsten Kostenersparnis bei der Einrichtung des Growrooms strebt, sollte man sich einen digitalen pH Tester kaufen. Das Messen mit Hilfe der Tropfen, nimmt einem ungefähr eine Minute Zeit weg, aber mit einem elektronischen Gerät, dauert es nur noch ein paar Sekunden. Dank der Schnelligkeit, wird man den pH Wert öfters und gerne messen. Nachteil der Digitaltester ist die Notwendigkeit, sie öfter zu kalibrieren, damit die richtige Genauigkeit des Messens gesichert wird. Diese Handlung ist nicht immer ganz einfach. Gute Hilfe stellen auch die pH Tester Tropfen für das Substrat dar. Damit kann leicht festgestellt werden, wie hoch der pH Wert im Anbaumedium ist..

EC Tester

Der EC Wert (electric conductivity = elektrische Leitfähigkeit) zeigt die Konzentration der Nährstoffe in der Lösung. Aufgrund dessen erkennt man, ob die Nährstofflösung richtig gemischt wurde. Düngemittel werden natürlich mit einer Anleitung und einer Tabelle mit empfohlener Dosierung versehen. Bei ihrer Einhaltung sollte man den gewünschten EC Wert erzielen. Ein Vorteil ist, dass man den Nährstoffgehalt im System verfolgen kann. Falls man im Quellbehälter eine Lösung mit dem EC Wert von 1,4 $\mu S/cm^3$ mischt und aus dem Anbaugefäß eine Lösung mit dem EC Wert von 2,1 $\mu S/cm^3$ fließt, bedeutet das, dass die Pflanzen mehr Nährstoffe bekommen, als sie überhaupt verbrauchen können. Für den Grower ist es ein Signal dazu, dass eine Ausspülung mit Enzymen und sauberem Wasser, ausgeführt werden muss. Genauso gut kann mit dem EC Tester der Nährstoffgehalt im System während der Endausspülung verfolgt werden, der vor jeder einzelnen Ernte durchgeführt wird . Je näher ist der EC Wert der aus dem Anbaubehälter abfließenden Lösung, dem EC Wert des sauberes Wassers, desto weniger Düngemittel wird im Endprodukt sein. Der EC Wert kann auch höher ausfallen in Folge der Wasserverdunstung aus der Lösung. In solchem Fall genügt es, ein sauberes Wasser nachzufüllen und die Nährstofflösung nicht auf den gewünschten EC Wert zu mischen. Mindestens einmal pro Woche, sollte man eine neue Nährstofflösung mischen. Der EC Tester verrät nämlich nur die Gesamtmenge der Nährstoffe, keineswegs aber das gegenseitige Verhältnis. Wenn man ständig nur das Wasser nachfüllt und der EC Wert auf der gewünschten Ebene gehalten wird, könnte es zu einer Störung des ausgewogenen Verhältnisses N-P-K kommen.

SPRÜHER

Weitere Ausstattung eines perfekten Growrooms, ist der Sprüher, dank

dem die Pflanzen die Ergänzungs-düngemittel bekommen und können gegen Schädlinge, Schimmel und andere Krankheiten behandelt werden. Optimal wäre, wenn man ein Spritz-mittel für Biopräparate, und zweites für chemische Besprühung gegen Krankheiten und Insekten hätte. Auch hier kann man zwischen zwei Syste-men wählen. Bei einem ist der Auslö-ser zugleich die Pumpe – bei jedem Drücken kommt eine bestimmte Sprühmenge raus. Der zweite, der Drucksprüher, ist etwas bequemer. Man macht den Behälter voll mit Druck und der Sprüher sprüht die ganze Zeit, wenn der Auslöser gedrückt wird und bis der Druck sinkt.

MESSBECHER

Zur genauen Dosierung von Düngemitteln und Spritzmitteln, sollte man etwas haben, womit man die Menge messen kann. Dazu dienen Messbe-cher und Spritzen. Deren Größe hängt von der Größe des Anbauraums bzw. des Behälters für die Lösung, ab. Man sollte sich in jedem Fall einen für Düngemittel und Biopräparate und einen zweiten für eventuelles chemisches Spritzen besorgen.

HEIZKÖRPER FÜR WASSER

Die Temperatur von der Nährstofflösung sollte zwischen 22 – 25 °C betragen. Wenn die Temperatur zu niedrig sein sollte, setzt man die Pflanzen einem unangenehmen Schock aus. Es ist ungefähr das gleiche als wenn man die Beine unter der Decke hat und jemand würde sie mit kaltem Wasser überschütten. Eine hohe Temperatur schwächt wieder das Wurzelsystem ab und erhöht das Risiko einer Schimmelbildung. Der Heizkörper sollte dieselbe Leistung haben, wie der genutzte Umfang des Behälters (für 100 L Lösung – 100W Heizkörper). Der Heizkörper wird nicht von jedem genutzt, aber für viele Grower ist er unentbehrlich.

THERMOMETER FÜR SUBSTRAT

Man braucht es nicht unbedingt, aber es ist wieder eine Sache, die nicht verloren geht. Es ist immer gut, möglichst ausführlichste Informationen darüber zu haben, welche Bedingungen die Pflanzen haben.

ÜBLICHE HILFSMITTEL FÜR EINEN BASTLER

Außer der erwähnten Geräte und Werkzeuge, wird man im Growroom etwas brauchen, womit man entweder provisorisch, oder dauerhaft, kleine Mängel reparieren kann. Meistens hilft dafür ein übliches durchsichtiges Klebeband – es hat so grosse Nutzungsmöglichkeiten, dass daraus der ganze Growroom gebaut werden könnte... Man sollte auf jeden Fall einen Spannungsprüfer für Strom haben – es genügt ein einfacher, der nur ein paar Euro kostet. Der Spannungsprüfer prüft nur, ob das Draht nach dem man gerade greifen will, unter Strom steht, oder nicht. Es ist immer gut, Sachen, wie den Schraubenzieher, die Kombizange, das Messer, die Elektrikerisolierband usw. zu haben.

DÜNGEMITTEL

Noch bevor wir mit dem Anbau anfangen, machen wir uns klar, welche Düngemittel und welche Mengen man verwenden sollte. Der Markt bietet eine ganze Reihe von Düngemitteln und sich in allen zu orientieren, ist manchmal wirklich nicht einfach. Allerdings nur scheinbar. Auf den folgenden Seiten, stellen wir uns die meisten der angebotenen Präparate vor und sagen uns etwas über ihre Dosierung und den vorgesehenen Verbrauch.

DIE ZUSAMMENSETZUNG DER DÜNGEMITTEL

Obwohl das Angebot an Marken und Präparaten äußerst gross ist, werden alle Grunddüngemittel auf derselben bewährten Basis NPK hergestellt – Nitrogenium (Stickstoff), Phosphor, Kalium. Diese Elemente werden auch als **primäre Biogenelemente** bezeichnet. Die meisten Ergänzungsbooster und Zusatzelemente sind nichts anderes, als ein, oder zwei von diesen drei Elementen. Außer NPK werden oft **sekundäre Biogenelementen** in Düngemitteln enthalten – Kalzium, Schwefel, Magnesium und **Spurenelemente** Bor, Chlor, Mangan, Eisen, Zink, Kupfer und Molybdän.

PRIMÄRE BIOGENELEMENTE

NITROGENIUM – STICKSTOFF (N)

Stickstoff ist ein Gaselement. Bei der Produktion von Düngemitteln muss man also nach den Verbindungen greifen, die den Stickstoff enthalten. Am meisten werden Ammoniak (NH_3), Harnstoff ($(NH_2)_2CO$), Ammoniumnitrat (NH_4NO_3) und andere ähnliche Verbindungen verwendet. Die Bedeutungsquelle des organischen Stickstoffs, ist das bereits erwähnte Guano, aber auch der Vogelmist. Den organischen Stickstoff findet man auch im Chilesalpeter alias Natriumnitrat ($NaNO_3$). Mehr als für das Ver fahren der Düngemittelproduktion, muss man sich dafür interessieren, wozu der Stickstoff dient und welche Folgen sein Mangel hat. Der Stickstoff beeinflusst wesentlich den Pflanzenwuchs. Die Pflanzen halten den Stickstoff, und sind in der Lage ihn für ihren Wuchs voll zu nutzen.

- Pflanzen, die **genug von stickstoffhaltigen Stoffen** haben, haben große grüne Blätter und wachsen schnell. Falls sie aber nicht auch andere wichtige Stoffe bekommen würden, würden sie dünne Stängel haben und würden dann auch leicht brechen.
- **Stickstoffmangel** äußert sich durch langsames Wachstum und durch fortschreitende Vergilbung der Blätter, die sich von den Rändern bis zur Mitte ausbreitet und erst auf den unteren Blättern erscheint. Die Vergilbung wird durch die unzureichende Fähigkeit der Pflanzen verursacht – das Chlorophyll zu bilden. Die **Lösung für Stickstoffmangel** ist logischer Weise seine Zugabe. Für diesen Zweck eignen sich hervorragend flüssige Wirkstoffe (Wuchs Stimulatoren), oder der Fledermausmist – Guano. Die erhöhte Menge am Stickstoff sollte während der nächsten 4 – 6 Tage zugegeben werden.
- **Stickstoffüberfluss** verlangsamt das Wurzelwachstum und senkt somit den Verbrauch von der Nährstofflösung. Blätter werden dunkler, bis sie völlig braun werden und abfallen. Der Überfluss am Stickstoff **kann** durch die Ausspülung des Anbaumediums **gelöst werden,** und zwar so, das man mindestens während der nächsten 3 Tage nur mit Wasser mit geregeltem pH Wert gießt. Falls man im Bodensubstrat anbaut und nicht täglich giesst, benutzt man sauberes Wasser für das nächste 3x Gießen.

PHOSPHOR (P)

In der Natur kommt Phosphor häufig vor, allerdings nur in Form von Verbindungen. Dieser Stoff ist für alle auf der Erde lebende Organismen unentbehrlich, nicht ausgenommen der Pflanzen. Phosphor ist ein Bestandteil der pflanzlichen DNA und treibt darin ein System an, das die Energie in der Pflanze weiter leitet. Ohne Phosphor wären Pflanzen der Photosynthese nicht fähig.

- Phosphor ist für das Wachstum der Pflanze sehr wichtig und **beeinflusst** wesentlich **die Größe der Blüten.** Aus dem Grund liefern Grower den Pflanzen während der Blütephase mehr von diesem Stoff, als in der Wuchsphase. Alle Blütestimulatoren haben eins gemeinsam – den hohen Gehalt von Phosphor.
- **Phosphormangel** verursacht einen verlangsamten Wuchs. Auf den Blättern kann man dunkle Verfärbungen sehen – die Blätter bekommen rote bis lila Farbe. **Bei der Entdeckung des Mangels** an Phosphor, muss eine neue Lösung mit einer kompletten Zusammenstellung der Düngemittel (Hydroponic) vorbereitet werden, oder der Phosphor muss mit Hilfe der Wirkstoffe oder Besprühung (Hydroponic und Bodensubstrate) zugegeben werden. Der pH Wert der Lösung muss auf 5,5 – 6,3 gesenkt werden. Bei einem niedrigeren pH Wert, sind Pflanzen fähig, den Phosphor besser zu absorbieren.
- **Phosphorüberfluss** ist relativ schwer zu entdecken, weil seine Auswirkungen ähnlich sind, wie bei dem Mangel an Spurenelementen. Der Hanf ist zum Mangel an Phosphor sehr tolerant – eine sauerere Umgebung im Anbaumedium kann Phosphate binden, wäre also eine Phosphor Überdüngung sehr außergewöhnlich. Falls es dazu kommen sollte, wird die Fähigkeit der Pflanzen andere Stoffe an sich zu binden gesenkt. Infolge dessen, kommt es zu Reduktion des Ertrags von Pflanzen und zu einer frühzeitigen Reife. **Bei Entdeckung von Phosphorüberfluss** geht man genauso vor, wie im Fall der Überdüngung mit Stickstoff.

KALIUM (K)

Kalium ist das sechste der am häufigsten vorkommenden Elementen auf der Erde. Die Erdkruste enthält 2 – 2,4 % vom Kalium. Bei der Düngemittel Produktion wird oft Kaliumdioxid (K_2O) verwendet. Kalium ist, genau wie Phosphor und Stickstoff, für die Entwicklung der Pflanze, unentbehrlich.

- Kalium **beeinflusst** wesentlich **die Photosynthese und das Atmen der Pflanzen.** Wenn man einen Blatt präpariert, würde man feststellen, dass sich Kalium in den Teilen sammelt, die zum Licht gerichtet sind. Eine wichtige Rolle spielt das Kalium im Stoffwechsel von Kohlenhydraten, dank dem die Zellwände der Pflanze stark werden und das Gewebe noch stärker. Wir dürfen aber auch nicht vergessen, dass das Kalium die Nutzung vom Stickstoff verbessert und bis zu einem beträchtlichen Grad einen stärkeren Wuchs des Wurzelsystems unterstützt. Die Pflanze braucht das Kalium während des ganzen Lebenszyklus. Größere Kaliummenge in der Blütephase unterstützt zusammen mit Phosphor die Bildung von größeren Blüten.

- **Kaliummangel verursacht** am Anfang nur kleine Veränderungen an der Pflanze, die aber später zur Verschlechterung des Gesamtzustands der Pflanze führen. Ränder der Blätter werden braun und drehen sich nach unten. Auf den Blättern bilden sich schwarze Flecken, die man der Randscharlach nennt werden. **Beim** Kalium **Mangel** muss man Düngemittelbestandteile zugeben, die das Kalium in einer 1,5 mehrfachen Dosis enthält (Hydroponic). Man kann auch das Kaliumdioxid mit Wasser mischen und damit die Pflanzen begießen (Bodensubstrate). Eine Anwendung der Blattdüngemittel wird beim Kaliummangel nicht empfohlen.

- **Kaliumüberfluss** ist genauso schwer entdeckbar, wie der Phosphorüberfluss. In der Regel, ist Kalium daran schuld, dass die Pflanze eine niedrigere Fähigkeit hat, andere Elemente zu absorbieren, das heißt, dass die Auswirkungen von Zink-, Eisen-, Phosphor- und Manganmangel, gerade eine Kalium Überdüngung bedeuten können. Die **Lösung der Überdüngung** ist ziemlich einfach – man reduziert die Dosierung der Düngemittel auf die Hälfte während der nächsten 3 – 5 Tage.

SEKUNDÄRE BIOGENELEMENTE

KALZIUM (CA)

Das Kalzium kann man in der Natur nur in Verbindung mit anderen Elementen finden und zwar dank dem, dass es sehr leicht mit anderen Elementen reagiert. Pflanzen brauchen das Kalzium während des ganzen Lebenszyklus und es ist im gewissen Masse in Düngemitteln vertreten.

- Das Kalzium ist ein Baustoff, der die Zellwände verstärkt und sich an deren Wuchs beteiligt. Unersetzbare Funktion des Kalziums ist das Beeinflussen von Durchlässigkeit der Zellen und der Zellenmembranen. Weiterhin muss eine seine Fähigkeit hervorgehoben werden, dass es manche organische Säure an sich binden kann, was einen Entgiftungseffekt hat.
- **Kalziummangel** verursacht Störungen am Wurzelsystem – die Wurzeln sterben von den Spitzen ab und neue werden nicht gebildet. Blattränder bekommen ungewöhnlich dunkelgrüne Farbe – besonders die jungen, die neuen. Die Bildung der Blüten wird deutlich verlangsamt. **Als Lösung** schlage ich eine Wasserlösung vor - ein Löffel vom Kalziumhydroxid (Löschkalk) in 4 L Wasser aufzulösen. Wenn man sich für eine komplette Reihe an Düngemitteln entscheidet, egal von welchem Hersteller, wird die Wahrscheinlichkeit des Kalziummangels gering.

SCHWEFEL (S)

Der Schwefel beeinflusst die Photosynthese, die Vitaminbildung (B und Thiamin) und Enzymaktivität. Dadurch beeinflusst der Schwefel indirekt auch das Wachstum und die Entwicklung der Pflanzen.

- Der Schwefel ein Bestandteil der Bauelemente von vielen Hormonen, Proteinen und Vitaminen. Thiamin, deren Bildung vom Schwefel direkt abhängig ist, ist ein sehr wichtiges Pflanzenvitamin, das zur Oxidation von Ketosäuren wichtig ist.
- **Der Schwefelmangel** bei Pflanzen zeigt sich durch die Vergilbung der jungen Blätter (sehr ähnlich, wie beim Stickstoffmangel). Die Blätter werden an den Rändern gelb, drehen sich aber nicht. Bei fortgeschrittenem Mangel werden die Stängel fast lila und die Blätter werden ganz gelb. **Die Lösung** – Das Reduzieren des pH Wertes auf 5,8 – 6 und das Erhöhen des Elements im Düngemittel, das den Schwefel auf die 1,5 mehrfache Dosis hält, und zwar während der nächsten 3 – 5 Tage
- **Schwefelüberfluss** verursacht die Unfähigkeit der Pflanze, andere Elemente zu absorbieren. Bei einem niedrigen EC Wert, zeigt sich dieses Problem nicht. Der Überfluss verursacht einen kleinen Pflanzenwuchs und einen Brand an den Blättern. **Der pH Wert** muss auf die 6 geregelt werden und es muss eine Ausspülung des Anbaumediums durchgeführt werden, und zwar so, dass man mindestens 3 Tage lang nur mit einem Wasser mit geregeltem pH Wert begießt. Wenn man im Bodensubstrat anbaut und täglich begießt, verwendet man ein sauberes Wasser für das weitere 3x Begießen.

MAGNESIUM (MG)

Spielt eine wichtige Rolle bei der Bildung vom Chlorophyll, das den grundlegenden Einfluss auf die Photosynthese hat.

- Außer der Chlorophyll- Bildung, neutralisiert das Magnesium die Säure im Anbaumedium und durch Pflanzen erzeugte toxische Stoffe.

- **Magnesiummangel** zeigt sich in unregelmäßigen gelben Flecken auf den Blättern. Die Flecken erscheinen an verschiedenen Stellen der Blätter. Ebenso gut, können die Blätter anfangen zu gilben, allerdings wieder nicht an den Rändern, sondern es bilden sich ziemlich regelmäßige Flecken. Die Blätter beginnen sich nach oben zu drehen. **Die Lösung ist die Anwendung** vom Bittersalz – 2 Teelöffel in 10 L der Lösung auflösen, die man dann zum Gießen verwendet. Den EC Wert auf die Hälfte zu senken und damit 5 – 7 Tage begießen. Es können auch Ergänzungsdüngemittel als Spritzmittel verwendet werden, die das Magnesium schon enthalten. Zu einer schnelleren Besserung der Pflanzen hilft auch, wenn die Tagestemperatur um die 24 °C und die Nachttemperatur um die 18 °C, gehaltet wird.

- **Magnesiumüberdüngung** ist mit bloßem Auge, schwer erkennbar. Es verursacht in der Regel eine verminderte Fähigkeit der Pflanzen, andere Elemente zu absorbieren. Man geht genauso vor, wie im Falle der Stickstoff - Überdüngung.

SPURENELEMENTE

Pflanzen brauchen die Spurenelemente in kleinen Mengen, allerdings ist ihre Anwesenheit für die gesunde Entwicklung des Bestands, notwendig. Bei der richtigen Düngung mit den richtigen Düngemitteln ist es fast ausgeschlossen, dem Mangel an Spurenelementen zu begegnen. Um noch einige Informationen mehr zu schöpfen, sagen wir uns schnell, wie sich der Mangel an bestimmten Spurenelementen auswirkt.

Eisen (Fe)

- Sein Mangel verursacht Vergilbung der Blätter von den Stängeln ab. Stellen, die nicht gelb werden, verlieren die grüne Farbe und werden dunkel.

Zink (Zn)

- Die Blattspitzen verlieren ihre Farbe, werden trocken und drehen sich. Neue Sprösslinge und Blätter hören auf zu wachsen. Die Blätter verlieren ihre grüne Farbe ganz.

Mangan (Mn)

- Die Blätter vergilben vom Stängel ab und es bilden sich rote Brandflecken. Die Rostfarbe zeigt sich an Rändern der Blätter, der Wuchs der Pflanze stagniert auffällig.

Den Mangel an Spurenelementen kann man durch ihre Zugabe beseitigen. Auf dem Markt, gibt es viele Vitamine und Mittel, die größere Mengen an Spurenelementen enthalten, als die Grunddüngemittel. Fragt in eurem Growshop nach, welche Mittel das enthalten, was eure Pflanzen brauchen.

MINERAL DÜNGEMITTEL

Die Mineraldüngemittel werden durch chemische Prozesse gebildet, die von Menschen gesteuert werden – durch Verbindung von verschiedenen Stoffen und Elementen, zum Zweck des Erwerbs einer optimalen Kombination, die für die Nahrung der Pflanzen geeignet ist. Oft werden Mineraldüngemittel mit Pestiziden und Fungiziden verbunden. Dieser **Vergleich ist völlig falsch.** Wie man bereits im Kapitel „Die Zusammensetzung der Düngemittel" erfahren hat, sind die meisten Grundstoffe in der Natur nicht leicht zugänglich. Deshalb ist es notwendig die Verbindungen, die diese nötigen Stoffe enthalten zu zerlegen, und sie dann wieder in den Kombinationen zusammensetzen, die die Pflanzen benötigen. Es stimmt nicht, dass Düngemittel giftig und hinterhältig sind. Diese Gerüchte sind nur eine Folge des ständigen Wiederholens dessen, dass die Düngemittel in der Landwirtschaft übermäßig genutzt werden, was zur Kontamination der Erde und der unterirdischen und überirdischen Wasserquellen, führt.

Mineraldüngemittel eignen sich hervorragend für den Indoor Anbau. Ihre Dosierung ist sehr einfach und sie liefern den Pflanzen genau das, was sie brauchen. **Die im Wasser auflösbaren Flüssigdüngemittel,** sind eine ideale Lösung für die Hydroponic. Ein Cocktail aus den nötigen Nährstoffen kann schnell, genau und leicht, zubereitet werden. Darüber hinaus können sie wieder schnell aus dem System ausgespült werden. Das ermöglicht uns, eine absolute Kontrolle über den Gehalt im Anbaumedium. **Feste Düngemittel** sind für den Indoor Anbau weniger geeignet, weil es leicht zu einer Überdüngung kommen kann. Diese Düngemittel werden oft direkt im Anbaumedium eingearbeitet und die Kontrolle der Menge in einzelnen Anbaubehältern, ist sehr schwierig. Dazu sind sie nicht so einfach zu entsorgen.

ORGANISCHE DÜNGEMITTEL – BIO DÜNGEMITTEL

Die Grundelemente dieser Düngemittel, sind organische Stoffe eines tierischen oder pflanzlichen Ursprungs. Primäre, sekundäre Biogenelemente und Spurenelemente, werden in diesem Fall nicht aus chemischen Verbindungen gewonnen, sondern aus den Naturquellen. Diese Quellen können Humus, Torferde, verschiedene Mistsorten, darstellen – und sie können direkt dem Bodensubstrat beigegeben werden. Feste organische Düngemittel umfassen kleinere Konzentration der notwendigen Elemente und aufgrund dessen muss eine größere Menge verwendet werden, als es bei der Verwendung von flüssigen Düngemitteln der Fall ist. Flüssige organische Düngemittel schöpfen oft die Biogenelemente auch aus Mist (Vogel-, Fledermaus-, Kuh- und Pferdemist usw.), aus Knochen, aus verfaulten Tierteilen und aus den Naturstoffen, die diese Elemente von

Natur aus enthalten – Chilesalpeter, Kohlenteer. Organische Düngemittel haben den Vorteil, dass sie sich einfach dosieren lassen.

Zur Produktion von organischen Düngemitteln wird manchmal das Knochenmehl verwendet, das eine große Menge an Phosphor und Stickstoff enthält. Dieses Material kann allerdings auch eventuelle Tierkrankheiten enthalten, aufgrund seines Ursprungs. Über die Folgen der Verwendung vom Knochenmehl, als Basis für Düngemittel und Futter, wird ständig debattiert. Düngemittel aus dem Knochenmehl kann man also nicht direkt empfehlen und man kann nur sehr schwer erfahren, wie diese Düngemittel hergestellt werden.

Nicht alle Düngemittel, die als BIO bezeichnet werden, sind auch wirklich organisch. Der Ausdruck BIO wurde zu einer Bezeichnung, die sich gut verkauft. Deshalb bekommen viele Produkte diese Bezeichnung bereits schon im Falle, wenn sie nur bruchartige Mengen an organischen Stoffen enthalten. Setzt also deshalb auf traditionelle Hersteller, mit denen ihr, oder eure Freunde Erfahrungen haben.

Advanced Hydroponics of Holland B.V.

Dutch Formula + NATURAL POWER kombinierter Zuchtplan

Woche	Wachstumsphase			Blütenphase			Ende der blütenphase				Endphase	
	1	2	3	4	5	6	7	8	9	10	11	12	13

18 Std. / 6 Std. 12 Std. /12 Std.

Advanced Natural Power

1 GROW — 1ml * — 2ml — 1ml

2 BLOOM — 0.5ml * — 1ml — 2ml — 3ml

3 MICRO — 0.5ml * — 1ml — 1ml — 1ml

root stimulator — 1ml

Growth/Bloom exceilarator — 1ml — 1ml — 1ml

Enzymes+ — 1ml — 1ml — 1ml

Final solution — 1ml — 1ml

Zugaben auf 1 Liter Wasser / pH 5.8 - 6.2
*bei Erde halbe Menge dosieren

*Woche 10+ abhängig von der Planzensorte

VERWENDUNG DER DÜNGEMITTEL

HYDROPONISCHE DÜNGEMITTEL

Zum Anbau in hydroponischen Systemen werden flüssige Mehrstoffdüngemittel verwendet, die den Growern volle Kontrolle über die Elemente ermöglichen, die die Pflanzen bekommen sollen und in welcher Dosierung. Weil hydroponische Anbaumedien keine chemisch aktiven Stoffe enthalten, im Gegenteil zu Bodensubstraten, kann die Konzentration der Düngemittel im Giesswasser höher sein, als beim Anbau in Bodensubstraten. Manche hydroponische Düngemittel können dann auch für Substrate verwendet werden, allerdings im Vergleich mit der Hydroponic, nur halbdosiert. Man sollte sich immer darüber informieren, ob die konkreten hydroponischen Düngemittel auch für Substrate verwendet werden können, falls
man es vorhat.

DÜNGEMITTEL FÜR BODEN- SUBSTRATE

Der Bedarf der Düngung im Substrat, unterscheidet sich von der Hydroponic. Bodensubstrate enthalten, dank der Anwesenheit vom Humus, Torf usw., bereits einen bestimmten Anteil an Nährstoffen. Den Substraten können feste Düngemittel beigemischt werden, wie im Abschnitt Anbausysteme – Bodensubstrate, bereits erwähnt wurde. Für die Substrate sollten die Düngemittel verwendet werden, die für sie auch ausdrücklich bestimmt sind. Die nötige Informationen findet man immer auf der Etikette des Düngemittels. Zuverlässige Beratung geben auch in authorisierten Growshops.

Düngemittel für Kokos

Auch Kokossubstrate haben schon ihre eigene Reihe von Düngemitteln, die durch ihre Zusammensetzung diesem Anbaumedium am besten entsprechen. Der Anbau in Kokossubstraten und Kokosmatten, ist einigermaßen spezifisch, deshalb kann nur die Wahl der Düngemittel empfohlen werden, die für Kokos entwickelt wurden. Man kann es ruhig glauben, aber Qualitätshersteller testen ihre Düngemittel sorgfältig und aufgrund der Ergebnisse, werden sie dann für ihre möglichst grösste Wirkung bearbeitet. Vor allem ein Grower – Anfänger, sollte nach dem Düngemittel greifen, das für sein Anbaumedium geeignet ist.

Foliäre Düngemittel – Sprühmittel

So nennt man Düngemittel, die durch ein Sprühen angewendet werden. Die Pflanze absorbiert sie nicht durch die Wurzeln, sondern durch die Blätter. Düngemittel Distribution durch die Blätter, ist etwas schneller, es kann aber leichter zur einer Überdüngung kommen. Nach dem sorgfältigen Prüfen des Düngemittelangebots kann man dann leicht feststellen, dass zum Sprühen, in der Regel nur Ergänzungsdüngemittel und Mittel zum Pflanzenschutz, angewendet werden. Sprühergänzungsmittel enthalten, darüber hinaus, nur eine enge Auswahl an Elementen, die den Pflanzen in konkreten Fällen, oder in konkreten Entwicklungsphasen helfen sollen.

Grundelemente

Die Grundgruppen der Mehrstoffdüngemittel enthalten die Elemente, die für die gesunde Entwicklung der Pflanze in verschiedenen Verhältnissen notwendig sind. Das Verhältnis der Grundelemente (NPK), wird an der Verpackung oft in Nummern angegeben, zum Beispiel 20 – 30 – 40 bezeichnet, dass das Düngemittel 20 % an Stickstoff, 30 % an Phosphor und 40 % an Kalium enthält. Was heisst das konkret?

- Einen höheren Anteil am Stickstoff enthalten Düngemittel und unterstützende Mittel, die für den schnelleren Wuchs bestimmt sind.
- Höhere Zahl bei Phosphor bedeutet, dass das Präparat bei der Blütebildung hilft.
- Kalium erscheint in einer höheren Konzentration in den Düngemittelelementen, die zur Unterstützung der Blütephase verwendet werden.

ERGÄNZUNGSELEMENTE – WIRKSTOFFE

Die Grundgruppen der Düngemittel, werden von vielen Produzenten, durch Ergänzungsmittel bereichert, sie werden zur Stimulation und Unterstützung des Gesundheitszustands der Pflanzen in konkreten Entwicklungsphasen verwendet. Zu den Ergänzungselementen gehören Wurzel-, Wuchs- und Blütestimulatoren, Vitaminlösungen und verschiedene weitere Präparate, deren Zusammensetzung die richtige Entwicklung der Pflanzen unterstützt.

IST ES NOTWENDIG ERGÄNZUNGSELEMENTE ZU VERWENDEN?

Die Grunddüngemittel liefern den Pflanzen die nötige Menge an Biogen- und Spurenelementen. Während der vegetativen Phase wird die Dosierung so empfohlen, dass die Pflanze zum Beispiel mehr Stickstoff in der Wuchsphase und mehr Phosphor und Kalium in der Blütephase bekommt. Beim Durchlesen der Effekte, ob man dieses oder jenes Unterstützungsmittel verwenden soll, kann man leicht den Eindruck bekommen, dass es ohne irgendeinen Booster nicht gehen kann. Das stimmt allerdings nicht immer. Zu den Grundattributen einer hochwertigen Ernte gehört die genetische Ausstattung der Pflanze, die richtige Bewässerung und Beleuchtung. Falls der Hersteller behauptet, dass irgendein Megabooster den doppelten Zuwachs der Ernte bedeutet, haltet es bitte nur für eine unangemessene Werbung.

BEITRÄGE DER ERGÄNZUNGSELEMENTE

Ergänzungselemente der Düngemittel, unterstützen gewöhnlich die
gesunde Entwicklung der Pflanze in einer bestimmten Lebensphase.
Zum Beispiel, ermöglicht der Wurzelstimulator das Absorbieren der
Nährstoffe bereits schon in dem Moment, wenn die Wurzel noch im Keim
ist. Gleichzeitig schützt dieser die Pflanze vor Krankheiten, die gerade
durch die Wurzeln eindringen könnten. Die Ergänzungselemente helfen
also die aktuellen Probleme vorzubeugen und auszugleichen, die in den
konkreten Phasen auftreten könnten. Wenn man 100 % gesunde Pflanzen hat, benötigt man keine Ergänzungselemente. Allerdings man sollte
alle Probleme vorbeugen, nicht wahr...? Problemlose Anbauzyklen er-
lebt man selten und Ergänzungselemente helfen die Zahl der problemlosen Anbauzyklen zu steigern.

UNIVERSELLE UNTERSTÜTZUNGSMITTEL

Ergänzungselemente unterstützen die Grundgruppen der Düngemittel
von verschiedenen Produzenten (Blüte- und Wuchsstimulatoren usw.).
Außer diese Ergänzungen, die sich in der Zusammensetzung nach dem
Nährstoffgehalt, in den Grundgruppen der Düngemittel, unterscheiden,
werden Präparate verwendet, die mit jedem Düngemittel kombiniert
werden können. Es handelt sich um verschiedene Vitamine, Stressent-
ferner und Schutzsprühmittel auf Naturbasis. Diese Präparate können
mit einem guten Gewissen weiter empfohlen werden und können zur
Steigerung des Ertrags verwendet werden.

WURZELSTIMULATOREN

Schützen treibende und bereits entwickelte Wurzeln und öffnen ihre
Kanälchen so, dass sie die Nährstoffe besser absorbieren können.
Dadurch wird die gesunde Entwicklung der Wurzeln bzw. der ganzen
Pflanze unterstützt.

ENZYME

Während der Düngung verbraucht die Pflanze nicht alle gelieferten Nährstoffe. Diese setzen sich dann im Anbaumedium ohne einen Nutzen fest und manche werden in Salze umgewandelt. Dank den Enzymen lösen sich die Salze auf und die Pflanzen können noch die in Salzen enthaltene Nährstoffe absorbieren. Der Rest der ungenützten Stoffe löst sich in der Nährstofflösung langsam auf und fließt aus dem Anbaumedium ab, wodurch sich ein Raum für eine frische Nahrung bildet – nach Verwendung der Enzyme, ist es deshalb geeignet, für nächstes Begießen nur das Wasser zu benutzen.

Es gibt zwei Methoden, wie man Enzyme verwenden kann. Eine davon, ist die Zugabe in jedes Begießen während des ganzen Anbauzyklus. Die zweite Methode ist die Verwendung nur beim Durchspülen des Anbaumediums. In solchem Fall, begießt man einen Tag mit Wasser mit zugegebenen Enzymen. Den zweiten Tag nur mit sauberem Wasser mit geregeltem pH Wert.

TRICHODERMA

Schimmelpilz, der die Pflanze im Bereich des Wurzelsystems schützt und unterstützt. Trichoderma hält sich an Wurzeln fest und entnimmt ihnen manche Stoffe, die ihr das Leben ermöglichen. Als eine Gegenleistung schützt sie die Wurzeln vor Angriffen der anderen Parasiten und produziert eine Reihe von Enzymen und Vitamine, die den Wurzelnwuchs unterstützen.

Pflanzen, die mit Trichoderma behandelt wurden, sind widerstandsfähig gegen den Stress, der durch die Kälte und eine übermäßige, oder unzureichende Düngung hervorgerufen wurde. Trichoderma wird durch einzelnes Begießen angewendet. Das feine Pulver löst sich im Wasser auf und jede Pflanze bekommt die empfohlene Dosis. Der Schimmelpilz hält sich an den Wurzeln und vermehrt sich dann von selbst weiter. Dadurch wird ihre Anwesenheit während des ganzen Zyklus gesichert und diese

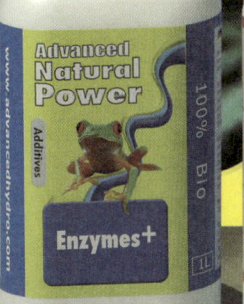

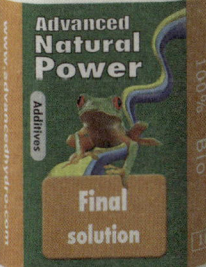

Anwendung muss dann nicht mehr wiederholt werden. Es wird empfohlen, die Trichoderma in der ersten oder zweiten Woche der Wuchsphase anzuwenden, sie kann in jedem Anbaumedium verwendet werden.

DARINA 4

Ein Extrakt aus Seesapropel, um manche Minerale bereichert. Der Extrakt enthält NPK und manche der Spurenelementen. Dieses Präparat beeinflusst positiv den Wuchs und die Blüte der Pflanzen und trägt zu einer guten Ernte bei. Darina 4 ist ein guter Helfer, vor allem bei der Beseitigung vom Stress und bei einem Präventivschutz vor Schimmel. Die Anwendung durch Sprühen in den ersten Tagen der Wuchsphase, unterstützt die Bildung von Chlorophyll und hilft den Pflanzen schnell zu wachsen. Darina 4 kann auch direkt in die Giesslösung zugegeben werden – man kann sie mit jedem Düngemittel zusammenmischen. Darina 4 kann durch Alga-press, oder Vita Star Präparate ersetzt werden.

BIO-ALGEN

Ein weiterer, absolut natürlicher Stoff, der aus Meeralgen gewonnen wird, unterstützt die Wurzelbildung und den einzelnen Pflanzenwuchs selbst. Dieses Präparat kann zu einer besseren Bewurzelung der Stecklinge benutzt werden. Seine optimale Verwendung ist im Bodensubstrat.

VITA RACE (PHYT-AMIN)

Ein Hormon, das den Wuchs und die Blüte unterstützt. Dieses Präparat würde ich jedem Grower empfehlen. Es unterstützt die Chlorophyllbildung und liefert den Pflanzen Aminosäure, Vitamine und Wuchs- und auch Blütehormonen. Wenn man viel Harz haben möchte, dann sollte man sich Phyt-Amin auf jeden Fall besorgen.

FISCH EMULSION

Die Fisch Emulsion schließt die Naturreihe der absolut natürlichen Produkte, die deutlich der Wuchs- und Blütephase aller Pflanzen beitragen.

Aufgrund des hohen Anteils an Phosphor und Kalium, hilft sie bei der Bildung von buschigen Blüten, bzw. eine effektivere Ernte zu erreichen.

H_2O_2 – WASSERSTOFFPEROXID

Ein 30 % Wasserstoffperoxid wird primär zur Reinigung des Bewässerungssystems verwendet. Sein weiterer Vorteil ist, dass er den Wurzeln eine größere Sauerstoffmenge liefert. Es ist aber sehr wichtig, die empfohlene Dosierung einzuhalten. Anderenfalls, ruiniert das Peroxid zuverlässig die ganze Ernte. Bei der Anwendung in der Nährstofflösung, bewährte sich die 5ml/10 L Dosis.

Wasserstoffperoxid kann die Zusammensetzung von BIO Düngemitteln und Ergänzungsmitteln beeinträchtigen. Wenn man Düngemittel, oder Ergänzungsmittel der Bezeichnung BIO verwendet, sollte man das Wasserstoffperoxid nie ins Giesswasser geben.

Die Menge an Unterstützungspräparaten nimmt ständig zu. Die oben genannten Präparate sind geprüft und haben sich exzellent erwiesen. Die Entwicklung auf dem Feld der Düngemittel und der Unterstützungspräparaten muss ständig verfolgt werden. Immer, wenn man sich entscheidet ein neues Präparat auszuprobieren, sollte man sich immer Informationen holen, die die Möglichkeiten der Kombination mit anderen, bisher verwendeten Düngemitteln und anderen Präparaten, die man gerade benutzt, enthalten. Die Dosierung der einzelnen Präparate ist vom Hersteller abhängig. Deshalb muss man die Anleitung sorgfältig lesen und sich an der empfohlenen Dosierung und der Art der Verwendung halten.

SCHUTZ UND HEILPRÄPARATE

Ihr seid nicht die einzigen, die den Geschmack der angebauten Pflanzen schätzen. Verschiedene Schädlinge, Krankheiten und Schimmelpilze, denen die angebaute Pflanze auch sehr schmeckt, werden euch die Ernte irgendwie zerstören. Diesen Parasiten wird wahrscheinlich auch kein Gärtner aus dem Weg gehen können. Vergesst bitte nicht, dass es besser ist, den Problemen vorzubeugen, als sie folgend lösen zu müssen. Deshalb, sollte man einen Präventivschutz verwenden und nicht warten, bis der Garten befallen wird.

GRUNDPRÄVENTIONEN VOR KRANKHEITEN UND SCHÄDLINGEN

Der Grundschritt, wie man das Vorkommen an Parasiten verhindert, ist eine sorgfältige Einhaltung der Sauberkeit im Growroom. Vor jeder Pflanzung ist der Growroom von allen möglichen Gefahrenquellen zu befreien:

- Alle **Pflanzenreste,** Staub und andere mechanische Verschmutzungen müssen aus dem Growroom beseitigt werden.
- Ein eventueller **Schimmel oder Moos,** der sich am Boden, oder an den Wänden befinden könnte muss auch beseitigt werden.
- Beseitigt werden müssen alle möglichen Mieter von der Anbaufläche, egal ob es sich um **Käfer, Fliegen, Ameisen, oder Mäuse usw. handelt.**
- Die **Aufmerksamkeit sollte man dem Bodensubstrat widmen** und sich überzeugen, dass darin keine Schädlingspopulation, oder ein unerwünschter Schimmel wohnt – den Grundschritt hat man bereits beim Kauf des Bodensubstrat gemacht, siehe Abschnitt Bodensubstrate – Kapitel – Grundanforderungen auf Bodensubstrate.
- Wenn man das Anbaumedium wiederholt benutzt, muss man das Medium aus den Töpfen in ein größeres Gefäß schütten und

kontrollieren, ob dort irgendwelche **Larven, Pilze oder andere unerwünschte Keime** anwesend sind – natürlich kann man alles mit dem blossen Auge nicht sehen, aber es wird wenigstens teilweise das Risiko an Vorkommen von einigen Lebewesen verringert.

- Den ganzen **Abfall** immer außerhalb des Growrooms sammeln.
- **Haustiere haben im Growroom einfach nichts zu suchen –** man sollte sie niemals da rein lassen, sie können ein gutes Verkehrsmittel für Schädlinge und verschiedene Pathogene sein.
- Den Schlauch, mit dem die Luft zugeführt wird, muss **mit einem Netz versehen werden (Strumpfhose usw.)**, es schützt vor dem Eindringen der Insekten von außen.
- Der Growroom muss regelmäßig **geputzt werden.**
- Man sollte immer **saubere Werkzeuge,** Messbecher und andere verwendete Mittel verwenden.
- Im Growroom sollte ein **Rauchverbot** herrschen, dadurch könnte der Staubgehalt steigen.
- **Man sollte** regelmäßig und sorgfältig den **Gesundheitszustand** der Pflanzen prüfen und, ob Schädlinge vorhanden sind.
- Man muss darauf achten, dass die Luft **in den und aus dem Growroom** nur durch, dazu bestimmte Öffnungen, fließt, die auch ausreichend gegen Schädlinge gesichert sind –der Eingang zum Growroom soll nur für nötige Zeit offen bleiben.

BIOPRÄPARATE

Die Biopräparate ist es am besten als Prävention zu verwenden. Ihre Heilwirkung ist nämlich gewöhnlich schwächer, als im Falle der chemischen Spritzmittel. Falls es also zu einem Kalamitätsangriff der Pflanzen vom Schimmel, Krankheiten, oder Schädlingen kommt, versagen die Biopräparate oft. Wichtig ist also, dass man die Pflanzen sorgfältig kontrolliert, damit man rechtzeitig und effektiv, mit Hilfe von Naturpräparaten eingreifen kann.

Man sollte versuchen nur solche Schutzpräparate zu verwenden, die 100% der Naturstoffe nutzen. So kommt es zu keiner Kontamination der Pflanzen durch unerwünschte Stoffe und Gifte. Naturpräparate nutzen nämlich natürliche Parasitenfeinde, oder bereiten ihnen mechanische Hindernisse. Biopräparate haben in der Regel keine Schutzfrist, die die nötige Zeit angibt, in der die Pflanze die im Präparat enthaltenen Stoffe abbauen soll. Dank dem, kann der biologische Schutz bis zum Tag der Ernte verwendet werden, ohne dass man riskiert, dass die geerntete Pflanze Giftreste, oder andere gefährliche Stoffe enthält.

Die Verwendung von Biopräparate zum Schutz der Pflanzen, ist immer besser, als die Verwendung von Chemie. Chemische Präparate belasten einigermaßen die Pflanze und beeinflussen negativ ihre Entwicklung. Auch wenn chemische Präparate auf Schädlinge und Krankheiten gerichtet sind, ist es aus der Praxis zu ersehen, dass die Biopräparate zu den Pflanzen freundlicher sind.

SCHIMMELPILZE DIE HELFEN

Manche Biopräparate nutzen verschiedene Schimmel- und Pilzarten, die Pflanzenteile bewohnen, ohne ihnen die nötigen Stoffe zu entnehmen. Im Gegenteil, sie leben mit der Pflanze in absoluter Symbiose. Schadpilze und Schimmel, haben somit an der Pflanze keinen Lebensraum mehr und können sich nicht mehr festhalten. Ein Beispiel für solches Präparat ist die Trichoderma, die im vorigen Abschnitt erwähnt wurde.

LEBENDE KÄMPFER

Heutzutage kann man auch Prädatoren besorgen, die sich die Schädlinge zum Futter machen. Diese Art vom Kampf gegen die ungeladenen Kostgänger, scheint absolut ideal zu sein. Man muss die Pflanzen weder besprühen, noch giesssen. Für spezifische Schädlinge gibt es auch immer spezifische Prädatoren, die man einfach in den Growroom reinlässt, oder sie dem Anbaumedium beifügt. Dann beobachtet man nur, wie Schädlinge von der Kämpfer Armee dezimiert werden. Allerdings, auch diese

Methode kann ihre Schwierigkeiten haben. Die Prädatoren benötigen zu ihren Leben, völlig spezifische Klimabedingungen. Wenn diese Bedingungen nicht erfüllt werden, sterben die Prädatoren aus und die Schädlinge können sich wieder vermehren und Kalamität verursachen. Ein weiterer Mangel ist der schwierigere Zugang zu den Prädatoren. Ab dem festgestellten Schädlingsvorkommen, können einige Tage vergehen, bis man die nötigen Prädatoren in der Hand hält. Während dieser Zeit kann sich die Reißteufel Population so verbreiten, dass die Prädatoren nicht mehr in der Lage werden, effektiv einzugreifen. Falls man also die präventive Nutzung von Prädatoren bedenkt, muss man auch wissen, dass sie ohne Nahrung (Schädlinge) schnell wieder aussterben werden

ACHTUNG AUF AMEISEN

Ameisen sind dadurch bekannt, dass sie die Läusezucht beherrschen. Falls sich Ameisen im Growroom verdächtig vermehren, erhöht sich die Wahrscheinlichkeit, dass sie bald auch ihre „Kühe" mitbringen – also die

Blattläuse. Dann werden sie an den Pflanzen parasitieren, wovon man leider selber keinen Vorteil hat, aber der Ameisenklan schon.

Wenn man also im Growroom Ameisen sieht, muss man sich unbedingt darum bemühen, sie zu beseitigen. Gewöhnlich gibt es effektive Fallen, die ein Gift enthalten. Die Ameise steigt in die Falle und nimmt das Gift in den Ameisenhaufen mit. Dadurch eliminiert man die Ameisen und man verhindert dazu auch noch, dass im Growroom eine Blattläusefarm errichtet wird.

BIO HAUSPRODUKTE

 In den früheren Zeiten, war es nicht einfach, natürliche Präparate für den Pflanzenschutz zu bekommen. Deshalb Produzierten die Bauern eigene. Seifenwasser, abgelaugter Tabak, Beifuß usw. Die Lauge enthält aber auch einige Stoffe, die für die Pflanzen toxisch sind. Bei einer falschen Konzentration kann man mehr Schaden anrichten als Profit machen. Also sollte man den Profis vertrauen und das wählen, was der Markt bietet. So vermeidet man unnötige Schwierigkeiten, die mit den Hauspräparaten verursacht werden könnten.

HANDLESE DER SCHÄDLINGE

Wenn man die Pflanzen sorgfältig kontrolliert, kann man die Schädlingsanwesenheit bereits im Frühstadium entdecken. Will man das chemische Besprühen vermeiden, dann kann man die mühsame, aber in der Anfangsphase effektive Methode der Handlese ausprobieren. Man befeuchtet ein Stück Watte mit sauberem Wasser und reibt dann die befallenen Stellen so, dass sich die Schädlinge und deren Larven in der Watte fangen. Dieser Vorgang muss jeden Tag ausgeführt werden, bis alle einzelnen Wesen ganz weg sind. Die, von Parasiten beschädigten Blätter müssen abgerissen und aus Growroom weggebracht werden.

Spülung mit Wasser

In der Anfangsphase des Angriffs, können die Pflanzen mit Wasser abgespült werden. Auf diese Weise „ertrinken" die Schadtiere. Zum Abspülen sollte lauwarmes Wasser benutzt werden, man sollte für die befallenen Stellen viel Wasser verwenden (die Düse der Spritzpistole kann in verschiedene Positionen eingestellt werden, die Menge und die Stromstärke regulieren). Das Abspülen sollte täglich durchgeführt werden, so lange bis die Schädlinge verschwinden und sollte nie beim direkten Lampenlicht durchgeführt werden, lieber etwas warten, bis die Lampen aus sind, oder man macht sie selber vor dem Abspülen aus.

Chemische Präparate zum Schutz der Pflanzen

Neben den Biopräparaten, gibt es auf dem Markt eine viel breitere Skala von Produkten, die chemische Verbindungen nutzen. Diese Produkte zeichnen sich durch eine perfekte Effektivität bei der Verwendung von einer relativ kleinen Wirkdosis aus. Sie können nach der Art der Effektivität geteilt werden:

- **Kontaktpräparate – sie** beseitigen den Schimmel, Pilz, Krankheiten und Schädlinge durch eine Berührung. Der aktive Wirkstoff tötet in dem Moment, in dem er mit seinem Ziel in Berührung kommt. Kontakte Pestizide können nach einigen Tagen von der Pflanze abgespült werden und somit kann die Anzahl der enthaltenen Stoffe, die in die Pflanze gelangt sind, gesenkt werden.
- **Systempräparate** – sie heilen die Krankheiten und den Schimmel, ausnahmsweise auch die Schädlinge. Die Besprühung wird durch die Pflanze absorbiert und gelangt in ihr *Blutkreislauf.* Dank dem, gelangt der Wirkstoff in alle Teile der Pflanze viel einfacher. Systempestizide bleiben in der Pflanze relativ lange und deren Abbau ist komplizierter, als bei den Kontaktpestiziden.

SYSTEMPESTIZIDE

 Wenn es nur ein wenig möglich ist, sollte man die chemischen Systempräparate vermeiden. Für die Lösung des gleichen Problems können oft sowohl die System-, als auch die Kontaktpräparate eingesetzt werden. Die Kontaktpräparate sind zu der Pflanze schonender und lassen sich leichter abspülen. Systempräparate bleiben im Gegenteil sehr lange in der Pflanze, und auch nach dem Ablauf der Schutzfrist kann man ihre Spuren an der Pflanze finden. **Die Schutzfrist** wird an jedem Präparat angegeben (Kontakt-, und auch Systempräparate). Ihre Länge zeigt eine Frist an, während der das Präparat auf der Pflanze wirkt. Geerntet werden sollte erst nach dem Verlauf der Schutzfrist, wenn die Konzentration ein Niveau erreicht hatte, das für die menschliche Gesundheit ungefährlich ist.

Ordnungshalber erklären wir uns noch einige Begriffe, den man beim Kauf der chemischen Präparate begegnen kann:

- **Fungiziden** – Präparate gegen Pilz- und Schimmelkrankheiten.
- **Insektiziden** – eine Bezeichnung für die Präparate, die zum Schutz vor Insekten, oder zu deren Bekämpfung dienen.
- **Akariziden** – ein Präparat zur Beseitigung von Milben (zum Beispiel Spinnmilbe).
- **Herbiziden** – ein Präparat zur Vernichtung von Pflanzen. Sie werden unterteilt auf selektive – beseitigen nur bestimmte Pflanzenarten und flächige – beseitigen alle Pflanzen.
- **Algiziden** – ein Präparat zur Vernichtung von Algen.
- **Rodentiziden** – Präparate zur Vernichtung von Nagetieren.

SCHÄDLINGE

Es gibt eine ganze Reihe von Schädlingen, die gern den schwer gezüchteten Bestand abfressen würden. **Sehr oft erscheinen sie an der unteren Seite der Blätter,** es ist also sehr schwer, sie zu entdecken, wenn man nicht gerade dort hinschaut. Noch komplizierter kann ihre Beseitigung werden. Allerdings gibt es für jedes Problem eine Lösung. Also sagen wir uns jetzt, welchen der Tieren man im Growroom meistens begegnen kann und wie man sie bekämpft.

SPINNMILBE (TETRANYCHIDAE)

Das am häufigsten befürchtete, oft im Growroom (aber auch im Garten) vorkommende Schädling ist zweifellos die Spinnmilbe. Diese, etwa halbmillimeterlangen, achtbeinigen Spinnen, können sehr schnell den ganzen Bestand vernichten. Am besten mögen sie ein warmes und trockenes Klima, in dem sie sich schnell vermehren. Bei Temperaturen über 30 °C, kann eine neue Generation von Spinnmilben in 3,5 Tagen entstehen. Jedes Weibchen legt während ihres Lebens bis zu 100 Eier. Es ist unglaublich, aber bei Temperaturen um die 30 °C, kann aus einer Spinnmilbe eine Population mit 13 Millionen Einzelwesen entstehen, und das während eines einzigen Monats. Bei niedrigerer Temperatur, um die 21 °C, ist es bloß ein Tausendstel, also 13 Tausend Einzelwesen in 30 Tagen.

WIE IST DIE SPINNMILBE ZU ERKENNEN

Weil Spinnmilben sehr klein sind, bemerkt man die ersten Einzelwesen, die den Growroom besiedeln, sehr schwer. Erstes Zeichnen ihrer Anwesenheit, ist durch die Beschädigung der unteren Blätter zu erkennen. Es

erscheinen helle Punkte und die Blätter sehen sprenkelig aus. Das wird durch das Aussaugen vom Saft aus den Blättern verursacht. Die Käfer bewegen sich gewöhnlich auf der unteren Seite der Blätter, also auf der Sichtseite sind sie nur selten zu sehen. Sobald man sprenkeliges Blatt sieht, muss man es abreissen und die untere Blattseite muss geprüft werden. Eine Lupe oder irgendein Mikroskop erleichtert die Forschung. Die Spinnmilbe ist durch an ihren acht Beinen zu erkennen – die meisten Schädlinge haben nur sechs Beine. Farbe der Spinnmilbe kann rot, braun, weiß, schwarz, oder hellgrün ausfallen. Ein klares Zeichen für das Spinnmilbenvorkommen sind feine, aber feste Spinnnetze (siehe Bild unten). In diesem Stadium wird ist die Menge der Spinnmilben schon groß genug, um sie zu erkennen.

PRÄVENTION

Außer den Grundvorsichtsmaßnahmen, können Pflanzen mit Biopräparaten präventiv behandelt werden, die dazu bestimmt sind. Die Präparate sollten zum Schutz oder der Beseitigung von Saug- und Fressinsekten bestimmt werden. Für alle Präparate nennen wir zum Beispiel Diamond Shield (BioProtect) und Biool.

BESEITIGUNG

Biologische Beseitigung:

- Spruzit Schädlingsfrei von der Firma Neudorff, Diamond Shied (BioProtect) von der Firma Plagron.
- Phytoseilus persimilis – eine Raubmilbe, die Spinnmilben frisst.

Die Biopräparate und die Raubmilben helfen effektiv in den Anfangsphasen des Befalls, allerdings bei einem Kalamitätszustand bleibt nichts anderes übrig, als nach der Chemie zu greifen.

Chemische Beseitigung:

- Spinnmilbenspray, Spinnmilberfrei Envidor von der Firma Bayer.

Bei der Wahl von chemischen Präparaten sollte die Schutzfrist beachtet werden. Die muss immer kürzer sein, als die Frist, die von der Behandlung bis zur Ernte abläuft.

TRAUERMÜCKE (SCIARIDAE)

Trauermücken erscheinen oft in den gekauften Bodensubstraten in Form von Larven, die unermüdlich das Wurzelsystem der Pflanzen

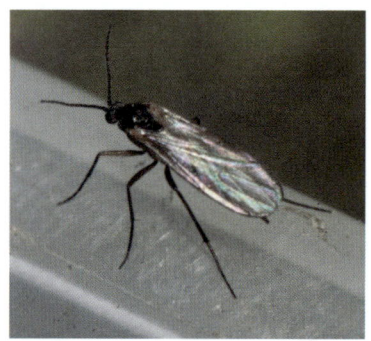

abfressen. Dadurch, dass sie in diesem Stadium im Substrat leben, sind sie schwer zu entdecken. Zum Glück wird aus der Larve eine Mücke, die ins Substrat nur aufgrund des wiederholten Eier Legens zurückkehrt, wodurch die nächste Generation von heimtückischen Larven entsteht. Erwachsene Mücken haben durchsichtige Flügel und werden 2 – 4 mm groß. Ihre Farbe ist schwarz bis schwarzgrau.

DAS ENTDECKEN DER TRAUERMÜCKEN

Das oben beschriebene Insekt kann seine Anwesenheit im Growroom erfolgreich lange geheim halten. Die Mücken fliegen nicht ununterbrochen – man muss sie nicht sehen – trotzdem können sie dort sein. Die einfachste Art über die Kontrolle sind gelbe Klebeplatten. Sobald sich die Mücke daran setzt, bleibt sie festkleben. Man sieht dann, ob sich etwas im Kleber gefangen hatte. Wenn man die Trauermücke sieht (oder einen anderen Insekten), kann man sofort eingreifen. Die Klebeplatten sind ein guter Helfer, denn sie bieten eine Identifizierung des Schädlings – und man kann sie detailliert unter die Lupe nehmen. Die Anwesenheit der Trauermücken erkennt man auch nach dem, dass die Blätter der Pflanzen von den Rändern trocknen. Das wird dadurch verursacht, dass die Larven der Trauermücken die Wurzeln fressen und die Pflanzen bekommen nicht alle nötigen Nährstoffe. Ganz neue Blätter betrifft es nicht. Mit dem Klopfen auf einen Topf, oder auf ein anderes Anbaugefäß, kann man die Bewegung der Mücken auf der Fläche des Anbaumediums erblicken.

BESEITIGUNG DER TRAUERMÜCKEN

Das Beseitigen der erwachsene Mücken, kann man gerade mit Hilfe der Klebeplatten schaffen. Es ist allerdings mehr oder weniger überflüssig. Man muss sich auf die Larven konzentrieren, sonst vermehren sich die Mücken ständig und alle zu fangen, ist unmöglich. Wenn es allerding gelingt, die Larven zu eliminieren, beseitigt man die ganze Population. **Während und nach der Beseitigung der Trauermücken wird empfohlen, einen Wurzelstimulator für eine schnelle Erneuerung des Wurzelsystems zu verwenden.**

Biologischer Eingriff:

- Absolut zuverlässig ist der parasitische Fadenwurm Steinernema feltiae, der sich im Wasser auflöst, mit dem jede Pflanze begossen wird. Dieser Wurm befällt direkt die Larven der Trauermücken und lässt sie keine Eier legen und nicht erwachsen werden. Der Fadenwurm schadet den Pflanzen nicht, sobald er kein Futter mehr hat, verschwindet er einfach. **Aus dem Grund kann er als Prävention verwendet werden.** Falls sich die Larven der Trauermücken im Anbaumedium befinden, dann wird sie der Fadenwurm beseitigen. Zur Erhöhung der Effektivität sollte man mit Klebeplatten ergänzen, die die bereits ausgewachsenen Mücken anfangen.

Chemische Beseitigung:

- System Insektizid Schädlingsfrei CAREO Combi-Granulat vernichtet die Larven zuverlässig und wirkt langfristig. Seine Verwendung eignet sich vor allem für die Mutterpflanzen.

- Calypso – es genügt dieses Präparat im Wasser im Verhältniss 0,9 ml/1 L Wasser aufzulösen und mit ca. 100 ml Lösung auf 1 L das Anbaumedium angießen.

BLATTLÄUSE (APHIDIDAE)

Läuse sind eine sehr resistente Schädlingart, die nicht einfach beseitigt werden kann. Nach dem Schlüpfen haben die Blattläuse (genauer ihre Nymphen) Flügel, die nach einer kurzen Zeit abfallen und aus Nymphe wird ein erwachsenes Weibchen, das ohne zu befruchtet werden weitere Eier legen kann. Aufgrund dessen, nimmt die Population sehr schnell zu. Uninteressant ist noch nicht einmal das, dass wenn es zur Übermehrung kommt, wachsen den Weibchen neue Flügel nach, damit sie einen neuen Ort besiedeln können. Die Blattläuse gehören zu Saugschädlingen, die der Pflanze den Saft absaugen und ihr die wertvolle Nahrung entnehmen und schwächen sie generell. Die Blätter verlieren dann ihre Farbe, vergehen und wenn sie trocken sind, fallen sie ab.

DAS ENTDECKEN DER BLATTLÄUSE

Blattläuse sind etwas größer als Trauermücken (1 – 3 mm), nichtsdestotrotz durch ihre hellgrüne Farbe werden sie nur schwer sichtbar (die Farbe ändert sich abhängig von der Temperatur, man kann auch gelbe, gelbgrüne, rosa und schwarze Blattäuse sehen). Aber zuverlässig kann man sie an folgenden Merkmalen identifizieren -an der Birnenform ihres Körpers, langen Fühlern und dem Zipfel am Hintern, der wie ein kleiner Schwanz aussieht und dieselbe Farbe hat, wie der Körper. Blattläuse können dünne durchsichtige Flügel haben, allerdings leben sie die meiste Zeit als flügellose Insekte. Blattläuse bewegen sich auf sechs Beinen, wodurch man sich einfach von der Trauermücke unterscheiden kann. Sie hinterlässt eine Spur in Form von eigenem Mist, was ein klebriger Saft ist, der mit der Zeit dunkel wird.

PRÄVENTION

Die Präventivmaßnahmen gegen das Blattläusevorkommen sind gleich, wie bei den den Spinnmilben.

BESEITIGUNG DER BLATTLÄUSE

Biologische Beseitigung:

- Wieder die Präparate von der Firma Neudorff oder Diamond Shied (BioProtect);
- Aphidius Colemani – eine kompromislosse parasitische Wespe, die allerding das richtige Klima braucht.

Chemische Beseitigung:

- Absolut zuverlässig ist Mospilan.

MOTTENSCHILDLÄUSE (ALEYRODIDAE)

In der Regel gibt es Gewächshaus- Mottenschildläuse und Tabak- Mottenschildläuse. Die erwachsene Mottenschildläuse legen Eier auf die untere Seite der Blätter, und zwar zig bis hunderte Stück auf ein Weibchen. Ausgeschlüpfte Larven fangen sofort an, den Saft aus den Blättern zu saugen. Außer dieser parasitischen Tätigkeit, gehören Mottenschild-

läuse zu bekannten Virenkrankheitsträgern – also vorsicht.

← *Gewächshaus-* **Mottenschildläuse.** *Autor des Photos:* **Miroslav Deml.**

WIE ERKENNT MAN MOTTENSCHILDLÄUSE

Eine erwachse Mottenschildlaus ist etwas 2 mm große schneeweisse Mücke. Im Verhältnis zu den anderen erwähnten Schädlingen ist Mottenschildlaus ein guter Flieger, woran man sie auch gut identifizieren kann. Die Larven sind oval und befinden sich, wie es bereits gesagt wurde, an der unteren Seite der Blätter. Ein guter Helfer zur Entdeckung ihrer Anwesenheit, sind wieder die Klebeplatten.

PRÄVENTION

Gleich, wie bei den Spinnmilben.

BESEITIGUNG DER MOTTENSCHILDLÄUSE
Biologische Beseitigung:

- Hier kann wieder Diamond Shield (BioProtect), oder ein Präparat für Mottenschildläuse von der Firma Neudorff;
- Encarsia formosa – parasitische Wespen, die in die Larven eigene Eier legen, aus den dann weitere Wespengeneration ausschlüpft – diese arbeiten dann weiter an Vernichtung der Mottenschildläusen.

Chemische Beseitigung:

- Calypso.

THRIPIDAE – FRANSENFLÜGLER

Ein weiteres Sauginsekt, das der Pflanze Nahrung entnimmt und somit viele Hindernisse für eine erfolgreiche Ernte bereitet. Genau wie die Mottenschildläuse, sind Fransenflügler ein gefährlicher Träger von Virenerkrankungen für die Pflanzen.

WIE ERKENNT MAN FRANSENFLÜGLER

Der Name Fransenflügler geht auf die ausgeprägten Fransensäume an den Flügelrändern der Tiere zurück. Die Farbe unterscheidet sich nach ihrer Art. Am meisten kommen Glashaus-Fransenflügler vor, die einen dunkelbraunen Körper haben. Wenn es gelingt, ihren Bauch zu sehen, entdeckt man dort weiße Punkte. Zuverlässig kann man sie an den charakteristischen Härchen auf den Flügeln erkennen. Die Folgen ihrer Tätigkeit sind silbrige Pünktchen, die durch ein besonderes Saftsaugen aus den Blättern, verursacht werden. Dabei pressen sie Luft in das Blatt ein– aus dem Grund bilden sich am Blatt solche Punkte. Fransenflügler können auch an blauen Klebeplatten gefangen werden, wo sie dann leicht zu erkennen sind.

← *Thripidae braun-*
beinig, *Autor des Fotos:*
Miroslav Deml.

PRÄVENTION

Wieder, bleibt nichts anderes übrig, als regelmäßig ihre Anwesenheit zu prüfen und Diamond Shield (BioProtect), Biool oder eins der Präparate von der Firma Neudorff zu verwenden.

BESEITIGUNG DER THRIPIDAE

Biologischer Eingriff:

- Wie gewöhnlich, Diamond Shield (BioProtect), Spruzit Schäd-lingsfrei oder Neudosan (Firma Neudorff);
- Amblyseius cucumeris – Raubmilbe, eine Raubmilbe die die Larven der Thripidae auffrisst;
- Blaue Klebeplatten, die zur zuverlässigen Identifikation dienen, allerdings, die Herstellerbehauptung, dass man mit der Klebeplatte die Thripidae vernichten kann, sollte man für einen kleinen Witz halten.

Der Fransenflügler ist ein sehr resistentes Insekt und oft bleibt nichts anderes übrig, als nach erprobten chemischen Präparaten zu greifen. Es muss noch einmal wiederholt werden, dass ein rechtzeitiger Eingriff der Grundstein jedes Erfolgs im Kampf gegen die Schädlinge ist.

Chemische Präparate:

- Vertimec.

BEHANDLUNG MIT SPRÜHMITTELN

Eine Behandlung der Pflanzen, egal ob mit biologischen, oder chemischen Sprühmitteln, muss direkt vor dem Ausschalten der Lampen ausgeführt werden. Wenn man die Pflanzen während des vollen Lichts besprüht, kommt es zu Verbrennung der Blätter und der Blüten in Folge der Flüssigkeit an den Blättern und der Intensivwirkung vom Licht. Das gleiche Prinzip gilt bei der Anwendung von allen Sprühmitteln, also auch bei Düngemitteln und Unterstützungspräparaten.

Während des Besprühens müssen alle Pflanzen komplett behandelt werden. Dass heiß, dass sie so gründlich besprüht werden müssen, dass sie ganz nass werden. Die unteren Seiten der Blätter werden häufig als Zuflucht für Parasiten benutzt, deshalb müssen sie von allen Seiten besprüht werden. Bei den Biopräparaten ist die Sprühmenge noch wichtiger als bei den chemischen Präparaten. Naturprodukte enthalten nämlich weniger aggressive Wirkstoffe und deshalb muss die Behandlung sorgfältiger durchgeführt werden.

MEHR SCHÄDLINGSARTEN AUF EINMAL

Es kann passieren, dass man mehrere Schädlingsarten an den Pflanzen entdeckt. Diese Situation kann vor allem in größeren Growrooms auftreten. Außergewöhnlich ist die Situation aber auch nicht in kleineren Growrooms, wenn es eine Kombination von Erdschädlingen und fressgierigen Insekten gibt.

Wenn man mehrere Schädlingsarten beseitigen muss muss man ein Präparat verwenden, das breitspektral wirkt – also bei mehreren Arten gleichzeitig. Bei den erwähnten Schädlingen werden auch die Beseitigungsarten genannt. Falls bei zwei Arten, die man im Growroom entdeckt hat, das gleiche Beseitigungspräparat angegeben wurde, dann hat man gewonnen. Allerdings, falls zwei Präparate verwendet werden sollen, sollte man lieber ein anderes aussuchen, das auch bei mehreren Arten wirkt. In diesem Fall kann z.B. das Präparat Talstar10 EC, Calypso, Karate usw. verwendet werden.

EIN WEITERES INSEKT

Schmetterlinge und andere fliegende Mieter (außer der, mit Absicht eingesetzten Prädatoren), stellen immer eine Gefahr für die Pflanzen dar. Schmetterlinge legen Eier, aus denen Raupen wachsen. Die kann man mit ein wenig Fleiß per Hand sammeln. Ein Schmetterlingsartiges Insekt kommt nur selten in einer Vielzahl vor, das heißt, dass man das Einzelwesen unbedingt fangen und beseitigen muss. Falls man ein Problem mit den fliegenden Insekten hat sollte man Fliegenfänger installieren und prüfen, ob das erwachsene Einzelwesen bereits Eier gelegt hatte und einen eventuellen Befund einfach beseitigen.

KRANKHEITEN

Genau wie die Menschen, müssen auch die Pflanzen mit Krankheiten kämpfen. Allerdings der einzige zugängliche Arzt im Growroom ist man selber. Aus dem Grund müssen die Pflanzen ständig kontrolliert werden und es müssen Präventivmaßnahmen eingehalten werden, die im Abschnitt Schutz- und Heilpräparate genannt wurden.

PILZKRANKHEITEN

Die häufigsten Erkrankungen, die bei Pflanzen vorkommen können, sind die Pilze bzw. der Schimmel. Der Grund ist simpel – diese Parasiten benötigen für ihr Leben viel Wärme und Feuchtigkeit, wovon sie im Growroom genug haben. Der beste Schutz gegen Pilzerkrankungen ist die Prävention, denn die Behandlung ist gewöhnlich mit chemischen Präparaten verbunden. Damit die Begriffe völlig klar erklärt werden können, muss man noch bemerken, dass die Pilzerkrankungen ein Synonym für den Schimmel ist. Pilz = Schimmel.

> ### EINFLUSS DER PILZERKRANKUNGEN AUF DEN WUCHS
> Die Pilzerkrankungen verlangsamen deutlich die Entwicklung der Pflanzen, weil sie oft das Wurzel- und Gefäßsystem befallen. Falls es zum Befall kommt, sollte man keine wertvolle Zeit verlieren. Rekonvaleszenz der Pflanzen nimmt 7 – 10 Tage in Anspruch. Achtet deshalb auf die maximal mögliche Prävention vor diesen Parasiten. Nur so, kann eine optimale Qualität der Ernte und eine reiche Ernte erreicht werden.

GRUNDPRÄVENTION VOR PILZKRANKHEITEN

- Rechtzeitige und regelmäßige Anwendung der empfohlenen Präventionspräparate.

- Sorgfältige Dosierung der Begiessung – zu viel Wasser im Anbaumedium unterstützt die Schimmelbildung deutlich.
- Sicherung des vollkommenen Wasserablaufs aus dem Anbaumedium – Drainageschicht am Boden.
- Aktive Feuchtigkeitssenkung während der letzten vier Wochen der Blütephase. Behandlung durch germizides Licht, siehe unten.

GERMIZIDES LICHT – UV-C

Eine wirksame Prävention gegen Pilzerkrankungen, ist die Nutzung von UV Strahlung Typ C (Wellenlänge etwa 200 – 280 Nanometer). Diese Lampen können Schimmel auch töten, allerdings ist es besser sie präventiv zu nutzen. Zudem verstärkt die germizide Strahlung die Wiederstandsfähigkeit der Pflanzen und unterstützt damit ihr vitales Wachstum. Eine wichtige Bedingung für die effiziente Nutzung von germizider Strahlung, ist die Einhaltung des richtigen Abstands zwischen der Pflanze und der Lampe, und auch die Dauer der Bestrahlung, der die Pflanzen ausgesetzt werden. Eine zu lange Zeit könnte auch das Pflanzengewebe zerstören, im Gegenteil eine zu kurze Zeit hätte auf den Schimmel keine ausreichende Wirkung. Germizide Strahlung ist geeignet als Prävention und zur Behandlung von allen Schimmelarten, die sich auf den Pflanzen bilden können. Beim grauen Schimmel in Blüten ist die

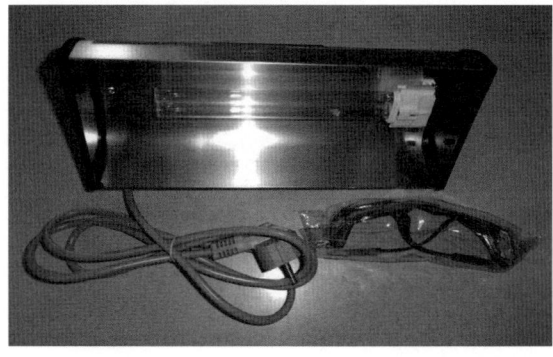

← **CleanLight Hobby Unit** – www. cleanlight.nl

Prävention unentbehrlich, denn beim massiven Befall kann noch nicht einmal die germizide Strahlung helfen. Wie man sich vor dem grauen Schimmel schützen kann, wird weiter beschrieben.

Germizide Lampen können auf dem Markt problemlos gekauft werden. Man kann sich entweder alle Teile einzeln besorgen (Lampe, Starter, Reflektor und Dimmer), oder man nutzt die schon fertigen Systeme, die nur in die Steckdose gesteckt werden müssen und die Pflanzen werden per Hand behandelt. Germizide Fertigsysteme werden z.B. von der holländischen Firma CleanLight hergestellt.

ANWENDUNG DER GERMIZIDEN BELEUCHTUNG

Die Behandlung der Pflanzen durch germizide Strahlung wird einmal in 24 Stunden durchgeführt. Pflanzen, die innen gezüchtet werden, sollen der Strahlung für 2 – 5 Sekunden, in einer Entfernung von 8 –
10 cm ausgesetzt werden. Pflanzen, die draussen gezüchtet werden, sollen für 5 – 10 Sekunden bestrahlt werden. Falls man sich ein Fertigsystem besorgt, sollte man sich nach den Herstellerempfehlungen richten. Vergesst bitte nicht, die Strahlung ist auch für den Menschen schädlich, und deshalb muss eine Brille gegen UV-C Strahlung und Schutzhandschuhe getragen werden. So wird man zuverlässig und gut geschützt.

PYTHIUM UND PHYTOPHTORA

Pilzorganismen, von denen manche Pflanzenerkrankungen verursachen. Manche Phytium Arten sind im Gegenteil für die Pflanze nützlich. Zum Beispiel Pythium oligandrum Drechsler (ein Wirkstoff des Präparats Polyversum). Pythium und Phytophtora befinden sich oft im Bodensubstrat und befallen fast alle Pflanzenarten.

Die häufigsten Arten

- Phytophtora infestans (Kartoffelschimmel);
- Phytophtora ultimum;
- Pythium debaryanum.

IDENTIFIZIERUNG

Pythium und Phytophtora befallen die Blätter und das Wurzelsystem der Pflanzen, wodurch der Prozess wesentlich beschädigt wird, der mit Wasser- und Nährstoffabsorption verbunden ist. Die Wurzeln werden braun und sehr zerbrechlich. Die Pflanze fängt an von den unteren, jüngsten Partien zu welken. Oft sind gesenkte Blätter, vor allem am Anfang des Lichtzyklus zu sehen.

Beim Befall der Blätter mit Kartoffelpilzen (die beim **Hanf häufiger vorkommt**), bilden sich braune Flecken, die sich von Rändern, oder von den Blätterspitzen weiter verbreiten. Blätter der befallenen Pflanzen sterben stufenweise ab. Die Flecken sind unregelmäßig, was die Identifizierung des Problems wesentlich erleichtert.

PRÄVENTION

Die beste Prävention ist die Saatgut Beize und die Behandlung der Pflanzen während des Umtopfens.

- **Proplant – Saatgut Beize**, oder ein Eintauchen der Wurzeln während des Umtopfens. Beim Eintauchen sollte man eine Lösung verwenden, die nach der Anleitung für Umtopfen, oder für das Eintauchen von Wurzeln gemischt wurde. Nach dem Eintauchen sofort einpflanzen.
- **Trichoderma** – ein Raubpilz, der durch das Angießen geliefert wird. Dieser Pilz, bildet seine eigene Kolonie am Wuzelsystem, die der Pflanze zugutekommt und schütz sie vor dem Befall von anderen Pilzen.

BEHANDLUNG

Beim Angriff an Blättern ist es am besten, Präparate auf Kupferbasis zu verwenden, die durch den Kontakt funktionieren - der Pilz wird durch den Kontakt mit dem Präparat beseitigt. Kontakt-Fungizide haben den Vorteil, dass sie nicht in der einzelnen Pflanze, sondern nur auf ihrer Oberfläche wirken.

- Kuprikol – ein geprüftes Kupfer Präparat – Kontakt Fungizid.
- Novozir oder Dithane – Kontakt Kupferfungizid.
- Acrobat – leider enthält dieses Präparat einen Systemwirkstoff, der in der Pflanze einige Zeit bleibt.

Beim **Wurzelbefall** ist nur eine chemische Behandlung möglich, und deshalb sollte der Prävention eine erhöhte Aufmerksamkeit gewidmet werden. Falls die Pflanzen doch vom Phytium oder Phytophtora befallen werden, verwendet am besten:

- Gemüse-Pilzfrei Infinito von der Firma Bayer

Beim Wurzelbefall ist es geeignet, wenn man ins Angießen, einen Wurzelstimulator zur Unterstützung ihrer schnelleren Erneuerung zugibt.

FUSARIUM

Diese Gattung von Pilzorganismen befällt junge und auch erwachsene Pflanzen. Beim Indooranbau begegnen dem Fusarium meistens die Grower, die aus Klonen züchten. Fusarium fühlt sich wohl, wenn die Pflanzen sehr nah nebeneinander stehen und die Feuchtigkeit ein hohes Niveau erreicht. Diese Situation kommt meistens in Gewachshäusern und Propagatoren vor. Fusarium erscheint öfters beim Anbau in den Bodensubstraten, als in der Hydroponic, denn diese Pathogene haben in der Erde viel bessere Bedingungen zum Leben.

WIE ERKENNT MAN FUSARIUM

Bei jungen, frisch gesprossenen Pflanzen, befällt Fusarium gewöhnlich die Stängel und verursacht ihr Abfallen. Unmittelbar über dem Anbaumedium wird der Stängel braun und verfault. In diesem Fall, ist die Pflanze verloren, denn eine effektive Behandlung ist in diesem Stadium nicht mehr möglich. Bei erwachsenen Pflanzen erscheinen an den Blättern und Stängeln rostbraune Flecken und die befallenen Teile der Pflanze werden trocken.

Fusarium befällt auch das Wurzelsystem. Falls es dazu kommt, trocknen die Wurzeln und die Pflanze welkt – stirbt.

PRÄVENTION

Falls ich ständig wiederhole, dass man den Problemen lieber vorbeugen soll, als sie zu lösen, dann kann man glauben, dass es bei Fusarium doppelt gilt.

- Wenn man aus Samen züchtet, kann der primäre Schutz die Beize mit dem Präparat Polyversum sein. Es handelt sich um ein mikrobakterielles Fungizid Präparat, das vollkommen biologisch ist.
- Eine weitere Lösung ist das Präparat Supresivit, das auch für Samen Beize verwendet werden kann. Im Grunde, handelt es sich um einen Raubpilz (Trichoderma harzianum Rifai aggr.), der das, für die Pflanze schädliche Pilzvorkommen, verhindert.
- Beim Anbau aus Klonen, kann wieder Polyversum oder Supresivit verwendet werden, und zwar in Form des Angießens, oder durch die Zugabe ins Anbaumedium, oder durch das Eintauchen der Wurzeln während des Umtopfens.

FUSARIUM BEHANDLUNG

Bei jungen Pflanzen ist eine Behandlung praktisch ausgeschlossen. Wenn man Fusarium bei erwachsenen Pflanzen entdeckt, bleibt nichts anderes übrig, als die Verwendung von System Fungiziden zum Beispiel Topsin M 500SL. Ebenso gut kann Supresivit oder Polyversum verwendet werden, allerdings beträgt die Heilwirkung gegenüber dem Fusarium nur etwa 10 %.

Beim Wurzelbefall ist es am geeignet, wenn man ins Angießen ein Wurzelstimulator zur Unterstützung ihrer schnelleren Erneuerung zugibt.

GRAUSCHIMMELFÄULE (BOTRITIS CINEREA)

Genau wie die andere erwähnten Pilze, liebt auch Grauschimmelfäule die Feuchtigkeit. Bei Hanf erscheint dieser meistens in der Blütephase.

IDENTIFIZIERUNG

Auf dem unteren Drittel des Stängels erscheinen helle, graue Flecken, die nach und nach haarig werden. In Folge dessen, welkt und stirbt die Pflanze.

Beim Indooranbau trifft man den Schimmel an einer ganz anderen Stelle und zwar an den Blüten. Hier können große Verluste verursacht werden, denn der Schimmel kann die ganze Blüte vom Stängel ab ruinieren. Das passiert uns allerdings nicht:

- Erste Merkmale des Schimmels an Blüten, sind kleine trocknende, aus dem Kolben rauswachsende Blätter.
- Um den Schimmel zu entdecken, muss bei der Kontrolle, der Kolben geöffnet werden.
- Der Schimmel wird auch durch einen spezifischen Staub verraten, den man beim Riechen an der Blüte mitkriegt.
- Vor der Verbreitung erscheinen kleine graue Fäden an den Blüten.

PRÄVENTION

- In diesem Fall ist die wichtigste Prävention die **Senkung der relativen Luftfeuchtigkeit**, in finalen 4 Wochen der Blütephase, optimal auf 40 % bis maximal 60 %.
- Regelmäßiges Besprühen mit einem voll Naturprodukt **Bud Rot Stop,** in Intervallen 5 – 7 Tage und das während des letzten Monats vor der Ernte. Das Sprühen kann bis zum Schluss erfolgen. Man sollte hauptsächlich darauf achten, dass das Sprühmittel hauptsächlich in die Kolben gelangt. Nach der Behandlung müssen alle Pflanzen ganz nass sein. Hoffentlich muss hier nicht mehr erwähnt werden, dass man das Sprühen unmittelbar vor, oder direkt nach Ausschalten der Lampen, ausführen muss.

HEILUNG VOM GRAUSCHIMMELFÄULE

- Sobald man einen befallenen Kolben, oder einen Teil, entdeckt, muss man es sofort beseitigen und verwendet bitte Bud Rot Stop an.
- Bei einem Kalamitätsbefall, bleibt nichts anderes übrig, als frühzeitig alle befallenen Blüten zu „pflücken".

SCHIMMEL NACH DER ERNTE

 Selbst nach der Ernte hat man nicht gewonnen. Falls keine richtigen Bedingungen zum Trocknen, oder Lagern der Kräuter geschaffen werden, kann der Schimmel wieder auftreten. Auch das geerntete Material muss kontrolliert werden und es muss hauptsächlich in erprobten Bedingungen getrocknet werden. Die Einzelheiten werdet ihr im Kapitel Nach der Ernte erfahren.

WEITERE ERKRANKUNGEN

In vorigen Absätzen haben wir Erkrankungen erwähnt, die am häufigsten vorkommen können und das man etwas dagegen tun kann. An der Hanfpflanze treten aber auch noch verschiedene andere Blattflecken auf. Ihre Bedeutung ist aus der Sicht des Auftreten geringfügig und die Wahrscheinlichkeit, dass man ihnen begegnet, ist sehr gering.

ERKRANKUNGEN VERSUS MANGEL/ÜBERFLUSS AN NÄHRSTOFFEN

Die Auswirkungen eines Mangels, oder Überflusses an Nährstoffen oder am Wasser, sind oft den Auswirkungen der Erkrankungen, sehr ähnlich. Das Identifizieren der tatsächlichen Ursache vom schlechten Zustand der Pflanze, ist oft sehr schwierig. Vor der Verwendung von Präparaten zur Beseitigung des entstandenen Problems, prüft man lieber mehrmals, ob das Problem nicht durch eine übermäßige Feuchtigkeit im Anbaumedium, oder eine falsche Düngung verursacht wurde (durch die Kontrolle der EC und pH Werte der Lösung und des Anbaumedium). Erst nach dem Ausschluss dieser Mängel können die Behandlungspräparate angewendet werden. **Prävention ist immer das Beste!**

GENETISCHE MÄNGEL

Mit dieser Art von einem Problem, ist gar nichts zu machen. Die Auswirkungen sind unterschiedlich, allerdings treten sie in der Regel, nicht bei allen Pflanzen auf. Zu den häufigsten genetischen Mängeln gehört:

- Hermafroditismus (Bildung von Blüten beider Geschlechte);
- Durchwachsen der Blüten (bei manchen Sorten ist es kein Fehler);
- Zwergwuchs (kann auch durch falsche Düngung oder Bewässerung verursacht werden).

ANBAU – EINLEITUNG

„Wieviele Kirschen, soviele Sauerkirschen – wieviele Grower, soviele Meinungen". Jeder der mit dem Anbau unter dem Kunstlicht Erfahrungen hat, der weiß, dass sich die Anbauvorgänge in bestimmten Sichten, von Grower zu Grower, unterscheiden. Das Ziel ist allerdings für alle gleich – die reichste und geschmackvollste Ernte zu züchten.

Als Informationsquelle dienten diesem Abschnitt „Anbau", die vielen Erfahrungen von einigen Growern. Aber auch trotzdem kann man an bestimmte Passagen und Behauptungen stoßen, die nicht genau mit euren Erfahrungen und Meinungen, oder mit den Meinungen von euren Freunden, übereinstimmen. Das heißt allerdings nicht, dass die beschriebenen Vorgänge kein Weg zu unserem gemeinsamen Ziel sind. Im Gegenteil. Alle, auf den folgenden Seiten beschriebenen Schritte und Methoden, sind durch Praxis erprobt.

Ich bin überzeugt, dass jeder in den folgenden Kapiteln, viele nützliche Tipps findet und der Inhalt wird auch helfen, unnötige Fehler und Zögerungen zu vermeiden. Hier erfährt man den kompletten Anbauvorgang von kleinen Samen an, bis zu großen, schweren Früchten.

WIE KOMMT MAN ZUR ERWARTETEN ERNTE

Ziel von jedem Grower, ist eine reiche und hochwertige Ernte zu erzielen. Wenn man glaubt, dass die wichtigsten Voraussetzungen für das Erreichen - das teuerste Leuchtmittel, das vollautomatische Belüftungssystem, oder eine Überdüngung der Pflanzen sind, dann kann man ruhig glauben, dass das Geheimnis, ganz wo anders steckt. Wenn die folgenden Ansprüche nicht erfüllt werden, dann wird jeder Betrag, der für die Ausrüstung ausgegeben wurde, völlig umsonst. Wenn man aber diese Ansprüche erfüllt, dann können nur ein paar Töpfe, Lampen und eine Kanne zur Bewässerung genügen.

7 SCHRITTE ZU EINER ERFOLGREICHEN ERNTE

1. Gute genetische Ausstattung und guter Zustand der Samen oder der Klone.
2. Richtig ausgesuchte Beleuchtung und deren richtige Entfernung von den Pflanzen.
3. Optimales Klima – Temperatur, Feuchtigkeit, CO_2, Sauerstoff.
4. Richtige Bewässerung.
5. Ausgeglichenes Verhältnis der Nährstoffe – hochwertige Düngemittel, pH Wert, EC Wert.
6. Hochwertiges Anbaumedium, das der gewählten Anbauart entspricht.
7. **Richtige Bewurzelung** der Klone oder der Stecklinge vor Einpflanzen im System.

BEVOR MAN BEGINNT

Bevor man mit dem Anbau beginnt, muss der Growroom sorgfältig vorbereitet werden. Das heißt:

- Eingehängte und überprüfte Lampen, installierte und funktionsfähige Ventilatoren, Behälter für die Nährstofflösung an ihrer Stelle, verteilte Hygrometer, Thermometer, angeschlossene Heizung, Befeuchter, Klimaanlage usw.
- Angeschlossenes und überprüftes automatisches Bewässerungssystem (falls man es hat).
- Man muss messen, wieviel Nährstofflösung/Wasser, aus einer Kapillare, oder einer anderen Bewässerungseinheit, in einer Minute, herausfliesst – das ist oft brauchbar bei der Einstellung der Bewässerung.

- Vorbereitete Anbaugefäße mit dem gewählten Anbaumedium vollgefüllt.
- Nötige Düngemittel und Präparate zum Schutz der Pflanzen.

Wenn man sich nicht gut vorbereitet, kann man in eine Situation geraten, dass wenn das Klone oder angekeimte Samen bereits gepflanzt werden müssen und man stellt dann fest, dass plötzlich die Lampe nicht leuchtet, die Heizung nicht funktioniert, oder ähnliche Lappalien.

DAS BEWÄSSERUNGSSYSTEM

Es ist sehr wichtig das Bewässerungssystem zu prüfen bevor man die Pflanzen in die Anbaugefäße steckt. Durch das Testen des Bewässerungssystems bei schon eingepflanzten Pflanzen, könnte es leicht zu einer Übergießung kommen noch bevor man die Zeitschaltuhr überhaupt einstellen kann. Kontrolliert vor allem:

- Ob die Pumpe abhängig von der Zeitschaltuhr, ein- und ausschaltet.
- Dichtheit des ganzen Systems – eventueller Wasserschwund/Nährstofflösung – müssen abgedichtet werden.
- Es muss festgestellt werden , wieviel Wasser/Nährstofflösung aus einer Bewässerungseinheit (Kapillare, oder ein anderes Hilfsmittel) während einer Minute rauskommt – dafür genügt ein Messbecher, die Kapillare kommt rein und man schaltet die Pumpe für eine Minute ein – diese Angabe spielt eine wichtige Rolle bei der Einstellung der Frequenz für das Angießen. Manchmal ist es nötig, weniger als eine Minute zu gießen – in solchen Fall stellt man fest, in welcher Zeit die nötige Menge an Nährstofflösung rausfließt.
- Bei den Auffülltischen feststellen, wie lange die Pumpe braucht, bis der Tisch auf die gewünschte Ebene mit Wasser gefüllt wird.
- Bei NFT Systemen, muss die Neigung der Anbaufläche und der Durchlauf der Nährstofflösung eingestellt werden. Deshalb muss

konrolliert werden, ob die Flüssigkeit durch alle Kanälchen gleichmäßig durchfließt – eventuelle Mängel regeln.

- Bei der Verwendung vom Aqua System, oder von der Druckbewässerung muss die Bewässerung so eingestellt werden, damit das Wasser nicht direkt zu der Stelle fließt, wo der Stängel aus dem Anbaumedium herauskommt – es könnte zum Faulen und Brechen der Stängel kommen.

- Aqua System und Drucknadeln müssen die Lösung in die Anbaugefäße richten, wenn die Lösung außerhalb der Gefässe spritzen würde, dann könnte man die Nährstofflösung Menge, die die Pflanze während des Gießens bekommt, nicht richtig kontrollieren.

PRIMÄRE VERLUSTE ELIMINIERUNG

ANZAHL DER PFLANZEN

Bereits am Anfang des Anbaus, ist mit unerwarteten Verlusten zu rechnen, die durch technische Mängel, Erkrankungen, oder aufgrund einer Schwäche mancher Einzelpflanzen, verursacht werden. Wenn man also seine Ziele erfüllen will, ist es notwendig eine Reserve zu haben. Die **übliche Praxis zeigt, dass man mit einem 10 % en Verlust** rechnen **muss.** Wenn man also 10 Pflanzen plant, besorgt man wenigstens elf Stück, um den eventuellen Tod einer Pflanze auszugleichen. Bei dem Anbau von Samen, können die Verluste höher ausfallen, als beim Anbau von Klonen.

Viele Grower beschweren sich oft darüber, dass der Growroom nur für eine konkrete Anzahl von Pflanzen vorbereitet ist und jede Pflanze die zu viel ist, nimmt den Platz weg und man weiss eigentlich nicht wohin mit ihr. In kleinen Growrooms ist es wirklich ein Problem, das viele Leute dazu bringt, dass sie mit irgendeiner Reserve gar nicht rechnen Aber die Eigenschaften der Pflanzen und vor allem ihr Potenzial, zeigen sich sehr früh, bereits in der Anfangsphase der vegetativen Periode. In diesem

Moment sind die Pflanzen noch ziemlich klein und den Platz zwischen ihnen zu finden, wo eine Ersatzpflanze hinkommt, wird wohl nicht sehr schwer sein. In dem Fall, dass alle Pflanzen richtig wachsen, fügt man die Ersatzpflanze zu einer anderen Pflanze (man würde doch keine schöne und gesunde Pflanze wegwerfen) zu. Vielleicht nimmt sie ein wenig Platz weg, aber im Endeffekt wird es einen effektiven Einfluss auf das Gewicht der Ernte haben. Es macht nichts aus, wenn in einem Topf zwei, statt einer Pflanze, oder in der Anbaumatte sechst statt fünf wachsen würden (ein Beispiel).

VORAUSSETZUNG DER ERNTE

Rechnet nie mit einem maximalen Ertrag. Ihr könntet enttäuscht werden. Die Hasen werden erst nach der Jagd gezählt und es ist immer gut, wenn man dann überrascht ist, dass man mehr geerntet hat, als man erwartet hat.

DAS TAGEBUCH EINES SORGFÄLTIGEN GROWERS

Jeder Grower sollte regelmäßig wichtige Werte verfolgen und die ausgeführten Schritte aufschreiben. Grower – Anfänger sollten es noch sorgfältiger ausführen. Notiert werden sollte möglichst oft die Lufttemperatur, die Luftfeuchtigkeit, die EC und pH Werte der Nährstofflösung. In den Anfangsphasen ist es gut die Temperatur und die Feuchtigkeit auch während der Zeit zu verfolgen, wenn die Lampen aus sind. Das hilft eventuelle Mängel zu beseitigen und die Belüftung richtig einzustellen usw.

Die gesamte Verwendung von Unterstützungs- und Schutzpräparaten sollte jeder notieren. Manche Besprühungen werden regelmäßig durchgeführt, es ist also nötig zu wissen, wie lange es seit der letzten Anwendung her ist. Falls man irgendein Problem mit den Schädlingen, oder den Erkrankungen lösen muss, dann kann man leicht feststellen, ob chemische Präparate angewendet werden können, oder ob die biologischen Präparate gewählt werden müssen. Seit der Anwendung von chemischen

Präparaten, muss gewöhnlich einige Zeit vergehen, bis man ein anderes anwenden darf.

Im Tagebuch muss auch notiert werden, WANN man ge-steckt/angepflanzt hat, WANN man auf Blüte umgeschaltet hat und das VORAUSGESETZTE Datum der Ernte.

Ein idealer Platz für das Tagebuch, ist die Wand des Growrooms, die man immer in Sicht hat. Neben dem Tagebuch, sollte auch eine Liste hängen, in der notiert wird, was beim Betreten des Growrooms und beim Weg-gehen, kontrolliert werden muss.

Damit die Arbeit etwas leichter wird, findet man ein Beispiel für ein Ta-gebuch im hinteren Teil dieses Buches.

ENTWICKLUNGSSTADIEN DER PFLANZEN

Um eine Ordnung in den Begriffen zu schaffen, die in folgenden Kapiteln häufig vorkommen werden, muss daran erinnert werden, welche Entwicklungsstadien die Pflanzen durchlaufen und wie diese Stadien alternativ genannt werden.

KEIMPHASE (EMBRYONAL)

Der Samen fängt an zu keimen und es bildet sich ein teilbares Gewebe, das die Grundbasis der zukünftigen Pflanze bildet.

DIE VEGETATIVE PHASE = WACHSTUMSSPHASE

Die fängt mit dem Auskeimen des Samens an und geht weiter bis zur vollen Entwicklung der Pflanzenorgane (Blätter, Stängel usw.). Während der Vegetativphase ist nur eine geschlechtlose Vermehrung möglich, also durch das Klonen (Stecklinge).

Hanfpflanze sativa und indischer Hanf ist fähig in der Wuchsphase auch einige Jahre auszuhalten. Die Bedingung ist die Einhaltung der ganztägigen Fotoperiode. In diesem Fall, ungefähr 18 Stunden Licht/6 Stunden Dunkelheit. Während dieser Fotoperiode fängt die Pflanze nicht an, erwachsen zu werden (Geschlechtsorgane – Blüten zu bilden).

Wilder Hanf dagegen ist eine neutrale Pflanze, die während jeder Fotoperiode blühen kann. Der Übergang zu der Reifephase wird durch das Alter der Pflanze geregelt. Dank dem war möglich, selbstblühende Sorten zu züchten – siehe Kapitel „Samen".

DIE WUCHSPHASE UNTERTEILT SICH WEITER AUF:

1. **Embryonalstadium** – eine intensive Zellteilung und Zuwachs vom Zytoplasma, das während der Keimung erfolgt, oder an

Stellen, wo es zu einer Verletzung der Pflanze kommt (Knickstellen, oder Abschneiden des Klons).

2. **Verlängerungsphase (Ausschlagphase)** – der Zellumfang und auch ihre Wände werden größer. Die Zellen werden länger und dem entsprechend senkt die Geschwindigkeit ihrer Teilung. Es entstehen große zentrale Vakuolen.

3. **Unterscheidungsphase (Differenzierungsphase)** – Die Zellen teilen sich in verschiedene Typen, die spezifische Funktionen ausüben. Es ist bereits möglich die Endform und die Zellgröße zu unterscheiden (wir erkennen Blätter, Ästchen usw.).

AUSREIFUNG = BLÜTEPHASE

Es bilden sich generative Pflanzenorgane und die Pflanze gewinnt die Fähigkeit der Geschlechtsvermehrung – es bilden sich Blüten. Die Ausreifung kommt dann, wenn die Geschlechtsorgane voll ausgereift sind.

ALTERUNG ENTWICKLUNGSSTADIEN DER PFLANZEN

In der Pflanze fangen degenerative Prozesse an zu überwiegen. Die Pflanze fängt an, sich von innen zu zerlegen, die Organe sterben langsam ab und die Pflanze verliert die Vermehrungsfähigkeit. Die Auswirkungen der Alterung sind gelbe Blätter und der Verfall der Pflanze.

BEWÄSSERUNG

Aus eigener Erfahrung, durch Anfragen der Grower und durch die Entdeckungen der Mängel in verschiedenen Growrooms, weiß ich, dass die meisten Fehler während der Bewässerung gemacht werden. Wohl nicht aufgrund einer falschen Verdünnung der Nährstofflösung, oder aufgrund eines schlechten Wassers – sondern die grösste Herausforderung stellt die Abschätzung und das Mischen der richtigen Nährstofflösung Menge, mit der man die Pflanzen angießt.

DIE 5 WICHTIGSTEN PUNKTE DER BEWÄSSERUNG

1. Temperatur der Nährstofflösung 22 – 25 °C. In der Aeroponic 19 – 21 °C.
2. Ein optimaler pH Wert – es wird nach gewähltem Anbaumedium und nach dem Entwicklungsstadium der Pflanzen geregelt.
3. Die Wasserqualität.
4. Die Regelmäßigkeit und die Menge der gelieferten Nährstofflösung. Es ist besser, öfters und weniger zu gießen – die Pflanzen mögen die Regelmäßigkeit.
5. Richtiges Verhältnis der Düngemittel – EC Wert nach der aktuellen Entwicklungsphase der Pflanze.

WENN PFLANZEN ZU WENIG FEUCHTIGKEIT BEKOMMEN

Genau wie wir Menschen, bestehen Pflanzen hauptsächlich aus Wasser. Der Wassermangel verlangsamt die Zellteilung und die Pflanzen wachsen langsamer. Das heisst aber nicht, dass man die Pflanzen erst in dem Moment giesst, wenn sie anfangen zu welken. Manche Anbaumedien haben eine niedrige Saugfähigkeit, falls sie ganz austrocknen.(Rockwool Saatwürfel, Bodensubstrate). Sobald es zum Austrocknen kommt, verschlechtert sich die Durchgängigkeit des Anbaumediums. Das Substrat und Kokos in Töpfen werden rissig und trocknen und bekommen nie wieder ihre Ursprungseigenschaften zurück, das heißt, dass die Nährstoffe und der Sauerstoff nicht in alle Teile des Anbaugefäßes gelangen. Zwischen dem Topfrand und dem Anbaumedium kann sich zudem, eine unerwünschte Lücke bilden.

Das Wachstum der Pflanzen wird deutlich verlangsamt, was sich auch an der langsameren Entwicklung der Blüte auswirkt.

FEUCHTIGKEIT IM GROWROOM UND BEWÄSSERUNG

Die Feuchtigkeit und die Temperatur im Growroom haben einen großen Einfluss auf die Feuchtigkeit des Anbaumediums. In einer trockenen und heißen Umgebung (niedrigere Feuchtigkeit und hohe Lufttemperatur), kommt es zu schnellerem Austrocknen des Anbaumediums.

Die Lösung des Feuchtigkeitsmangels ist ganz einfach – man gießt die Pflanzen einfach. Wenn man ein Bewässerungssystem hat und die Pflanzen erste Zeichen von Wassermangel zeigen, erhöht man das Volumen der gelieferten Nährstofflösung.

WENN PFLANZEN ZU VIEL WASSER BEKOMMEN

Wenn im Anbaumedium zu viel Wasser ist dann gelangt zu den Wurzeln nicht genug Sauerstoff und es werden Idealbedingungen für die Bildung von Schimmelerkrankungen gebildet. Die Wurzeln sterben ab und sind nicht mehr fähig, die Nährstoffe für die oberirdische Teile der Pflanze zu absorbieren.

Die Folge ist eine starke Verlangsamung des Pflanzenwachstums. Im äußersten Fall, können sogar die Stiele faulen und die Pflanze bricht –

der Stängel wird unwiederbringlich beschädigt und das Gefäßsystem funktionsgestört.

Eine übermäßige Feuchtigkeit im Anbaumedium, zeigt sich erst durch Vergilbung der Blätter. Dieses Signal kann aber eine Menge andere Sachen bedeuten, deshalb suchen viele Grower den Fehler wo anders – Schädlinge in Wurzeln, Mangel an Nährstoffen usw. Aufgrund der falschen Identifizierung der Ursache von Vergilbung an den Blättern, greifen Grower oft nach Sprühmitteln, oder erhöhen die Bewässerung – was bei der gegebenen Lage, der kürzeste Weg in die brennende Hölle ist.

Die Lösung ist wesentlich komplizierter und langandauernder, als bei denen die zu wenig Feuchtigkeit haben. Das Anbaumedium muss auf die gewünschte Ebene austrocknen, danach muss ein Wurzelstimulator zur Erneuerung der Wurzelstruktur angewendet werden. Wenn es zum Übergießen kommt, ist es geeignet, die Dosierung der Düngemittel auf die Hälfte zu reduzieren, oder ein paar Tage gar nicht düngen. Im Anbaumedium setzen sich nämlich Salze von Düngemitteln fest (übermäßiges Gießen = Überfluss an Nährstoffen). Zur Revitalisierung trägt auch das Darinna 4 Sprühmittel bei (2 – 3 ml/L) – einmal anwenden, oder Alga-press oder Vita Start (Cropmax).

WIE ERKENNT MAN DIE RICHTIGE FEUCHTIGKEITS-EBENE IM ANBAUMEDIUM

Das Angießen muss sorgfältig vorbereitet werden. Es ist nicht einfach zu sagen, welche Menge von der Nährstofflösung und wie oft sie angewendet werden muss. Jeder Growroom hat andere Parameter, jemand züchtet größere Pflanzen und für längere Zeit und ein anderer schaltet wieder schnell auf die Blüte um.

Beim Anbau in Töpfen, kann die aktuelle Feuchtigkeit des Anbaumediums nach dem Topfgewicht festgestellt werden. Man braucht nur den Topf mit trockenem Anbaumedium darin zu wiegen und es mit dem Gewicht nach der Giessanwendung zu vergleichen.

Dieser einfache Vorgang, ermöglicht eine unzureichend gegossene und auch übergossene Pflanze zu entdecken. Derselbe Vorgang sollte beim Anwurzeln der Stecklinge in Rockwool Würfeln angewendet werden.

Allgemein kann man nicht sagen, ob es besser ist, wenn die Pflanzen zu wenig, oder zu viel gegossen werden – beides ist falsch. Dennoch bei der Zeitschaltung und der Wahl des Inhalts vom Giesswasser, ist es besser, mit kleinen Mengen anzufangen, die dann langsam erhöht werden, als mit einer grossen Menge zu beginnen und abzuwarten was passiert. Die Revitalisierung der zu viel gegossenen Pflanzen ist jedoch langwieriger und die Folgen sind oft schlimmer, als bei zu wenig gegossenen Pflanzen. **Unzureichend gegossene Pflanzen** wachsen langsamer und ihr Ertrag reduziert sich. **Zu viel gegossene Pflanzen** werden zusätzlich auch noch einem großen Risiko von Pilzerkrankungen und einem völligen Absterben ausgestellt.

HYDROCORRELS – KERAMSIT

Es wurde bereits gesagt, dass man dieses Anbaumedium nur schwer zu viel gießen kann. Die richtige Feuchtigkeitsebene erkennt man danach, dass wenn man den Finger ins Anbaumedium mit Hydrocorrels steckt (von oben und von unten). Man muss die Feuchtigkeit spüren. Wenn die Pflanzen noch klein sind und die Wahrscheinlichkeit niedrig ist, dass die Wurzeln in alle Teile des Anbaugefässes greifen, dann steckt den Finger möglichst nah an den Stängel rein. Achtung, man muss aufpassen, dass man die Würzelchen nicht beschädigt.

KOKOS

Die Feuchtigkeit wird wieder mit dem Finger kontrolliert. Aus dem raus-gezogenen Finger darf weder Wasser tropfen , noch darf er trocken sein. Kokos kann leicht, vor allem in der Wachstumsphase, übergossen wer-den. Ich empfehle sehr, den Boden des Anbaugefäßes mit einer Draina-geschicht aus Hydrocorrels, Kies, oder Sand (2 – 5 cm) zu füllen. Die Wasserableitung wird dadurch deutlich verbessert.

ROCKWOOL

Wen Rockwool zu trocken ist, dann saugt er das Wasser schlecht. Beim Feuchtigkeitsmangel zeigen uns die Pflanzen sehr schnell, was ihnen fehlt und fangen an zu welken. Rockwool ist sehr saugfähig und ein Übergießen passiert sehr leicht. Deshalb sollte man vorsichtig giessen, hauptsächlich in den Anfangsphasen, wenn sich das Wurzelsystem ent-wickelt.

Zu viel Nährstofflösung erkennt man leicht. Man macht mit dem Finger im Rockwoll ein kleines Loch (1 – 2 cm), falls sich dieses mit Wasser vollfüllt, ist die Feuchtigkeit im Rockwool zu hoch.

BODENSUBSTRAT

Wenn man ein schön leichtes und belüftetes Substrat hat, sollte es stän-dig leicht feucht sein. Die Substratsluftigkeit wird mit der Zugabe vom Perlit, exzellent erhöht. Weil sich das Wasser gewöhnlich im unteren Teil des Anbaugefäßes aufhält, ist es besser, die Feuchtigkeit mit dem Finger von unten zu kontrollieren. Wieder gilt, wenn Wasser vom Finger tropft, enthält das Substrat zu viel Wasser.

 **Diese Kontrolle muss vor dem Gießen ausgeführt werden.** Es ist nämlich selbsverständlich, dass sich unmittelbar nach dem Gießen im Anbaumedium mehr Wasser befindet – und es dauert einige Zeit, bis die überflüssige Lösung abfließt.

Manuelle Bewässerung

Manche Anbaumedien müssen manuell gegossen werden. Die Bedingung zu einer manuellen Bewässerung, ist nicht nur die Wahl des Mediums, sondern auch die Anbaugefässgrösse. Im Prinzip sollte man sicherstellen, dass die Lösung gleichmäßig ins ganze Anbaugefäß verteilt wird. Die manuelle Bewässerung ist die sicherste Garantie. Bei manueller Bewässerung weiß man immer, dass man alle Pflanzen gegossen hat und wieviel Feuchtigkeit sie bekommen haben. Wenn eine Pflanze kein Wasser braucht, sollte man sie nicht giessen.

Wie oft soll man bewässern

Eine einfache Frage, die aber nicht so eindeutig beantwortet werden kann. Bereits in der Einleitung dieses Kapitels wurde gesagt, dass die Bewässerung eine sehr empfindliche Angelegenheit ist. Die Frequenz und die Menge wird deutlich von den folgenden Faktoren beeinflusst:

- die Größe der Pflanzen;
- die Größe des Anbaugefäßes;
- die Temperatur im Growroom;
- die Luftfeuchtigkeit;
- die Parameter des Anbaumediums (Saugfähigkeit).

> **Es ist gut, Pflanzen regelmäßig zu gießen – es zeigte sich, dass es besser ist, öfters und in kleineren Mengen zu gießen.**

Man sieht selbst, dass es viele Faktoren gibt, die die Frequenz und die Menge beeinflussen. Desto größer ist das Risiko, dass es bei einer Empfehlung der konkreten Mengen und der Frequenz, zu einem großen Missverständnis kommen könnte – also dazu, dass man einen schlechten Rat bekommt, der zum negativen Einfluss auf den Pflanzenwuchs führen könnte. Man sollte sich lieber danach richten, wie man die richtige

Feuchtigkeitsebene im Anbaumedium sicherstellen kann. Diese Anleitung ist in vorigen Abschnitten zu finden.

WANN SOLL MAN GIEßEN

Falls man **mehrmals am Tag gießt,** dann sollte man es gleichmäßig verteilen und am besten 3x ausführen: erstes nach dem Einschalten der Lampen, zweites nach 9 Stunden und drittes etwa eine Stunde vor dem Ausschalten der Lampen. Wenn man **nur einmal giesst** wird empfohlen, spätestens 1 – 2 Stunden vor dem Ausschalten der Lampen, oder am Tagesanfang zu gießen.

VORBEREITUNG DER NÄHRSTOFFLÖSUNG

Die Nährstofflösung = ein um Nährstoffe bereichertes Wasser, mit der man die Pflanzen gießt. Bei der Vorbereitung der Nährstofflösung, dosiert man die Düngemittel einzeln und direkt ins Wasser. Wenn man die Düngemittel zuerst vermischt und danach ins Wasser beifügt, dann könnten sie untereinander reagieren und es würde zu ihrer Entwertung führen. Der Vorbereitungsverlauf der Nährstofflösung.

1. Man lässt Wasser ins Gefäß ein, in dem die Nährstofflösung vorbereitet wird.
2. Falls das Wasser Chlor enthält, oder kalt ist, muss man es 24 Stunden bei einer Raumtemperatur stehen lassen, bzw. man schaltet den Heizkörper ein.
3. Ins abgestandene Wasser, nach der empfohlenen Dosierung Düngemittel einmischen.
4. Den pH auf gewünschten Wert regulieren, je nach dem, in welcher Phase man sich befindet und in welchem Anbaumedium man anbaut (siehe Kapitel Anbau).
5. Nun ist die Nährstofflösung fertig.

WAS HEIßT EC WERT

Electric conductivity = elektrische Leitfähigkeit zeigt uns die Nährstoff-
konzentration in der Lösung. Je höher der EC Wert, desto mehr Nährstoffe und leitfähige Stoffe, enthält die Lösung. Jeder Grower sollte den EC
Wert des sauberen Wassers kennen, das er zur Vorbereitung der Nährstofflösung verwendet. Der übliche EC Wert des sauberen Wassers beträgt um die EC 0,3 µS/cm^3, wenn das saubere Wasser EC Wert von 0,5
µS/cm^3 beträgt, kann es Stoffe enthalten, die die gärtnerische Mühe
negativ beeinflussen. In so einem Fall sollte man sich nach einem Filter-
system für die Wasserregelung umschauen. Der EC Wert wird nicht zu-
sammengerechnet. Wenn man also bei der Nährstofflösungsvorberei-
tung EC Werte von 1,4 µS/cm^3 haben möchte heißt es, dass nachdem
man die Düngemittel mit dem Wasser vermischt hatte, muss der EC Wert
gerade 1,4 µS/cm^{3}betragen. Der EC Wert des sauberen Wassers, wird
also nicht dazu gerechnet. Der EC Wert wird am einfachsten mit einem
speziellen EC Messgerät gemessen.

WAS HEIßT PH WERT

Der pH Wert zeigt den Säuregehalt an, diese Abkürzung kommt aus dem
englischen – potential of Hydrogen = „Potential vom Wasserstoff". Der
pH Wert der Nährstofflösung und des Anbaumediums beeinflusst deutlich die Fähigkeit der Pflanzen die Nährstoffe zu absorbieren. Beim Hanf
gilt, dass sich der pH Wert im Bereich zwischen 5,8 – 6,8 bewegen sollte.
In diesem Bereich ist die Absorptionsfähigkeit für alle nötigen Nährstoffe
am besten ausgeglichen. Bei einem niedrigeren pH Wert, kann man bei
den Pflanzen, eine bessere Absorptionsfähigkeit für Phosphor und Kalium verfolgen. Deshalb ist es geeignet den pH Wert in der Blütephase zu
reduzieren, als den zu halten, den wir während der Wuchsphase haben.

BEEINFLUSSEN DES PH WERTES

Der Säuregehalt der Nährstofflösung muss gewöhnlich reduziert werden,
da der pH Wert von sauberem Wasser um die 7 liegt. Viele Pflanzen

brauchen einen niedrigeren pH Wert. Der Hanf nimmt am besten die Nährstoffe auf, die im Bereich zwischen 5,8 – 6,8 pH liegen. Zur Reduzierung des pH Wertes wird Salpetersäure während der Wuchsphase und die Phosphorsäure während der Blütephase verwendet. Man kann aber auch Zitronensäure während des ganzen Anbauzyklus verwenden. Falls es notwendig ist den pH Wert zu erhöhen, empfehle ich die Verwendung von Kaliumhydroxid, oder die dazu bestimmten Präparate. Das Erhöhen des pH Wertes ist bei der Verwendung von Düngemitteln notwendig, die den pH Wert deutlich reduzieren.

KONTROLLE UND WARTUNG DER NÄHRSTOFFLÖSUNG

Damit das richtige Verhältnis von Nährstoffen gesichert werden kann, muss die Lösung regelmäßig kontrolliert und instand gehalten werden. Ideal wäre, wenn man die Temperatur und den EC und pH Wert täglich kontrolliert und diese bei möglichen Mängeln regelt. Entscheidend ist natürlich das Bewässerungssystem, das man verwendet.

Drip to waste

1 – Stammbehälter
2 – Abfallbehälter

Drip to waste – bei dieser Methode wird die Nährstofflösung nur einmal verwendet. Zum Gießen verwendet man die Lösung aus dem Stammbehälter und die Menge, die durch das Anbaumedium fließt, wird im Abfallbehälter gesammelt. Im diesem Fall, sollte die Bewässerung so eingestellt werden, damit die Abfalllösung ca. 20 % des Ursprungsinhalts der Nährstofflösung beträgt. Die übrigen 80 % sollten im Anbaumedium bleiben. Falls man während der Kontrolle feststellt, dass der EC Wert im Stammbehälter gestiegen ist, dann füllt man einfach mit sauberem, abgestandenem Wasser so viel nach, dass der EC Wert zurück auf den gewünschten Wert geht. Falls notwendig, regelt man auch den pH Wert. Der EC Wert kann sich in Folge der Wasserverdunstung erhöhen. Drip to waste wird meistens beim Anbau im Bodensubstrat, Rockwool, Librasystem, oder im Kokos verwendet.

Drip to feed

Drip to feed – in diesem Fall zirkuliert die Lösung – vom Anbaumedium fließt sie in den Stammbehälter zurück und wird wieder zur Bewässerung verwendet. Aus dem Grund ist hier viel wichtiger, den aktuellen EC und pH Wert zu kontrollieren. Von der Nährstofflösung geht das Wasser schneller verloren, weil es auf dem Weg durch das Anbaumedium verdunstet. Die Folge dessen ist der erhöhte EC Wert. Es ist also nötig die Lösung öfter mit sauberem und abgestandenem Wasser zu verdünnen und folgend den pH Wert zu regeln. Mit dem Wasser verdünnen, kann man aber nicht auf die Dauer machen. Der Anteil der Nährstoffe kann sich nämlich ändern, wobei der EC Wert gleich bleibt. Deshalb sollte die Nährstofflösung wenigstens einmal pro Woche durch eine frische ausgetauscht werden. Wenn sich der EC Wert nicht ändert und es kommt auch nicht dazu, dass ein sauberes Wasser nachgefüllt werden muss, sollte die Lösung dann ausgetauscht werden, wenn etwa 75 % des Stammbehälters ausgeschöpft ist. Drip to feed Systeme werden von folgenden Systemen genutzt: NFT, Auffülltische, Aquasysteme, Bubblers, Aeroponic und Systeme auf Hydrocorrels Basis, manchmal auch auf Kokos- und Rockwoolbasis.

TEMPERATUR DER NÄHRSTOFFLÖSUNG

Die richtige Temperatur im Anbaumedium beschleunigt chemische Prozesse und dadurch auch die Absorption der Nährstoffe. Zum Erzielen der gewünschten Temperatur im Anbaumedium ist es notwendig, dass die Nährstofflösung die gleichen Parameter aufweist.

Die empfohlene Temperatur im Anbaumediums und der Nährstofflösung beträgt 22 – 25 °C. Wenn das Wasser kälter ist, sollte man einen Aquarium Heizkörper zu seiner Erwärmung verwenden.

DURCHSPÜLEN DER HYDROPONISCHEN SYSTEME

Mittels der Nährstofflösung werden zu den Pflanzen Düngemittel geliefert, die die nötigen Nährstoffe enthalten. Aber auch mit der noch so guten Anbaumethode, sind die Pflanzen nicht in der Lage, die ganzen Nährstoffe zu absorbieren. In Folge dessen, werden die Nährstoffe im Anbaumedium gelagert und ein Teil wird in Salze umgewandelt. Es kommt zu einer unerwünschten Umgebungsveränderung im Anbaumedium. Um diese Veränderungen zu verhindern, verwenden wir Enzyme und spülen das Medium durch.

Mit der Zugabe von Enzymen in die Nährstofflösung, kommt es zur Zerlegung der festgesetzten Salze, und dadurch wird ermöglicht, dass die in Salzen enthaltene Nährstoffe wieder absorbiert werden können. Manche Grower geben Enzyme jedem Gießwasser bei, andere verwenden Enzyme einmal in 7 – 14 Tagen. Es gibt noch eine Methode, die früher verwendet wurde. Immer wenn der Behälter mit der Nährstofflösung ganz leer ist, sollte man Wasser mit Enzymen vermischen und mit dieser Lösung, gründlich das ganze Anbaumedium bewässern – ich glaube, es ist sogar besser das ganze manuell zu machen (außer NFT), damit die Lösung in alle Ecken des Anbaugefäßes gelangen kann. Das Gießen mit Enzymen wird in solchem Fall nur einen Tag gemacht (1 – 2 x Giesswasser), am zweiten Tag wird dasselbe wiederholt, aber nur mit sauberem Wasser mit geregeltem pH Wert.

Auch wenn man die Methode der ständigen Enzymzugabe in die Nährstofflösung praktiziert, wäre es gut, wenn das System einmal in 7-14 Tagen nur mit sauberem Wasser mit geregeltem pH Wert gegossen wird. Das Wasser schwemmt eventuelle Rückstände aus und das Risiko eines unausgeglichenen Nährstoffanteils im Anbaumedium wird reduziert. Das Durchspülen mit Wasser soll gründlich gemacht werden, also an dem Tag sollte die Frequenz oder die Anzahl der Bewässerungen erhöht werden.

Ich traue mich nicht zu behaupten, welche dieser beiden Methoden besser ist. Beide Methoden werden von vielen Growern erfolgreich verwendet.

METHODEN ZUR REGELUNG DES PFLANZENWACHSTUMS

Das Pflanzenwachstum kann einigermaßen geregelt werden, sowie ihre Höhe, Breite und die gesamte Form auch bestimmt werden kann. Mit diesen Schritten kann vieles geregelt werden: die maximale Lichtzufuhr für alle Teile der Pflanzen, die Erleichterung ihrer Erhaltung, eine bessere Raumnutzung. Und manchmal können sie den Ernteumfang erhöhen und seine gesamte Kompatibilität – die Stärke verbessern. Wenn es richtig durchgeführt wird, ermöglicht die Wuchsregelung zudem auch eine bessere Luftströmung zwischen den Pflanzen, wodurch sie bei der Vorbeugung von Problemen mit Pilzerkrankungen hilft. Wir werden uns jetzt manche Methoden beschreiben und nennen.

BESCHNEIDEN

Bedeutet das Beseitigen der oberen jungen Sprossen der Zweige (Spitzen). Das Ziel, ist die reichere Verzweigung der Pflanze. Wenn die Spitze – der Haupttrieb an der richtigen Stelle beschnitten wird, wachsen an der Stelle zwei andere. Wenn man auch diese zwei neue schneidet (sobald sie länger werden), dann bekommt man statt einem, vier Zweige.

Durch das Beschneiden kann man auch einen besseren Größenausgleich des ganzen Bestands erzielen. Es ist ziemlich normal, dass manche Pflanzen schneller, als andere wachsen. Durch das Beschneiden wird nicht nur ihr Wuchs nach oben verhindert, sondern es wird auch die Entwicklung der unteren Zweige unterstützt.

WIE SOLL DAS BESCHNEIDEN DURCHGEFÜHRT WERDEN

Beschneiden wird entweder manuell, oder mit Hilfe eines Skalpells, oder eines anderen scharfen Werkzeugs durchgeführt. Die manuelle Methode wird bei den kleinen Pflanzen empfohlen. Scharfe Werkzeuge sollten bei größeren Pflanzen verwendet werden. Höchstwahrscheinlich interes-

siert euch eher die Stelle, wo das Beschneiden gemacht werden soll. Die
Antwort findet man auf den folgenden Bildern.

← **Der Haupttrieb** *wird dort abgeschnitten, wo
die unterbrochene Linie führt.*

**Dadurch unterstützt
man** *die Entwicklung der
Sprossen, die unter ihm
vorbereitet sind* →

SCHWIERIGKEIT DES SCHNEIDENS

Obwohl es scheinen kann, dass das Schneiden eine Wissenschaft für sich ist, ist es in Wirklichkeit nicht so. Wichtig ist die Praxis. Man sollte zuerst versuchen nur die Spitzen mancher Pflanzen zu schneiden, damit man sieht, wie das ihre Entwicklung im Vergleich zu den Pflanzen, die man nicht geschnitten hat, weiter beeinflusst. Man wird das ganze System bald verstehen und genauso erkennt man auch, wie schnell neue Sprossen nachwachsen werden.

Jedenfalls sollte man es schrittweise probieren. Beim ersten Mal sollte man nicht versuchen die Pflanzen gleich mehrmals und auf mehreren Stellen zu schneiden, damit könnte man alles zerstören. Geduld bringt Rosen. Auch wenn man nicht gerade Rosen züchtet, dann glaubt bitte, dass es sich in diesem Fall lohnt, geduldig und bedächtig vorzugehen.

WANN SOLL MAN BESCHNEIDEN

Wenn wir nur einmal schneiden wollen, ist die beste Zeit, 1 – 7 Tage vor dem Übergang zur Blütephase. Wenn man sich für eine lange Wuchsphase entscheidet (länger als 3 Wochen), kann man mehrmals schneiden. Das erste Beschneiden, empfehle ich in der zweiten Woche der Vegetativphase, das zweite unmittelbar vor und nach dem Umschalten auf die Blüte. Die Pflanzen können in dem Moment beschnitten werden, wenn sie bereits Anzeichen von einem Wuchs zeigen, das heißt dann, wenn sie merkbar neue Blätter und Sprossen bilden.

Das Beschneiden kann immer ausgeführt werden. Es genügt, wenn man nach einem Schneiden abwartet, bis die neue Sprossen mindestens zwei Stöcke machen und diese können dann wieder beschnitten werden. Dadurch bekommt man einen sehr verzweigten Strauch. Aus der Sicht des Anbaus *auf Blüte,* wird das Beschneiden nicht ganz erwünscht, denn man gewinnt dann eine große Menge von kleinen Blüten und weniger von massiven Buds – der oberen Blüten, die oft die größten sind. Dem

Beschneiden zum Zweck einer reichen Verzweigung, werden wir uns im Kapitel „Klonen" widmen, bei dem das Beschneiden manchmal notwendig ist.

Wenn man aus Samen züchtet, dann sollte man das erste Mal beschneiden, wenn die Pflanze mindestens 2 Stöcke hat und der obere Haupttrieb über dem ersten Stock hoch genug ist.

BESCHNEIDEN MIT FIM METHODE

Die FIM Methode wurde zufällig entdeckt und ich glaube, dass mehrmals. Ihre Einführung ins Unterbewusstsein, hat die Zeitschrift High Times auf dem Gewissen, die die Beschreibung dieser Beschneidungsmethode, aufgrund eines Briefes von einem Grower, veröffentlichte. Diese Methode nutzt die Anwesenheit von mehreren Trieben in der beschnittenen Spitze. Die Bilder auf den folgenden Seiten, zeigen es nicht so offensichtlich, aber in der struppigen Spitze bilden sich neue Blätter und auch neue Triebe, die erst in der Keimphase sind. Wenn die Pflanze ohne einen Eingriff immer weiter wachsen würde, würde sich die Anzahl der Stöcke ständig erhöhen. Die Basis des FIM Methode ist das Abschneiden eines Teils der Spitze so, dass darin noch andere Keimtriebe bleiben. Bemüht euch, nur die kleine Spitze zu beschneiden. Es bedarf ein wenig Gefühl, aber wenn man mit den Fingern vorsichtig vom höchsten Punkt der Spitze nach unten geht, spürt man bald den festeren Teil – den Zweigstängel. Gerade unmittelbar über diesen Punkt, muss die Spitze abgeschnitten werden. Aber anders, als mit der Hand, wird es nicht gehen.

VORTEILE DER FIM METHODE

Vorteil der FIM Methode ist, dass bereits nach dem ersten Beschneiden auf der Stelle 4 – 6 neue Triebe wachsen, statt nur zwei, die man bei dem üblichen Beschneiden gewinnt.

RISIKEN DER FIM METHODE

Das einzige was passieren kann, ist dass man die Spitze zu niedrig abschneidet und es wachsen nur zwei Sprossen, wie beim klassischen Beschneiden. Wie bei allen Methoden, auch hier, werden viel Geduld und praktische Erfahrungen gefordert.

BIEGUNG (BENDING)

Wie bereits am Anfang gesagt wurde, brauchen Pflanzen genug Licht. Die natürliche Pflanzenstruktur verhindert, dass ausreichend Licht zu ihren unteren Teilen gelangt. Die oberen Zweige und Blätter fangen nämlich das meiste Licht auf und in die unteren Teilen gelangt wesentlich weniger Licht. In Folge dessen, sind die Blätter, die Blüten und die Zweige in den unteren Teilen dünner und kleiner.

VORTEILE DER BIEGUNG

Durch das Biegen der Pflanzen verbessert man das Lichtdefizit in den unteren Teilen der Pflanze. Die Pflanze nimmt zwar mehr Raum in der Breite weg, aber man erzielt eine viel bessere Beleuchtung der ganzen Pflanze, die aufgrund dessen dann größere Blüten erzeugt. Dank der Biegung gewinnt man aus der Sicht des Ertrags, der Stärke und der Größe der Blüten eine bessere Ernte. Die Biegung verhilft auch zu einem ausgeglichenen Bestand, wobei alle Pflanzen die gleiche Höhe erreichen werden. Das beseitigt auch Probleme mit der Höhe von Leuchtmitteln und durch die gewünschte Lichtmenge wird eine gleichmäßige Lichtverbreitung gesichert – siehe Kapitel Leistungs- und Beleuchtungsfähigkeiten.

ARTEN DER BIEGUNG

Das Biegen kann auf mehrere Arten durchgeführt werden, von denen manche einem primitiv vorkommen können. Dennoch, alle die ihr jetzt kennenlernen werdet, funktionieren perfekt.

BIEGUNG MIT HILFE EINES UNTERSTÜTZUNGSNETZES

Das Unterstützungsnetz ist bei der Biegung ein exzellentes Hilfsmittel. Das einzige Problem kann seine Installation werden, weil damit das Netz richtig funktioniert, muss es ausreichend gespannt werden. Die Minimalgröße sollte nicht weniger als 4 x 4 cm betragen. Die Netzhalter sollten schon im Voraus vorbeireitet werden, wenn man aber leicht zugängliche Wände im Growroom hat, ist es kein Problem, wenn man sie erst dann befestigt, wenn man sie braucht. Die Biegung mit Hilfe des Unterstützungsnetzes kann mit dem Übergang zur Blütephase beginnen. Sollte man damit früher anfangen, dann könnten die Pflanzen durch das Netz wachsen und das Netz erfüllt dann seinen Zweck nicht mehr zuverlässig. Der beste Installationstermin für das Netz, ist die zweite Woche der Blütephase.

Das Netz wird in der Entfernung von 1 – 10 cm über den Pflanzenspitzen befestigt – je später man das Netz installiert, desto näher an die Pflanzen muss es angebracht werden. Sobald die Pflanzen beginnen durch das Netz zu wachsen, richtet die Zweige einfach in die einzelnen Netzmaschen. Wenn sie lang genug sind um gebeugt und in die nächste Masche befestigt zu werden, dann sollte man es tun. Man darf nicht vergessen, dass das Ziel der Biegung, ein gleichmäßiger Bestand, sowie die Sicherung der gleichmässigen Lichtmenge für alle Pflanzenteile, ist. Biegt deshalb die Zweige so, damit sie sich nicht gegenseitig behindern. Gewöhnlich biegt man erst die oberen Pflanzenteile. Die unteren Zweige bekommen so mehr Licht und gelangen in dieselbe Höhe, wie die oberen. Sobald die unteren Zweige über das Netzt herauswachsen, biegt sie wieder so, wie die vorherigen. Die Pflanze bekommt dann genügend Licht gerade dort, wo sie Blüten bildet.

 Das Biegen mit Hilfe eines Unterstützungsnetzes, empfehle ich mit dem Durchschneiden des Bestands zu kombinieren – mehr darüber kann man ein paar Seiten weiter lesen.

BIEGEN MIT HILFE EINES PLASTIKKNIES

Das Plastikknie zur Biegung, kauft man in den meisten Growshops. Es hat einige Vorteile.

- Es ist leicht aufsetzbar und abnehmbar.
- Pflanze kann dort gebogen werden, wo es gerade nötig ist.
- Es kann jederzeit verwendet werden.
- Es kann wiederholt verwendet werden.

Das Plastikknie ist vorsichtig einzusetzen, damit der Stängel/Zweig der Pflanze nicht beschädigt wird. Es sollte so befestigt werden, damit der Biegungszweck eingehalten wird. Inspirieren kann man sich von dem Bild „Biegung mit Hilfe eines Gartendrahts".

BIEGUNG MIT HILFE EINES GARTENDRAHTS

Der Gartendraht ist dünn und mit einer Plastikhülle umhüllt. Der Bestandteil dieses Drahts ist auch ein Plättchen, dass zum einfachen Abschneiden dient. Den Draht besorgt man in jedem guten Growshop, Gärtnerei oder Eisenwarengeschäft. Es kostet nur ein paar Euro.

Vorteile:

- Man kann damit auch stärkere Zweige biegen.
- Man kann dort biegen, wo man es gerade braucht und zwar jederzeit.
- Den Biegungswinkel wählt man selbst.

Nachteile:

- Stört nach der Ernte.
- Im Vergleich mit dem Halbmond ein schlechterer Umgang.

Am Tag *der Biegung*→

←***3. Tag nach*** *der Biegung*

Es ist wie es ist, ich persönlich mag am liebsten den Draht. Er bietet die meisten Biegungsvarianten und man kann damit die Pflanzen biegen, egal in welcher Phase, einfach dann, wenn man es für richtig hält. An dem Draht können ohne Beschädigung genauso Blätter eingehakt werden, die die untere Blüten beschatten. Einige Beispiele der Drahtverwendung findet man auf den Photos.

Während der Biegung mit Hilfe des Drahts, muss darauf geachtet werden, dass der Draht nicht zu festgezogen wird und dass man damit keinen Zweig, Blatt, oder irgendeinen Trieb abschneidet. Während der weiteren Entwicklung der Pflanze, kann eine Situation auftreten, dass der Draht die Pflanze würgt und sie fängt an, an ihm herumzuwachsen. In

Der **beste Shop** im Ruhrgebiet. Punkt.

Da wächst was.
Cörmannstraße 25a · 58455 Witten · progrow.de

solchem Fall muss die Befestigung gelockert werden.

Provisorische Biegung

Die gebogenen Zweige, können jederzeit abgebunden, oder *überbogen* werden. Falls die Pflanze bereits eine längere Zeit gebogen ist (ca. zwei Wochen), kehrt sie in die Ursprungsposition nicht mehr zurück. Trotzdem richtet sich die Biegung teilweise. Wenn man also feststellt, dass der gebogene Zweig seine Spitze nicht hoch genug dreht (so, dass er das Niveau der anderen Spitzen erreicht), dann sollte die Biegung gelockert werden (den Draht, Halbmond beseitigen, den Zweig aus dem Netz herausziehen).

Durchschneiden (Pruning)

Neben dem Beschneiden und dem Biegen, kann der Wuchs der Pflanzen auch mit dem Durchschneiden, beeinflusst werden. Es handelt sich um eine Beseitigung mancher Zweige bzw. Blätter, zum Zweck der Verschiebung von „Pflanzenenergie" in die oberen Stöcke, die das größte Potenzial zur Bildung von massiven und kompakten Blüten haben. Im Falle der Blätterbeseitigung, geht es wieder darum, dass die Blüten darunter, nicht beschattet werden sollen.

Das Durchschneiden muss mit einem scharfen, sauberen Werkzeug ausgeführt werden, das nur zu diesem Zweck bestimmt ist. Mit der Verwendung von einem rostigen, dreckigen, stumpfen, oder anders beschädigten Werkzeug, riskiert man, dass in die Pflanze irgendwelche Erkrankungen gelangen. Sollte ein stumpfes Werkzeug verwendet werden, verursacht man der Pflanze eine größere Verletzung, als man gebrauchen kann. Die Zweige sollen quer abgeschnitten werden, etwa 1 – 3 mm vom Stängel.

WIE OFT SOLL DAS DURCHSCHNEIDEN DURCHGEFÜHRT WERDEN

Möglichst wenig. Jeder solcher Eingriff stresst die Pflanze mehr, als das Biegen und/oder das Beschneiden. Beim Durchschneiden werden größere Pflanzenteile beseitigt, deshalb empfehle ich, diesen Schritt zweimal bis maximal dreimal während des Lebenszyklus der Pflanze durchzuführen. Öfter kann das Durchschneiden erlaubt werden nur in dem Fall, dass man die lange Wuchsphase praktiziert. Das Intervall zwischen dem einzelnen Durchschneiden, sollte nicht kürzer, als 7 Tage sein. Das Entfernen der Zweige und Sprossen, muss spätestens am Ende der zweiten Woche der Blütephase durchgeführt werden. Nach diesem Termin, wird es keinen positiven Einfluss auf die Qualität und Quantität der Ernte haben.

WELCHE PFLANZENTEILE SOLLEN ENTFERNT WERDEN

Am effektivsten, ist Entfernung der unteren, unrentablen Sprossen, die keine Chance haben das intensive Licht zu erreichen. An solchen Sprossen wachsen dann kleine Blüten, die nach dem Trocknen dünn und noch kleiner werden. Optimal ist es, 4 – 8 Hauptzweige zu belassen, die dann gebogen werden können und man gewinnt gleichmäßig große und starke Blüten.

DAS ENTFERNEN DER BLÄTTER

Mit dem Durchschneiden hängt auch des Entfernen mancher Blätter zusammen. Wir entfernen nur die Blätter, die die Blüten unter ihnen deutlich beschatten. Man sollte sich bemühen das Blatt lieber zu biegen, bevor man es entfernt. Die Pflanze braucht die Blätter, wenn sie zu wenige hat, setzt sie die Energie in ihre Bildung, anstatt in die Blüteentwicklung. Natürlich muss man die alten, gelblichen und trocknenden Blätter entfernen und zwar regelmäßig. Ihre Anwesenheit gibt die Gelegenheit zur Bildung vom Schimmel und anderen Übeln.

DAS ENTFERNEN DER BLÄTTER UNMITTELBAR VOR DER ERNTE

So mehr sich die Ernte nähert, wächst das Risiko von einer Schimmelbildung. Die Idealbedingungen für ihr Leben verdoppeln sich, wenn sich die Blätter überdecken und sich mit der meisten Fläche berühren. Auf solchen Blättern kondensiert dann das Wasser. Die Blätter sind nass, das Wasser kann in die Blüten gelangen und auch dort den Schimmel verursachen, denn da ist es warm und dunkel. Rechnet man dazu noch eine hohe Feuchtigkeit, bekommt man die Idealumgebung zur Schimmelbildung. Im Bereich von 4 – 7 Tage vor der Ernte, können alle großen Blätter von den Blüten entfernt werden. Sie bekommen dann noch mehr Licht und werden schön durchlüftet. In dieser Zeit können sich keine neuen Blätter bilden, also werden die Blüten nach der Ernte nicht voll mit Blättern.

GRUNDSÄTZE DES DURCHSCHNEIDENS

Beim Durchschneiden muss man immer bedenken, dass man ins lebende Gewebe der Pflanze greift. Deshalb, geht mit Bedacht vor. Wenn man sich nicht sicher ist, ob ein Zweig oder ein Spross entfernt werden soll, sollten sie lieber bewahrt werden, vor allem in dem Fall, wenn man es zum ersten Mal macht. Andererseits, habt keine Angst, die unteren, dünnen Zweige und alte, welkende Blätter zu entfernen. Nach dem Durchschneiden, werden alle entfernten Pflanzenteile, die ins Anbaumedium gefallen sind, entsorgt.

DURCHSCHNEIDEN UND KLONEN

Das Durchschneiden ist ideal, mit dem Klonen zu verbinden. Die abgeschnittene Sprossen schlagen sehr gut Wurzeln. Man muss sie nicht weg werfen, sondern man kann eigene Klone machen. Dem Klonen, werden wir uns in den folgenden Kapiteln widmen.

FEMINISIERT
AUTOFLOWERING

KATALOG 2013

KRYPTONITE
ALPUJARRENA
AUTO BLUE PYRAMID
FRESH CANDY

BLUE PYRAMID . NORTHERN LIGHTS
AUTO NORTHERN LIGHTS
WEMBLEY . AUTO WEMBLEY
WHITE WIDOW . AUTO WHITE WIDOW
SHARK . AUTOSHARK
NEFERTITI . AUTO NEFERTITI
LENNON . AUTOLENNON
NEW YORK CITY
AUTO NEW YORK CITY
SUPER HASH . AUTO SUPER HASH
ANESTHESIA . AUTO ANESTHESIA
TUTANKHAMON . AUTO TUTANKHAMON
GALAXY . AUTO GALAXY
ANUBIS . AUTO ANUBIS
AUTOPURPLE

NEU

PYRAMID
Seeds

MEDICAL PRODUCT

PYRAMIDSEEDS.COM
Plaça del Molí de Vent s/n
08791 Sant Llorenç d'Hortons
Barcelona   tel +34 936 373 712
info@pyramidseeds.com

WIR SIND AUF FACEBOOK

SAMEN

Am Anfang von jedem Weg zur erfolgreichen Ernte, steht der Samen.
Wenn man denkt, dass alle Samen gleich sind, dann täuscht man sich
gewaltig. Der Samen trägt die grundlegenden genetischen Informationen, die das Potenzial der Pflanze bestimmen, die daraus wächst. Zu
einem problemlosen Verlauf des Lebenszyklus der Pflanze und zur gewünschten Qualität der Ernte, ist es nötig, ein gutes Ausgangsmaterial
mit hochwertigen genetischen Voraussetzungen zu haben.

WIE SOLL MAN SAMEN AUSWÄHLEN

Vor dem einzelnen Samenkauf , muss die Sorte sorgfältig ausgesucht
werden, die man anbauen will. Für den Indooranbau, eignen sich nämlich nicht alle. Die grundlegende Voraussetzung ist also das, dass die
ausgesuchte Sorte für den Anbau unter dem Kunstlicht geeignet ist. In
den Angeboten der verantwortungsbewussten Samenverkäufer, werden
bei jeder Sorte **einige wichtige Angaben** erwähnt:

- Wo kann die Sorte angebaut werden – Outdoor (draußen), In-
  door (unter dem Kunstlicht), Greenhouse (im Glashaus) – man-
  che Sorten können in mehreren erwähnten Bedingungen ange-
  baut werden.
- Wie lange blüht die Pflanze, bevor sie reif wird.
- Vorausgesetzter Ertrag der Sorte.
- Sorten Typ (im Falle vom Indica Cannabis, Sativa oder ihre
  Kombination).
- Vorausgesetzte Höhe der Pflanzen.
- Widerstandsfähigkeit gegenüber den Erkrankungen.
- Schwierigkeitsgrad der züchterischen Fähigkeiten.

Ich empfehle, bei autorisierten Händlern einzukaufen. Hier gibt es besse-re Voraussetzung, dass die Samen nicht alt sind und von hochwertigen Pflanzen stammen. Darüber hinaus, kann man sich sicher sein, dass man wirklich das kauft, was man haben möchte. Die Sorten nach dem Ausse-hen der Samen zu unterscheiden, ist nämlich für die meisten Grower völlig unmöglich. Die Unterschiede im Aussehen der Samen, sind bei manchen Sorten minimal und sind mit bloßem Auge, nicht zu unter-scheiden.

DER HANF – CANNABIS SATIVA

Allias Hanf, ist eine einjährige, diözische Pflanze, deren Ur-sprung man in Mittelasien findet. Ihre Verwendung ist sehr vielseitig. Die ganze Pflan-ze kann restlos bearbeitet werden, ohne dass irgendwel-cher Abfall übrig bleibt. Aus Hanf werden Stoffe, Seile, öko-logische Brennstoffe usw. her-gestellt, und er wird als Isolati-onsmaterial im Bauwesen verwendet. Die Hanfsamen werden gepresst und das gewonnene Öl wird in der Kosmetik, oder zur Herstellung von Firnis, Lacken usw. verwen-det. Cannabis Sativa zeichnet sich durch sich durch einen höheren Wuchs (bis zu 3,5 m sortenabhängig) und durch kleinere Verzweigung aus. Die Blätter sind schmal und spitz. Der Hanf eignet sich zum Anbau in Räumlichkeiten, wo genug Platz in der Höhe ist.

INDISCHER HANF – CANNABIS INDICA

Der indische Hanf unterscheidet sich vom Hanf Sativa im Wuchs, in der Form der Blätter und in großer Produktion vom Harz, das mehr THC

enthält. Ursprünglich kommt der indische Hanf auch aus Asien und wird in Indien, Afghanistan, Iran, in der Türkei, Syrien, aber auch in Nordamerika angebaut. Indischer Hanf hat einen niedrigeren Wuchs als der Hanf Sativa und erreicht eine Höhe bis zu 1,8 m (sortenabhängig). Die Pflanze verzweigt sich bereits von unten an. Die Blätter sind stark, mit markanteren Linien. Cannabis indica eignet sich besser zum Anbau in beschränkten Räumen, zur Anbaumethode des grünen Meeres und zu anderen Methoden, bei denen die Biegung verwendet wird.

WILDER HANF – CANNABIS RUDERALIS

Cannabis ruderalis hat einen niedrigeren Wuchs, produziert mehr Blätter und enthält wesentlich weniger THC. Durch die Kreuzung von Cannabis ruderalis mit Cannabis indica, oder sativa, wurden selbstblühende Sorten gezüchtet, über die man in den folgenden Kapiteln lesen kann.

HYBRID SORTEN

Die meist zugänglichen Hanfsorten auf dem Markt, sind hybrid. Das heißt, dass sie durch Kreuzung verschiedener Sorten gezüchtet wurden. Dank dem, sind viele heutige Sorten auch die Mischung aus verschiedenen Arten, also aus indica, sativa und ruderalis. Manche Hersteller geben an, wieviel Prozent die Pflanze von indica, Sativa und ruderalis enthält. Der Hybrid ist allerdings auch eine Sorte, die durch eine Kreuzung von zwei Sorten gezüchtet wurde, die 100 % sativa, indica, oder ruderalis

270

waren, auch wenn man dem 100 % en ruderalis in Geschäften nicht begegnet, weil der THC Gehalt sehr niedrig ist.

WARUM SIND MANCHE SORTE TEUERER

Die Züchtung der Sorten (strain) gleicht einer Alchimie. Das gleiche gilt
bei der Samenherstellung. Die Entwicklung von einer stabilen Sorte, ist
eine Arbeit für mehrere Jahre. Eine stabile Sorte zeichnet sich durch die
ausgeglichene Qualität der Pflanzen, die von den Samen herauswachsen.
Die Pflanzen sind ungefähr gleich hoch, wachsen und reifen gleich. Dazu
weisen sie keine genetischen Fehler aus, wie das Durchwachsen der
Blüten, Blütebildung von beiden Geschlechtern usw. So gewinnt man
dann eine Garantie, dass ihre avisierten Voraussetzungen real genutzt
werden können. Der Samenpreis wird natürlich auch durch die Aus-
zeichnungen auf verschiedenen Cannabis Cups beeinflusst. Ich will euch
damit nicht zum Kauf von teuren Sorten ermahnen. Eher möchte ich
darauf aufmerksam machen, dass die auffällig billigen Sorten keine so
sorgfältige Züchtung und konsequente Auswahl hinter sich haben müssen.

WAS ERKENNT MAN MIT EINEM BLICK

Obwohl man in die Samen nicht reinschauen kann und man kann nur
schwer ihre tatsächliche genetische Qualität prüfen, können einige Regeln, während der visuellen Kontrolle eingehalten werden. Samen einer
Sorte müssen:

- Ungefähr gleich groß sein – große Abweichungen in der Größe
  bedeuten nichts Gutes.
- Müssen kompakt sein – Achtung auf zerbrochene und beschä-
  digte Samen.
- Farbe und Muster einer Sorte weisen ähnliche Zeichen aus –
  Samen sollten gleich aussehen.
- Glatte, gleichmäßige Oberfläche – geschrumpfte Samen und Sa-
  men mit komischen Löchern nicht nehmen.

- Sauber, ohne Schalen und Pflanzenreste.

Durch diese Grundkontrolle senkt man das Risiko eines falschen Kaufs. Die Samen sind oft keine billige Angelegenheit, deshalb sollte man der Auswahl gehörige Aufmerksamkeit widmen. Weiße und grüne Samen sind nicht reif und werden nicht keimen. Dunkle (braune, schwarze), fleckige Samen sind bereits reif und die Wahrscheinlichkeit der Keimung ist groß. Allerdings ist das Alter und Qualität der Samen, die man mit einem Blick nicht bestimmen kann, auch wichtig. Andererseits kann man sich Samen nicht immer anschauen, weil sie in undurchsichtigen Verpackunen eingepackt werden...

AUSWAHL VON MEHREREN SORTEN

Grower wollen oft mehrere Sorten auf einmal anbauen. Das ist natürlich völlig in Ordnung. So kann man die Sorten in einer Realzeit vergleichen und auch ihre Entwicklung, den Ertrag und den Geschmack in völlig identischen Bedingungen vergleichen. Wenn man sich für mehrere Sorten gleichzeitig entscheidet, muss man eine erhöhte Aufmerksamkeit der Blütelänge und der vorausgesetzten Wuchshöhe der Pflanzen widmen. Die ausgesuchten Sorten sollten die gleiche oder eine sehr ähnliche Blütephase haben und ein Vorteil ist auch die ungefähr gleiche vorausgesetzte Höhe. Falls es in diesen Parametern deutliche Abweichungen gibt, können Probleme im Bereich der Düngung auftreten (verschiedene Dosierung in Folge einer ungleichmäßigen Entwicklung der Pflanzen), oder Probleme, die durch ungleichmäßige Pflanzenhöhe verursacht werden.

KAUF IM INTERNET

Heutzutage gibt es viele elektronische Geschäfte, die uns oft viel Zeit und Lieferkosten sparen, die wir sonst auf dem Weg zum Händler benötigen würden. E-Shops mit Samen sind da keine Ausnahme. Von zu Hause aus kann man sich gemütlich überlegen, welche Sorte am besten passt und man kann die Preisangebote und Sortimente verschiedener Hersteller und Verkäufer vergleichen. Es gibt aber Menschen, die in E-Shops ungern einkaufen. Sie bevorzugen die persönliche Auswahl und Kontrolle der getesteten Ware. Man kann niemanden überzeugen, dass der Interneteinkauf besser oder schlechter ist, als der Kauf im Geschäft. Man kann sagen, dass die Zahl derjenigen, die mangelhafte Samen im Geschäft gekauft haben, ungefähr gleich ist, wie die Zahl derjenigen, die Samen im E-Shop gekauft haben. Manchmal hat man einfach Pech, es ist nicht wichtig, wo man gerade einkauft.

KLASSISCHE SAMEN – REGULAR

Klassische Samen haben den Nachteil darin, dass aus manchen, männliche Pflanzen herauswachsen. Ein Nachteil ist es nur in dem Fall, wenn man die Pflanzen für die Blüte anbauen möchte. Falls man zufällig für den Samen anbauen möchte, wird man männliche und weibliche Pflanzen brauchen. Das prozentuelle Verhältnis der männlichen Samen in der

Packung ist unterschiedlich. Wieder kommen wir dazu, dass es gut ist, Marken von geprüften Herstellern zu kaufen. In ihren Produkten, bewegt sich der prozentuelle Anteil von männlichen Samen von 30 bis 60 %. Es sind viele Fälle bekannt, wann die Zahl der Männchen von 10 Samen auch 8 Stück erreichte. Manche Hersteller garantieren 30 % eines maximalen Anteils an Männchen. Allerdings Samen zu reklamieren, ist fast unmöglich.

FEMINISIERTE SAMEN – FEMINIZED

Schon seit den sechziger Jahren des 20. Jahrhunderts, bemühten sich Grower eine Sorte zu züchten, die nur weibliche Samen produzieren würde. Es wurden verschiedene Methoden der Beeinflussung der Pflanzeentwicklung mit Hilfe von einigen Stoffen versucht, aber das Ergebnis entsprach der Zielbestimmung immer noch nicht, also dem 100 % Anteil an weiblichen Samen aus einer Pflanze. Es sah fast so aus, dass das Ziel nie erreicht wird, bis die Samenbank Dutch Passion im Jahr 1998 die ersten, wirklich feminisierten Samen vorgestellt hatte – also Samen, bei denen die Wahrscheinlichkeit am Vorkommen von Männchen, gering wurde. Die ersten Lieferungen der kommerziellen Samen wiesen noch Mängel auf, die sich durch Vorkommen an hermaphroditen Einzelwesen äusserte. Mit diesem Problem beschäftigen sich manche Hersteller bis heute. Dutch Passion ist in diesem Fach ein wirklicher Profi und auf ihre feminisierten Samen kann man sich 100 % verlassen.

WIE ENTSTEHEN FEMINISIERTE SAMEN

Das Geschlecht vom Hanf wird durch Chromosomen X und Y bestimmt, die sich paaren. XX – Das Paaren von zwei Chromosomen X, bezeichnet das Weibchen. XY – die Anwesenheit vom Chromosom Y bezeichnet immer das Männchen. Die Herstellungsbasis von feminisierten Samen, ist die Fähigkeit des Hanfs, männliche Blüten auch ohne die Anwesenheit des Chromosoms Y zu bilden. An der weiblichen Pflanze, die nur mit

DUTCH PASSION

präsentiert:

Neue AutoFem-Varietäten

AutoXtreme®
StarRyder®
Polarlight#3®
Taiga#2®
Tundra#2®

Polarlight#3®

🌿	Sativa Dominant
⚖	L
%THC	8-12%
✂	65 - 70 Tage
☘	Mix#6
€	3 X € 27
	7 X € 55

StarRyder®

Ein Dutch Passion - Joint Doctor-Projekt.

🌿	Indica Dominant
⚖	L
%THC	15-19%
✂	70 Tage
☘	Mix#7
€	3 X € 31
	7 X € 65

AutoXtreme®

Ein Dutch Passion - Dinafem Seeds-Projekt.

🌿	Sativa Dominant
⚖	XXL
%THC	8-15%
✂	85 Tage
☘	Mix#7
€	3 X € 31
	7 X € 65

Besuchen Sie unseren Shop:
Dutch Passion
Grote Gracht 40
6211SX Maastricht
info@dutch-passion.nl
0031 43 321 58 48

Besuchen Sie unseren VIP-Verkaufsraum in Amsterdam
Vereinbaren Sie einen Termin über:
www.dutch-passion.nl/vip

DUTCH PASSION ®

SEED COMPANY

AMSTERDAM, ESTABLISHED 1987

MASTERS AT WORK

Chromosomen X ausgestattet ist, können sich so männliche Blüten bilden, deren Blütenstaub garantiert das Chromosom X enthält.

Weibliche Pflanze enthält ausschließlich die Chromosomen X. Nach der Befruchtung mit Blütenstaub, der nur Chromosomen X trägt, gewinnen wir Samen, die kein Chromosom Y enthalten, also werden aus diesen Samen garantiert weibliche Pflanzen wachsen.

Um einen Blütenstaub ohne Chromosom Y zu gewinnen, muss die weibliche Pflanze dazu gebracht werden, dass sie männliche Geschlechtsorgane bildet – männliche Blüten. Zu diesem Zweck wird oft Giberrellinsäure, oder kolloidales Silber verwendet (während der ersten Versuche wurde das hochgiftige Alkaloid Colchicin verwendet). Die Pflanze, die die Blüten beider Geschlechter besitzt, nennt man ein Hermaphrodit. Der Blütenstaub aus so gewonnenem Hermaphrodit, enthält nur das Chromosom X. Sobald man mit diesem Blütenstaub ein anderes Weibchen befruchtet (sie muss nur weibliche Blüten haben), gewinnt man 100 % feminisierte Samen, die kein Chromosom Y enthalten.

WARUM WECHSELT DIE PFLANZE DAS GESCHLECHT

Wie schon gesagt wurde, können Hanfpflanzen männliche Fortpflanzungsorgane, auch ohne die Anwesenheit des Chromosoms Y, bilden – in dieser Beziehung, handelt es sich in der Natur um keine Ausnahme, es können sogar einige Tiere. Die Pflanze entscheidet sich zur Geschlechtsänderung in dem Moment, wenn sie es für richtig hält, zum Beispiel wenn ihre Lebensdauer bedroht wird. Die Bildung von weiblichen Blüten ist für die Pflanze energetisch wesentlich anspruchsvoller und es nimmt mehr Zeit in Anspruch, als die Bildung der weiblichen Organe. Wenn die Pflanze *denkt,* dass sie es nicht schafft, die Samen zu produzieren (zum Beispiel in Folge der ungünstigen Umwelteinflüsse), beginnt sie männliche Blüten zu bilden, um ihre Gene in Form eines Blütenstaubs weiter zu geben, der dann andere, gesunde Weibchen befruchten kann.

← **Hermaphrodite** *Pflanze – was nach oben steckt, sind weibliche Blüten, die nach unten hängende Ballen, sind männliche Blüten.*

FORTSCHRITT BEI DER FEMINISIERUNG

Die Feminisierung der Samen kann mit mehreren Varianten erzielt werden. Das Ziel ist immer die Bildung einer hermaphroditen Pflanze, wie in den vorigen Absätzen beschrieben wurde. Zu diesem Zweck werden verwendet:

- Giberrellinsäure;
- kolloides Silber;
- Aspirin im Wasser aufgelöst;
- Stressen der Pflanzen – durch überflüssige/unzureichende Bewässerung, durch starke Temperaturschwankungen usw.

Bei der Industrieherstellung von feminisierten Samen, werden meistens chemische Präparate verwendet, die eine hohe Erfolgsrate und Stabilität sichern.

KAUFEN ODER NICHT KAUFEN FEMINISIERTE SAMEN

Das ist ein Thema, für eine lange und erschöpfende Diskussion. Über feminisierte Samen wird bei den Growern oft diskutiert, und die Meinungen der einzelnen Grower gehen natürlich oft auseinander, je nach dem wer welche Erfahrungen hat. Dem schliessen sich noch diejenigen an, die feminisierte Samen nie ausprobiert haben, aber sich gerne in die Rolle der Fachleute stellen...

Der Vorteil von feminisierten Samen, ist natürlich die Abwesenheit der männlichen Einzelwesen. Die Fans des Samenanbaus können so voraussetzen, dass mindestens 90 % der erworbenen Pflanzen erfolgreich reif werden und sie die erwünschte Ernte erzielen. Der Identifizierungsprozess, sowie das Abreissen der Männchen fällt ab und es kann nicht mehr passieren, dass am Ende nur die Hälfte der Pflanzen übrig bleibt. Man spart auch an Düngemitteln, weil seit dem Samenauskeimen, vergeht beim Anbau von klassischen Sorten eine relativ lange Zeit bis zu dem Stadium, wo man das Männchen sicher erkennen kann.

Die Herstellung von feminisierten Samen ist nicht einfach. Aus dem Grund empfehle ich jedem die Samen nach diesem Schlüssel zu kaufen:

- Kauft Produkte der Samenbank, die die gewählte Sorte gezüchtet hat, die ihr Besitzer ist und sich selbst mit der Herstellung der feminisierten Samen beschäftigt. Es ist nicht wichtig, bei wem man kauft, aber es ist wichtig, ob die angebotene Sorte von ihrem Züchter stammt.
- Vermeidet feminisierte Sorten eines unbekannten Ursprungs.
- Unbekannte Hersteller von feminisierten Samen haben in der Regel keine ausreichenden Erfahrungen, im Vergleich zu traditionellen Samenbanken, die das Verfahren von feminisierten Sa-

men lange Jahre ausüben und dazu auch noch ein Material der höchsten Qualität haben.

FEMINISIERTE SAMEN UND MUTTERPFLANZEN

Anbau von hochwertigen Mutterpflanzen, fordert eine große Sorgfalt und Zuverlässigkeit. Die Arbeit mit der Identifizierung von weiblichen Pflanzen ist nur ein Tropfen auf heisses Eisen, im Vergleich mit dem Fleiss, der zur Züchtung von guten Mutterpflanzen entwickelt werden muss. Die Mutterpflanzen sind in der Lage, die Klone sehr lange Zeit zu erzeugen und aus der Sicht der genetischen Fehlerhaftigkeit und Widerstandsfähigkeit, müssen an sie hohe Ansprüche gestellt werden. Mit der Verwendung von feminisierten Samen zur Züchtung von Mutterpflanzen sind gemischte Erfahrungen (gute und schlechte) verbunden. Wenn man unnötigen Schwierigkeiten aus dem Weg gehen will, dann verwendet man für die Mutterpflanzen klassische Samen, vor allem wenn man plant, die Mutterpflanzen langfristig zu besitzen.

SIND FEMINISIERTE SAMEN GENETISCH VERÄNDERT?

Die Feminisierung der Samen kann man mit genetischer Veränderung nicht vergleichen. Das Wesentliche ist, die Pflanze durch äussere Einflüsse dazu zu bringen, dass sie ihr aktuelles Programm ändert und damit Änderungen in ihrer aktuellen Entwicklung macht. Es wurde gesagt, dass die Pflanze ihr Geschlecht, je nach Bedarf, selber wechseln kann. Während des ersten Schritts des Feminisierungsprozesses (Stimulation der weiblichen Pflanze zum Wechsel in Hermaphrodit) wird ihre natürliche Fähigkeit nur von außen beherrscht. Die Feminisierung mit der genetischen Modifizierung zu vergleichen, ist ein absoluter Unsinn.

SAMEN DER SELBSTBLÜHENDEN SORTEN (AUTOFLO-WERING)

Die selbstblühenden Sorten brachten vor allem den Outdoor Growern, einen riesigen Vorteil. Aus diesem Samen wachsen nämlich Pflanzen, die ohne Rücksicht auf den Lichtzyklus, die Blüte einsetzen. Die Blüten bilden sich einfach auch während des 18 Stunden Licht/6 Stunden Dunkelheit Intervalls. Dank dem, hat jeder Outdoor Grower die Sicherheit, dass seine Pflanzen rechtzeitig reif werden, bevor das kalte Herbstwetter kommt. Die Produzenten der selbstblühenden Sorten behaupten, dass von der Samensaat bis zum Stadium der Reife, bloß 2 – 2.5 Monate vergehen, es ist also in manchen Europateilen möglich, im Sommer zweimal zu ernten. **Der Hauptvorteil ist allerdings der, dass man jetzt Hanf auch in Ländern anbauen kann, wo es früher nicht möglich war, die volle Reife zu erzielen!**

WIE ENTSTEHEN DIE AUTOFLOWERING SORTEN

Im Wesentlichen sind es Eigenschaften des wilden Hanfs (cannabis ruderalis), die die selbstblühenden Sorten bilden. Diese Familie bildet die Blüte nicht abhängig vom Lichtzyklus, sondern richtet sich nach ihrem Alter. Cannabis ruderalis enthält nur eine kleine THC Menge, erzeugt kleine Blüten und der Anbau ist schwierig. Aus dem Grund war es notwendig, sie entweder mit Cannabis sativa, oder mit Cannabis indica zu kreuzen.

Sowohl bei den feminisierten Samen, als auch beim Züchten von selbstblühenden Sorten, wurde vor allem Geduld und Ausdauer gefordert. Die ersten ruderalis und sativa/indica Hybriden waren nicht sehr produktiv. Kleine Erträge, wenig Wirkstoff, schwieriger Anbau, unstabile genetische Eigenschaften der Nachkommen usw. Der unermüdliche Weg endete zum Glück gut. Die erste stabile und effektive Sorte des selbstblühenden Hanfs, trägt den Namen Lowryder, diese Sorte wurde von einem Mann gezüchtet, der von niemandem nicht anders als The Joint Doctor, genannt wird. Die endgültige Form vom Lowryder kam dann im Jahr 2005.

Eine ganze Reihe der heutigen selbstblühenden Sorten wurde gerade von der Lowryder Sorte gezüchtet, allerdings werden unabhängig von der Lowryder Sorte, in vielen Samenbanken eigene Sorten gezüchtet.

WER SCHÄTZT DIE SELBSTBLÜHENDEN SORTEN

Vor allem die Outdoor Grower. Die können sich nämlich nicht aussuchen, wie lange es warm wird und wie die Photoperiode wird. Die selbstblühenden Sorten reifen auch in höheren Lagen und in kälteren Regionen.

Beim Indooranbau können autoflowering Sorten natürlich auch verwendet werden. In diesem Fall wird eine Photoperiode im Verhältnis von 18 –20 Stunden Licht und 6 – 4 Stunden Dunkeln empfohlen. Selbstblühende Sorten schätzen die Grower, die sich nach einer fortlaufenden Ernte sehnen. Aufgrund der Tatsache, dass es im Anbaumedium einen konstanten Lichtzyklus gibt, können zum Beispiel alle 14 Tage neue Pflanzen dazugegeben werden. Sobald die erste Menge reif ist, kann man sich bereits auf die nächste Ernte in 2 Wochen freuen. In so einem Fall, muss man die einzelnen Mengen nach der Entwicklungsphase auch düngen.

Aufgrund der Tatsache, dass die selbstblühenden Pflanzen 18 – 20 Stunden am Tag Licht brauchen, steigt natürlich der Stromverbrauch, im Vergleich zu klassischen Sorten, da könnte sich jemand für den Preisunterschied während einer Ernte, interessieren. Mich hat es auch interessiert. Das Ergebnis findet man in den folgenden Tabellen:

KLASSISCHE ABARTEN:

Leucht-mittel	Länge der Wuchs-phase	Ver-brauch in der Wuchs-phase	Länge der Blüte-phase	Ver-brauch in der Blüte-phase	Gesamt-ver-brauch
400 W	14 Tage	101 kWh	60 Tage	288 kWh	390 kWh
600 W	14 Tage	151 kWh	60 Tage	432 kWh	583 kWh

SELBSTBLÜHENDE SORTEN:

Leuchtmittel	Anbaudauer	Gesamtverbrauch 18 Stunden – 20 Stunden Licht /am Tag
400 W	65 Tage	468 – 520 kWh
600 W	65 Tage	702 – 780 kWh

VERGLEICH DES STROMVERBRAUCHS:

Leuchtmittel	Klassische Abarten	Selbstblühende Sorten	Der Unterschied zugunsten der klassischen	Geld sparen
400 W	390 kWh	494 kWh	104 kWh	20,8 EUR
600 W	583 kWh	741 kWh	158 kWh	31,6 EUR

Der Unterschied ist scheinbar nicht so groß, aber jeder Euro ist gut, oder?

HOCHWERTIGE STUFEN DER SAMEN

Ein unzertrennlicher Bestandteil der Züchtung von hochwertigen Sorten ist eine sorgsame und kompromisslose Auswahl, bei der nur die besten

Einzelwesen ausgesucht werden und die schwächeren werden unbarm-
herzig beseitigt. die männlichen und weiblichen Pflanzen werden aufgrund der ungewollten Befruchtung getrennt angebaut. Das wird erst
dann ausgeführt, wenn es klar ist, welche männliche und welche weiblichen Pflanzen die richtigen genetischen Voraussetzungen haben.

Bei der Auswahl werden viele Faktoren bewertet, wie zum Beispiel die
Widerstandsfähigkeit der Sorte gegen Erkrankungen, das Ertragspotenzial, der Wuchstyp, die Dauer der vegetativen Periode und andere. Am
Ende dieses Prozesses wird ein Paar von der männlichen und der weiblichen Pflanze ausgesucht, von dem die ersten Samen der neuen Sorte
kommen. Eine Suche nach diesen Samen auf den Ladentischen der Geschäfte, wäre umsonst. Es handelt sich um Anfangsmaterial der höchsten
Qualität, das zur weiteren Fortpflanzung der Sorte dient – sog. Pre-Basic.
Zu dieser Kategorie gehören noch zwei weitere Samengenerationen, die
bereits von den Pflanzen stammen, die aus der ersten Menge gezüchtet
wurden. Bei so einer Samenfortpflanzung, werden die schwächeren Einzelwesen vom Bestand beseitigt und es werden nur die Pflanzen aufbewahrt, die die gleichen qualitativen Merkmale, wie die Ursprungspflan-
zen, aufweisen.

Die vierte Samengeneration wird als Elitesaat (basic seed) bezeichnet.
Erst aus diesen Samen werden Pflanzen gezüchtet, deren Samen in die
Geschäfte gelangen. Bei der Samenvermehrung werden natürlich ständig
die schwachen Einzelwesen beseitigt, damit es zur keiner Qualitätsmin-
derung der Endsamen kommt. Üblich erscheint in der Distribution auch
die sechste Samengeneration, aber auch die sollte qualitative Merkmale
aufweisen und alle genetischen Merkmale ihrer Vorgänger tragen. Die
Siebte und jede weitere Generation sollte nicht mehr als qualitative Saat
bezeichnet und offiziell distribuiert werden, denn das Verhältnis der
hochwertigen und gut keimenden Samen sinkt sehr schnell. Derjenige,
der eine Sorte züchtet, ist ihr Besitzer und kann damit nach seinem Er-
messen umgehen. Die Elitesaat wird an Produzenten distribuiert, die
sich für die Sorte interessieren und wenn der Besitzer der Sorte, damit

einverstanden ist. Diese züchten dann aus diesen Samen Pflanzen, deren Samen unter demselben Titel verkauft werden, aber unter eigener Marke.

Aus den oben genannten Informationen geht logisch hervor, dass dem Besitzer der Sorte das genetisch beste Material zur Verfügung steht. Wenn wir zum Schlüssel zurückkehren, nach dem ich den Kauf von feminisierten Samen empfohlen habe, konkret zum Punkt, wo der Kauf bei Sortenbesitzern empfohlen wird, dann kann man hier die Begründung leicht sehen. Die Sortenbesitzer haben die Möglichkeit, die Samen aus hochwertigem Material zu erzeugen.

SAMEN AUS EIGENER ERNTE

Manche Grower haben genug Samen aus eigener Ernte, oder sie bekommen diese von anderen Growern. Wenn sie von hochwertigen und effektiven Pflanzen stammen, können sie eine hervorragende Qualität erreichen. Allerdings hat die Verwendung von frischen Samen auch ihre Regeln. Es müssen vor allem reife und ganze Samen ausgesucht werden. Das ist meistens kein so grosses Problem, weil es genug davon aus eigener Ernte gibt (natürlich wenn man neben den weiblichen auch männliche Pflanzen züchtet). Das Problem bei diesen Samen kann manchmal bei ihrer Keimfähigkeit sein. Damit man ein möglichst hohes Prozent der Keimfähigkeit sichert, lässt man die Samen im Kühlen (einfach im Kühlschrank). Auf diese Weise werden sie den natürlichen Bedingungen ausgesetzt, weil nach dem Herbst meistens der Winter kommt und so machen die Samen eine kältere Periode durch. Sie beginnen dann erst im Frühling zu keimen. Es ist bewiesen, dass frische Samen eine höhere Keimfähigkeit haben, wenn sie sich etwa 7 Tage in einer kühleren Umgebung befinden. Diese Praxis wird üblich auch beim Testen der Keimfähigkeit von der industriell erzeugten Saat anderer Pflanzenarten verwendet.

LAGERUNG DER SAMEN

Wen man vor hat, die Samen eine längere Zeit zu lagern, sollte man sie an einer kühlen und dunklen Stelle aufbewahren (Kühlschrank ist wieder ideal). Sie sollten erst dann rausgeholt werden, wenn man weiss, dass man sie wirklich verwendet. Ein häufiger Wechsel der Bedingungen tut den Samen nicht gut und senkt ihre Keimfähigkeit. Die Keimfähigkeit geht bei cannabis sativa schneller verloren, als bei cannabis indica.

SAMENBEIZE

Bevor wir die Samen keimen lassen, ist es möglich sie mit einer Beize zu behandeln. Die Beize wird zum Schutz der Pflanze vor Pilzerkrankungen in der Frühvegetativphase und zur Erhöhung der Keimfähigkeit der Samen durchgeführt. Beim Indoor Hanfanbau wird diese Methode selten verwendet, das heißt aber nicht, dass sie gar nicht verwendet wird. Eine Beize ist hauptsächlich für die Grower vorteilhaft, die im Bodensubstrat anbauen möchten, wo ein viel höheres Risiko vom Pilzerkrankungenbefall besteht, die in diesem Anbaumedium versteckt sein können.

WANN UND WOMIT BEIZEN

Die Samenbeize wird vor ihrer Keimung ausgeführt. Man kann sie entweder mit der trockenen, oder mit der feuchten Methode ausführen. Von zugänglichen Beizmitteln für kleine Gärtner, gibt es auf dem Markt nicht sehr viel, weil die meisten kommerziell verkaufte Samen und öffentlich gezüchtete Pflanzensorten, bereits gebeizt sind. Aber trotzdem lassen sich „Schwalben" finden, die jeder Grower nutzen kann:

- **Supresivit** – voll biologisches Präparat, geeignet zur Samenbeize, aber auch zur gewöhnlichen Pflanzenbehandlung gegen Pilzerkrankungen. Die Beize nach der zugefügten Anleitung verwenden.
- **Polyversum** – auch voll biologisches Präparat mit ähnlicher Auswirkung wie Supresivit.
- **Proplant** – ein chemisches Präparat, das sich nicht nur zur Samenbeize, sondern auch zur Behandlung von Klonen eignet, durch Eintauchen unmittelbar vor dem Einpflanzen. Genau wie Supresivit, schützt das Präparat die Pflanze vor einem Pilzerkrankungenbefall. Proplant ist ein Systemfungizid, allerdings in Hinsicht auf die Dauer, die vom Auskeimen/Einpflanzen bis zu ihrer Ernte vergeht, ist lang genug.

KEIMEN DER SAMEN

Wenn man die ausgesuchten Samen bereits zu Hause hat, eventuell gebeizt, ist es an der Zeit, sie keimen zu lassen. Das Keimen sollte lieber
einzeln gemacht werden und noch bevor man sie ins Anbaumedium gibt.
So können optimale Bedingungen der Samen gesichert werden und ihr
Keimen kann kontrolliert werden. Im Anbaumedium werden dann nur
die Stücke gesteckt, die wirklich auskeimen.

WANN SOLL DAS KEIMEN ERFOLGEN
Gebt die Samen zum Keimen erst dann, wenn der
Growroom bereit ist. Es muss die Funktionsfähigkeit
der Bewässerung geprüft werden, die aufgehängten
Lampen, die komplett installierte Lufttechnik und die
Anbaugefäße mit ausgewähltem Anbaumedium aufgefüllt.

WIE SOLL MAN SAMEN KEIMEN LASSEN

Zum richtigen Keimen brauchen die Pflanzen eine hohe Feuchtigkeit,
Wärme und Dunkelheit. Damit eine möglichst hohe Anzahl der ausgekeimten Samen erreicht wird, ist es gut, sie zuerst etwa für 12 – 24 Stunden im lauwarmen Wasser liegen lassen. Die Samen nehmen die Feuchtigkeit auf und keimen besser und schneller. Wir giessen also Wasser mit
Temperatur von 20 – 25 °C in ein Glas ein, oder in ein anderes Gefäß und
die Samen kommen darein. Stellt das Glas an einer dunklen Stelle mit
konstanter Temperatur ab, optimal um die 20 – 25 °C. Falls man die Samen gebeizt hat, ist besser, diesen Schritt zu überspringen und die Samen direkt ins feuchte Anbaumedium zu stecken.

Manchmal kommt es vor, dass manche Samen bereits im Wasser zu keimen beginnen. Das schadet gar nicht. Während des erwähnten Zeitab-
schnitts kann dem Keim nichts passieren und ausgekeimte Samen können sofort ins Anbaumedium gegeben werden.

Samen werden erst *für 12 – 24 Stunden im lauwarmen Wasser einge-taucht (20 – 25 °C).*

Danach werden die Samen *auf befeuchtete Watte, oder noch besser auf ein Keimpapier gelegt. Die Schale wird mit geeignetem Deckel, der kein Licht durchlässt, zugedeckt.*

Ausgekeimte Samen fast zum Stecken bereit. Die Schwänzchen sind Wurzeln und innen drin bilden sich die ersten Blätter. Diese Samen keimten bereits im Wasser innerhalb von 18 Stunden aus.
→

Nach diesen 12 – 24 Stunden ist es an der Zeit die Samen auf ein Keimpapier oder eine Watte zu verlegen, die auf einer geeigneten Unterlage (Schüssel, Teller...) platziert sind. Zum Befeuchten vom Papier oder der Watte kann ein Glas Wasser verwendet werden. Das Material, in dem die Samen keimen, muss komplett feucht sein, aber es sollten sich keine Lacken und stehendes Wasser bilden. Stellt die Schale dorthin, wo das Glas stand. Bereits am zweiten Tag sollten die meisten Samen einen Keim haben – weißes Schwänzen, das aus dem geplatzten Samen herauskommt. Der Keim ist eigentlich die erste Wurzel der zukünftigen Pflanze. Sobald der Keim mindestens 5 mm lang ist, kann der ausgekeimte Samen bereits gesteckt werden.

STECKEN DER AUSGEKEIMTEN SAMEN

Falls man sich den Anbau im Bodensubstrat ausgesucht hat, kann man den ausgekeimten Samen direkt darein stecken. Genauso kann man die Rockwool Saatwürfel verwenden. Die halten die nötige Feuchtigkeit, die die Pflanzen für ihre weitere Entwicklung in dieser Frühphase brauchen. Rockwool Würfel stören im Bodensubstrat nicht und beeinflussen seine physikalische Eigenschaften nicht. Zur Sicherheit erwähne ich noch, dass die Rockwool Saatwürfeln einen Maß von ca. 1 x 1 x 4 cm, oder 4 x 4 x 4 x 4 cm haben. Beim Anbau in Hydroponic sollte der Saatwürfel immer verwendet werden. Anstelle der Rockwool Würfel können Torrollen sog. *Jiffy*, verwendet werden. Diese eignen sich zum Anbau in Kokos, oder in der Erde. Ihr Vorteil ist der optimale pH Wert, der durch die enthaltenen Minerale erzielt wird. Die Rollen werden ins Wasser eingetaucht und man lässt sie quellen. Nachfolgend können in diese Rollen Klone eingesteckt werden, oder die ausgekeimten und nicht ausgekeimten Samen.

Die Würfel und auch die Bodensubstrate müssen vor dem Stecken der ausgekeimten Samen gründlich mit Wasser begossen werden. Als Giesswasser, verwendet man Wasser mit geregeltem pH Wert von 6,5. Es ist geeignet dem Wasser ein Wurzelstimulator beizumischen. Düngemittel sollten vorerst nicht verwendet werden. Die Rockwool Saatwürfel sollte man so lange eintauchen, bis sie ganz nass werden (gewöhnlich reicht ein paar Sekunden). Das Substrat muss damit gründlich durchgossen werden – aus den unteren Drainageöffnungen muss ein Teil der verwendeten Lösung rausfließen – so erkennt man, dass das Wasser in alle Teile des Anbaugefäßes gelangt ist.

Rockwool Saatwürfel

Bei der Verwendung von Saatwürfel, gibt es mehrere Methoden wie man vorgehen kann, die genannt werden müssen. Der Anbau in hydroponischen Systemen fordert gewöhnlich zwei Sorten von Rockwoll Würfel – kleine Saatwürfel und größere Anbauwürfel. Die Anbauwürfel geben den Pflanzen den Halt und sichern ihre Stabilität in hydroponischen Anbaumedien. Die Anbauwürfel sind mit einem Loch versehen, wo die kleine Saatwürfel genau reinpassen. Die ausgekeimten Samen können also in den Saatwürfel gesteckt werden, der sofort in den Anbauwürfel gelegt wird – in diesem Fall muss auch der Anbauwürfel ins Wasser einge-

taucht werden. Bei diesem Vorgang hat man noch zwei weitere Möglichkeiten.

1. Den Anbauwürfel direkt ins Anbaumedium reinlegen und aus-
    gekeimte Samen direkt dort, wachsen lassen. Bei dieser Metho-
    de ist gut, dass man die Pflanzen nicht mehr viel bewegen muss
    und sie müssen nicht so oft umgestellt werden. Die Wurzeln
    wachsen durch den Anbauwürfel und leben sich direkt in der
    Umgebung des Anbaumediums ein.
2. Alle Anbauwürfel nebeneinander stellen und warten, bis die
    Pflanzen rauskommen – in diesem Fall kann eine Lampe oder
    eine Leuchtstoffröhre verwendet werden (die Leuchtstoffröhre
    ca. 30 – 50 cm über der Würfel aufhängen, die Lampe 80 – 100
    cm). Diese Methode hat den Vorteil, dass nicht alle Lampen
    gleich an sein müssen. Diejenigen, die viele Pflanzen haben, ge-
    winnen so die Möglichkeit, die gleiche Pflanzenmenge auf einer
    kleineren Fläche und bei niedrigerem Verbrauch, zu beleuchten.
    Ich persönlich, bevorzuge diese Methode, weil man sehen kann,
    ob die Wurzeln bereits auch durch den größeren Würfel durch-
    gewachsen sind.

VORZÜCHTEN DER KEIMLINGE

Die Keime müssen nicht sofort ins Anbausystem gegeben werden. Man
kann sie im Glashäuschen/Propagator, mit Hilfe von Leuchtstoffröhren
vorzüchten, die zum Pflanzenanbau bestimmt sind (Bezeichnung Fluora,
SunGlo, Cool White usw. – informiert euch im Growshop). In so einem
Fall muss eine Saatplatte vorbereitet werden, auf die die Roockwool
Würfel hingestellt werden. Grower die im Bodensubstrat züchten, können Saattöpfe aus Papier verwenden, die sich dann im Substrat auflösen.
Steckt die ausgekeimten Samen in die Saatgefäße und gebt sie ins Glas-
häuschen/Propagator (über Propagatoren kann man im Abschnitt Klo-
nen mehr lesen). Über dem Glashäuschen wird eine Leuchtstoffröhre im
Abstand von 20 – 30 cm aufgehängt. Die Leuchtstoffröhre kann an die

Zeitschaltuhr angeschlossen werden, oder man lässt sie ununterbrochen leuchten. Das Non Stop Leuchten hat den Vorteil, dass die Pflanzen nicht so schnell wachsen und haben starke Stängel und Wurzeln – das Non-Stopp Leuchten wird für 2 – 4 Tage empfohlen! So kann man aus Keimen Keimlinge züchten, die in den Growroom umgesetzt werden, sobald sie ausreichend gewachsen sind.

DIE TIEFE

Ausgekeimte Samen müssen etwa 0,5 – 1,5 cm tief ins vorbereitete Anbaumedium gesteckt werden. Wenn man sie zu tief steckt, werden sie einem Risiko ausgestellt, dass der Pflanzenstängel auf dem Weg nach oben verfault und die Pflanze kommt schließlich nicht mehr raus. Wenn man zu seicht steckt, müssen sich die Wurzeln nicht festfassen.

DIE RICHTUNG

Die ausgekeimte Samen immer mit dem Keim nach unten stecken (weiße Schwänzchen). Wenn man sie umgekehrt stecken würde, dann müsste sich die Pflanze mühsam umdrehen, wofür sie einige Zeit brauchen würde. Das Ziel ist, dass die Pflanzen so schnell wie möglich an die Oberfläche gelangen. Aus dem gesteckten Keim beginnt ein Stängel zu wachsen und an seinem Ende befindet sich immer noch die Samenhülle (funktioniert wie ein Helm). In der Hülle verstecken sich die ersten zwei grüne Blätter, die sich befreien, sobald sie sich über der Erde befinden. Je länger die Blätter unter der Oberfläche verbringen, desto größer ist das Risiko, dass sie verfaulen und die Pflanze stirbt. Wenn die Pflanzen bereits über die Erde sind und die Blätter können sich von der Hülle nicht befreien, kann man die Hülle mit der Hand vorsichtig abnehmen.

WIEVIEL LICHT

Mit dem Stecken der ausgekeimten Samen, beginnen wir auch mit dem Leuchten. Das Licht ist nämlich ein Signal zum Wachsen. Mit Rücksicht darauf, dass die, aus den Samen herauskommenden jungen Pflanzen sehr zart sind, müssen die Lampen möglichst hoch über die Anbaugefäße gehängt werden. Wenn man mehrere Lampen im Growroom hat, müssen nicht gleich alle angemacht werden. Falls man drei hat, wird in dieser Phase ruhig eine genügen. Stellt die Lichter so ein, dass sie im Betrieb 18 Stunden Licht 6 Stunden Dunkeln leuchten. Man kann aber auch non Stop 2 – 4 Tage lang leuchten – die Pflanzen werden langsamer wachsen, werden stärkere Stängel bekommen, bewurzeln sich schneller und man vermeidet die langen und dünnen Stängel.

GIEßEN DER GESTECKTEN UND AUSGEKEIMTEN SAMEN

Falls man Saatwürfel, oder Rollen verwendet dann sollte es keinen Bedarf geben, die Keime auf irgendwelcher Art zu bewässern. In dieser Phase sind die Pflanzen sehr empfindlich und eine übermäßige Feuchtigkeit verursacht ein Faulen der Pflanze und die Dürre lässt sie genauso absterben. Die Temperatur im Growroom sollte optimale 24 – 28 °C betragen. Bei dieser Temperatur ist es fast ausgeschlossen, dass die Saatwürfel, oder die Rollen derart austrocknen, dass der Keim nicht genug Feuchtigkeit zum Wuchs haben sollte.

WENN DIE PFLANZEN HERAUSKOMMEN

Um den dritten Tag nach dem Samenstecken, sollten sich alle Pflanzen über dem Anbaumedium befinden. In diesem Moment hat man bereits kleine Pflanzen und für uns ist die Zeit gekommen neue Pflichten auf sich zu nehmen. Das höchste Risiko während dieser Phase stellt die Luftfeuchtigkeit, die Feuchtigkeit im Anbaumedium und die Entfernung der Pflanzen von den Lampen, dar.

LUFTFEUCHTIGKEIT

Der Unterschied zwischen der Entwicklung von frisch ausgeschlüpften Pflanzen in einer ausreichenden Feuchtigkeit, ist in dieser Phase markant, im Vergleich zu der Entwicklung in einer trockenen Umgebung. Die Feuchtigkeit muss konstant gehalten werden, möglichst nah an die 80 %. Eine ausreichende Luftfeuchtigkeit verbessert das Einhalten der gewünschten Feuchtigkeit im Anbaumedium und trägt dazu bei, dass die Pflanzen anfangen stark zu wachsen. Es ist sehr wichtig, dass die Pflanze von Anfang an stärker wird. Die Luftfeuchtigkeit ist dabei sehr wichtig – also unterschätzt sie nicht. Eine höhere Feuchtigkeit schadet nicht.

FEUCHTIGKEIT IM ANBAUMEDIUM

Viele Fehler entstehen gerade beim Gießen der kleinen Pflanzen. Viele Grower halten es nicht aus und gießen viel zu früh und dazu auch noch zu viel. Infolge dessen, kommt es zur Wurzelüberschwemmung, Stängelfaulen und die Pflanze stirbt ab. Allerdings das zu schätzen, wann gegossen werden muss, ist nicht so einfach.

- Während dieser Phase sollte das automatische Bewässerungssystem nicht verwendet werden, verwendet lieber eine manuelle Bewässerung.
- Gießt um die Pflanze herum, nicht direkt an den Stängel – die Feuchtigkeit verteilt sich im Anbaumedium von selber.
- Rockwool Würfeln halten das Wasser sehr gut und lange – falls es begossen werden muss, verwendet einen Sprüher, mit dem man die Lösung direkt an den Würfel sprüht – so wird er nur teilweise befeuchtet. Der Würfel darf nicht so viel Wasser aufnehmen, dass das Wasser abtropft.

An den Pflanzen ist ziemlich gut zu erkennen, wenn ihr Wurzelsystem schon ausreichend entwickelt ist – man sagt, dass sie den Fuß fassten. In diesem Moment beginnen sich neue Blätter zu bilden, sie wachsen und werden stärker. Das größte Übergießßungsrisiko droht in Rockwool Anbaumedien (Matten, Schrott). Allerdings, sind die gut eingetauchten Rockwool Würfel in der Lage, bei der richtigen Raumtemperatur, gewöhnlich 7 Tage lang die Feuchtigkeit zu halten, was eine ausreichend lange Zeit ist, damit sie den Fuß fassen können. Ein ausreichend feuchten Rockwool erkennt man durch Anfassen – beim leichten Drücken, fühlt man eine geringe Feuchtigkeit, oder nach Gewicht (wenn man die Keime in einzelnen Würfeln wachsen lässt). Vergleicht das Gewicht des nicht befeuchteten (nicht verwendeten) Würfels mit dem, in dem sich der Keim, oder die kleine Pflanze entwickelt. Vor dem Rockwool Gießen, in der ersten Woche nach dem Stecken der Keime, sollte man sich überzeugen, ob es wirklich nötig ist.

Falls man im Hydrocorrels anbaut, gießt man nur Hydrocorrels, bei Bedarf, feuchtet man den Rockwool Anbauwürfel nur mit ein paar Millilitern der Lösung an. Wenn im Hydrocorrels genug Feuchtigkeit ist, werden die Wurzeln den Weg schon selbst finden.

Das Bodensubstrat muss ständig feucht, aber nicht nass werden. Die Feuchtigkeit kann man mit dem Finger messen – man steckt ihn ins Substrat rein, am besten durch die untere Drainageöffnung des Anbaugefäßes – man muss die Feuchtigkeit spüren, aber es darf kein Wasser vom Finger tropfen.

Bei NFT Systemen muss eine erhöhte Aufmerksamkeit dem Lösungsniveau in Verteilungskanälchen gewidmet werden. Die Lösung darf nicht beim Durchfließen in die Rockwool Würfel greifen, sondern nur den ungewebten Stoff befeuchten.

Pflanzen aus Samen gezüchtet – ca. eine Woche nach dem Stecken der ausgekeimten Samen. →

In der Anfangswuchsphase der Pflanzen aus Samen, passiert einigen Growern, dass die Pflanzen schnell in die Höhe wachsen und haben dünne Stängel. Das wird dadurch verursacht, dass die Lichtquelle viel zu weit von den Pflanzen entfernt ist. Falls es passiert, muss die Lichtquelle näher an die Pflanzen gebracht werden (Achtung, dass die Pflanzen nicht verbrennen). Ein Wuchs in die Höhe kann auch mit einem non Stop Leuchten während der 2 – 4 Tage, verhindert werden. Dies kann erst nach dem Ausschlagen aller Pflanzen aus dem Anbaumedium, angewendet werden.

DAS KLONEN

Das Klonen ist eine geschlechtlose Vermehrung der Pflanzen. Die Pflanze, von der man die Klone gewinnt, heißt die Mutterpflanze (Mutter). Klone werden auch als Schnitzel, Schnitte, Kinder, Zwerge, Stecklinge, Kleine usw. bezeichnet, das kennt man bestimmt selber. Klonen entstehen dadurch, dass man von der Mutterpflanze einen jungen Trieb abschneidet, der in das vorbereitete Anbaumedium gesteckt wird. Wenn wir die richtigen Bedingungen bereiten, wurzelt der abgeschnittene Trieb in 7 – 14 Tagen an und er sollte die identischen Wuchseigenschaften, wie die Mutter, aufweisen.

MUTTERPFLANZEN

Um Klonen beginnen zu können, braucht man die Mutterpflanzen. Die kann man einfach aus Klonen, oder etwas komplizierter, aus Samen gewinnen. Als Mutterpflanzen können die Pflanzen verwendet werden, die man gerade züchtet und die, die gerade in der Wuchsphase sind. Die Klonen können auch aus Pflanzen gemacht werden, die erst kurz, maximal 7 Tage in der Blütephase sind. Spätere Klon-Produktion, aus Pflanzen in der Blütephase, kann nicht empfohlen werden, weil sich bereits die Blüten bilden können. Obwohl man die Pflanzen mit dem Lichtzyklus zurück auf den Wuchs umstellen kann, empfehle ich es im Falle des Klonens nicht.

MUTTERPFLANZEN AUS KLONEN

Falls man sich entscheidet, die Mutter aus Klonen zu züchten, dann gewinnt man fruchtbare Mutterpflanzen relativ schnell. Wenn man die Pflanzen schrittweise schneidet, dann werden die Pflanzen animiert neue Triebe zu bilden und so kann man während eines Monats, eine relativ große Menge an Klonen gewinnen. Der Nachteil wenn man die Mütter aus Klonen züchtet, ist das, dass man die Qualität ihrer genetischen Eigenschaften nicht kennt. Mit anderen Worten, man hat keine Sicherheit, dass die Klonen aus diesen Pflanzen wirklich hochwertig werden und dass die Mutterpflanze in der Lage wird, die Klone für eine längere Zeit zu erzeugen. Die Verwendung der Klone für die Mutterpflanzen, kann denjenigen empfohlen werden, die vorhaben, die Mutter eine lange Zeit zu halten. Von diesen Pflanzen schneidet man Klone zwei bis dreimal ab, dann lässt man die Pflanze ganz normal aufblühen.

MUTTERPFLANZEN AUS SAMEN

Die weit größere Sicherheit von hochwertiger Genetik, bekommt man in dem Fall, wenn man den wesentlich längeren Weg auswählt. Die Samen von renommierten Samenbanken haben eine stabil hohe Qualität, man kann sich darauf verlassen, dass man die Mutter gewinnt, die perspektive Klone erzeugt, aus denen auch hochwertige Pflanzen mit grossem Ertragspotenzial herauswachsen.

SAMEN FÜR MUTTERPFLANZEN

Zum Züchten von hochwertigen Mutterpflanzen, braucht man klassische (regular) Samen. Die Selbstblühende, oder feminisierte Samen eignen sich zu diesem Zweck überhaupt nicht. Bei den selbstblühenden ist es klar – sie blühen abhängig vom Alter auf, das heißt, dass man sehr früh bereits ausgeblühte Klone schneiden kann, was nichts bringen würde.

Bei feminisierten Samen gibt es in der Regel in ihrem Stammbaum Hermaphroditen. Aus persönlicher Erfahrung und aus den Erfahrungen anderer Grower, muss ich bestätigen, dass manche Klone die von der Mutter kommen, die aus feminisierten Samen stammte, haben oft die Tendenz, Blüten beider Geschlechter zu bilden. Das Verhältnis der Hermaphroditen ist zu hoch und nimmt mit dem Alter der Mutter zu.

WARUM DIE MUTTER AUS NICHT FEMINISIERTEN SAMEN ZU ZÜCHTEN

1. Die Mütter können Klone auch mehrere Jahre erzeugen, die Zeit, die man mit dem Unterscheiden der Männchen von den Weibchen verliert, ist unerheblich.
2. Man kann eine sehr potente männliche Pflanze gewinnen und eigene Samen produzieren.
3. Beim Züchten von Müttern, muss eine sorgfältige Selektion gemacht werden und nur die stärksten müssen aussortiert werden – mit den nicht feminisierten Samen hat man die Sicherheit, dass der eigene Fleiß nicht von nachfolgenden Vorkommen an Hermaphroditen verdorben wird.

SELEKTION

Die nicht feminisierten Samen werden meistens in 10 Stücken verkauft. Dazwischen verstecken sich eins bis drei, nach denen man sucht. Man sucht nämlich die stärksten Einzelwesen des weiblichen Geschlechts. Der Ausdruck irgendeiner Zögerung, oder eines Mangels, muss sofort bestraft werden und die betroffene Pflanze muss beseitigt werden. Man möchte nämlich nur die besten und stärksten Klone besitzen. Diese gewinnt man nur von der starken und sich gut entwickelnden Mutter.

Nummeriert die Samen und verteilt sie bereits beim Keimen so, dass ihr euch darin gut orientieren könnt. Beim Stecken, notiert ihre Nummer direkt auf dem Topf. Die Identifizierung ist in diesem Fall sehr wichtig.

- **Die Selektion beginnt bereits beim Keimen.** Wenn man die Schritte, die im Kapitel „Keimen der Samen" richtig eingehalten hat und die Samen in einer Woche immer noch nicht ausgekeimt sind, dann müssen sie von der Liste als Adepten für die Mutter, aussortiert werden.

- Es lohnt sich auch die **Samen zu kennzeichnen**, die als erste ausgekeimt sind, oder die mit den stärksten Stängeln. Das kann bei der Auswahl der richtigen Mutter helfen.
- **Sobald man die Keime steckt,** muss die Entwicklungsgeschwindigkeit beobachtet werden, also wie schnell sie über die Oberfläche herauswachsen und wie schnell sie weiter wachsen. Die Entwicklung der Einzelwesen sollte wieder notiert werden.
- Sobald die Pflanze ihre Stöcke bildet, **sollte sie in dem Moment beschnitten werden,** wenn sich über dem zweiten Stock mindestens 1 cm langer Trieb bildet. Schneidet ihn so ab, damit zwei Stöcke übrig bleiben – hier beginnt sich die Pflanze zu verästeln.
- Neue, ausreichend große Triebe wachsen in ca. 10 – 14 Tagen. 50 % dieser Triebe abschneiden und nach den Instruktionen im Kapitel „Schneiden der Klone" – Wurzeln schlagen lassen.

Nun hat man zwei Möglichkeiten der Feststellung vom Geschlecht der Pflanzen, die man gezüchtet hat.

1. Die Mutterpflanzen (von denen man Klone abgeschnitten hat) auf die *Blütephase* umschalten. So stellt man schneller fest, welche weibliche und welche männliche Pflanzen sind. Die Klone von den männlichen können entfernt werden, oder zur Bestäubung verwendet werden, falls man eigene Samen haben möchte. Diese Variante trägt ein Risiko in sich. Wenn die Klone keine Wurzeln schlagen, oder absterben, dann hat man nichts, wovon man noch weitere machen könnte.
2. Die zweite Variante ist die Möglichkeit die Mutter in der Wuchsphase zu belassen und abwarten, bis die Klone Wurzeln schlagen. Diese werden dann gesteckt und direkt auf die Blütephase umgeschaltet. Das Geschlecht der Pflanzen zeigt sich spätestens in 14 Tagen. Männliche Pflanzen blühen etwas schneller, aus dem Grund sind ihre Organe früher zu sehen.

Nun weisst man, welche von den Mutterpflanzen männliche und welche weibliche sind. Entsorgt die männlichen (falls man keine eigenen Samen produzieren möchte) und von den weiblichen nur die stärksten aussortieren. Diejenigen, die Anzeichen einer langsameren, oder außergewöhnlichen Entwicklung aufweisen, beseitigen. Habt keine Angst, eine, oder zwei der stärksten auszusuchen. Aus denen werden Klone und aus den Klonen könnenn ruhig weitere Mütter gezüchtet werden. Bei Klonen von eigenen Müttern, die aus Originalsamen gezüchtet wurden, hat man nämlich die Sicherheit, dass sie von einer Pflanze kommen, die gut genetisch ausgestattet ist.

LEBENSDAUER DER MUTTERPFLANZEN

Mutterpflanzen können auch einige Jahre erhalten werden. Bei der, 18 Stunden Licht und 6 Stunden Dunkelheit Periode, können Hanfpflanzen unglaublich lange vegetieren. Hochwertige Klone können ungefähr 3 Jahre lang gewonnen werden. Die Dauer, in der die Ableger für hochwertig gehalten werden können, ist dabei indirekt angemessen der Häufigkeit des Abschneidens der Mutter. Je öfter die Klone geschnitten werden, desto schneller wird die Mutter ausgeschöpft.

- Wenn man Klone nur **einmal in 2 – 3 Monaten** schneidet, kann man die Mutterpflanze auch mehrere Jahre nutzen. Ein Problem wird wahrscheinlich ihre Größe darstellen, wenn man für sie keinen ausreichend großen Platz bereitet.
- Wenn man die Mutterpflanze **1 – 2 Mal im Monat (empfehle ich)** klont, wird es geeignet, sie nach 12 – 18 Monaten durch eins ihrer Klone zu ersetzen.
- Manche Grower schneiden Klone auch **mehrmals in der Woche**. Die Qualität der produzierten Klone senkt schneller und man sollte sie ab und zu ein paar Wochen ausruhen lassen, oder öfters durch eine neue, die man aus ihren Klonen gewinnt, umzutauschen.

BEVOR MAN KLONEN ABSCHNEIDET

Bevor man Klone abschneidet, muss man alle nötigen Hilfsmittel bereit halten. Die Grundvoraussetzung für einen Erfolg ist die Sauberkeit und die Sicherung der Idealklimabedingungen, die den Pflanzen das Anwurzeln und das Überleben ermöglichen.

GLASHAUS/PROPAGATOR

Für ein schnelles und einfaches Anwurzeln der Klone, können spezielle Glashäuschen (Propagatoren) genutzt werden, die genau diesem Zweck dienen sollen. Die herkömmlichen Saatplatten passen rein und der obere Deckel wird gewöhnlich mit Luftlöchern versorgt, manche Modelle haben sogar einen geheizten Boden, der das Anwurzeln wesentlich beschleunigt. Die besten Propagatoren werden auch mit einem   Thermostat ausgestattet, der die Überhitzung des Glashäuschen verhindert und die Heizung im Propagator je nach Bedarf ein/ausschaltet.

← *Glashaus alias Propagator*
Zum Anwurzeln der Klone.

ERFORDERLICHE KLIMABEDINGUNGEN

- **Das Licht** – zum Anwurzeln erwies sich Verwendung von Leuchtstoffröhren FLUORA, die das Licht in dem richtigen Lichtspektrum emittieren. Man kann auch Leuchtstoffröhren verwenden, die das natürliche Sonnenlicht imitieren. Leuchtstoffröhren sollten ungefähr 30 cm über die Klone aufgehängt werden.

- **Die Temperatur** – die beste Temperatur für ein schnelles und vollkommenes Anwurzeln beträgt 20 – 21 °C. Das Halten dieser Temperatur ist sehr wichtig.

- **Die Feuchtigkeit** – Die Luftfeuchtigkeit in der Umgebung der Klone, muss mindestens 80 % betragen. Wenn die Feuchtigkeit zu niedrig ist, welken die geschnittenen Pflanzen früher, als man zusehen kann – ideal ist es ein kleines Glashaus, oder speziellen Propagator zu verwenden.

EMPFOHLENE AUSRÜSTUNG

- Rockwool Saatwürfel mit Maßen von ca. 2,5 x 2,5 x 4 cm;
- Saatplatten, in die Rockwool Saatwürfel reinpassen;
- scharfes Messer, oder Skalpell;
- Raumthermometer;
- flüssiger Wurzelstimulator im Wasser aufgelöst;
- Wurzelstimulator zur Behandlung vom Stängelschnitt am Klon (Stimulax, Clonexx – ich empfehle Gel, man arbeitet damit besser und es läuft nicht runter);
- Leuchtstoffröhre – ideal die Marke FLUORA + Armatur zu ihrem Anschliessen – die Länge der Leuchtstoffröhre sollte gleich sein, wie die Glashäuschenlänge;
- Glashäuschen, das der geplanten Menge der geschnittenen Klone entspricht – man kann ein herkömmliches für Samen kaufen, oder einen besser verarbeiteten Propagator mit einer Bodenheizung. Anstelle des geheizten Propagators, kann auch eine Heizunterlage unter dem klassischen Plastikglashaus, verwendet werden;
- Ein Platz, an den das Glashäuschen mit Klonen hingestellt werden soll und 20 – 30 cm über dem Glashäuschen, wird die Leuchtstoffröhre aufgehängt;
- Geeignet ist auch ein Ventilator, der sich um den Luftwechsel im Raum kümmert, wo sich das Glashäuschen befindet.

- Perlit, oder Sand, den man auf den Boden des Glashäuschens in einer Schicht von 1 – 2 cm schüttet.

Falls man sich einen größeren Propagator besorgt, wird man auch mehr Leuchtstoffröhren brauchen. Eine Leuchtstoffröhre genügt für ca 20 – 25 cm der Glashäuschenbreite.

BELEUCHTUNG FÜR KLONEN

Zur Beleuchtung von Klonen, eignet sich perfekt die Fluoreszenz Leucht-stoffröhre FLUORA in Kombination mit Leuchtstoffröhren, die blau-weißes Lichtspektrum produzieren. Gewöhnlich werden 30W, 120 cm lang, oder 18W, 60 cm lange Röhren verwendet. Auf 0,5 m² verwendet man am besten, eine 36W FLUORA Leuchtstoffröhre und eine mit blau-weißem Licht (SunGlo, Cool white) auch 36W.

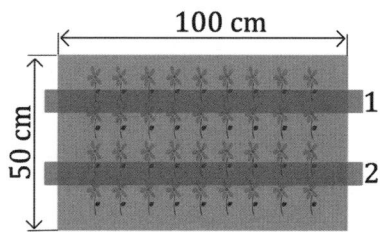

←Leuchtstoffröhre 1 – Fluora 36W, Leuchtstoffröhre 2 – blau-weiß 36W.

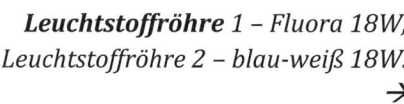

Leuchtstoffröhre 1 – Fluora 18W, Leuchtstoffröhre 2 – blau-weiß 18W.
→

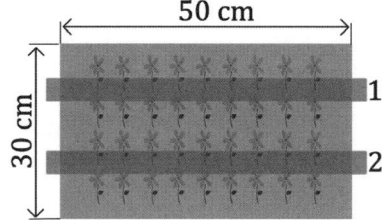

Klone können auch unter den CFL Leuchtmitteln erfolgreich gezüchtet werden. Das rentiert sich hauptsächlich in Fällen, wenn eine größere Menge an Klonen beleuchtet werden muss. Zu diesem Zweck sollte ein Leuchtmittel für den Wuchs gewählt werden und dieses dann so hoch über den Klonen aufgehängt werden, dass alle gleichmäßig beleuchtet werden und damit die richtige Temperatur in ihrer Umgebung gesichert wird (im Propagator, im Glashäuschen usw.).

Manche Grower züchten ihre Klone unter den klassischen HID Leucht-mitteln. Auch das ist kein Problem. Es ist aber immer notwendig, eine richtige Temperatur und Feuchtigkeit zu sichern. Wenn man zum Bei-spiel genug Platz unter der Lampe hat, mit der man die Mutterpflanzen beleuchtet, kann der Propagator dazu gestellt werden und das Licht kann auch für die Klone genutzt werden, ohne dass man einen separaten Raum errichten muss.

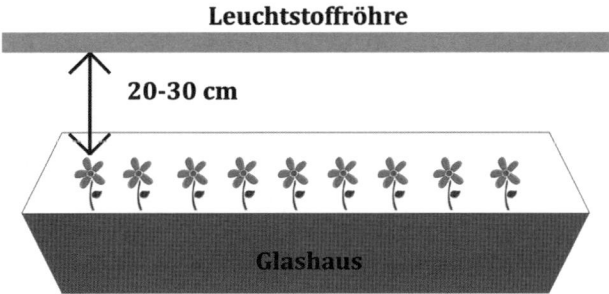

Vorgang beim Klonen

- Zuerst muss **eine Platte von Rockwool Saatwürfeln in** einzel-ne Würfel geschnitten werden. Diese werden dann in die Saat-platte reingelegt. Wenn das der Raum und die Klonenmenge er-laubt, kann man die Würfel in die Platte in Abständen reinlegen. So verhindert man das Risiko dass die Blätter faulen. Das kann passieren, wenn sich die Klone im Glashäuschen gegenseitig berühren weil sie zu wenig Platz haben.

- Bereitet das Glashäuschen vor und schüttet auf den Boden Perlit, oder Sand.
- Vermischt **den Wurzelstimulator** mit Wasser und regelt den pH Wert auf 6,5.
- die Platte mit Würfeln in die Lösung so eintauchen, damit sich Würfel ganz mit dem Wasser aufsaugen.
- Bereitet jetzt den Wurzelstimulator, in dem die abgeschnittenen Klone vor dem Einstecken in die Würfel eingetaucht werden.
- Es ist an der Zeit, die Triebe der Mutterpflanze abzuschneiden und diese dann in Klone umzuwandeln. Schneidet gesunde und starke Triebe, solche, die mindestens drei Stöcke haben. Der Schnitt muss quer ausgeführt werden. Bemüht euch, solche Triebe zu nehmen, unter denen sich ein weiteres Auge befindet. Nach dem Abschneiden, wird das Auge weiter wachsen und aus diesem kann man dann einen weiteren Klon machen.
- Wenn der Klon auf den unteren 2,5 Zentimetern irgendwelche Blätter hat, entfernt sie. Die großen Blätter können auch etwa auf 2/3 der Größe abgeschnitten werden und zwar so, damit ihre Ursprungsform aufbewahrt wird.
- Etwa zwei Zentimeter des unteren Teils vom Klon in den Wurzelstimulator eintauchen und in den Saatwürfel einstecken.
- Sobald alle Klone, die in ein Glashäuschen reinpassen, so eingesteckt werden, legt sie sofort darein und deckt das Glashäuschen mit dem oberen Teil zu. Beachtet dabei, dass zwischen dem oberen und dem unteren Teil, keine eingeklemmten Blätter hängen bleiben.
- Das Glashäuschen auf den vorbereiteten Platz hinstellen und die Leuchtstoffröhre anmachen. Wenn das Glashäuschen mit Luftlöchern versorgt ist, sollte man sie halboffen lassen.
- Beleuchtet die Klone 24 Stunden am Tag, oder lass ihnen 18 Stunden Licht/6 Stunden Dunkelphase. Ununterbrochene Be-

leuchtung beschleunigt das Anwurzeln, 18 Stunden Licht/6 Stunden Dunkelphase bringt die Klone zum Wachsen – wachsen beginnen sie aber erst dann, wenn die Würzelchen schlagen.

Nun müssen die richtigen Klimabedingungen gehalten werden. Der Raumthermometer sollte im Inneren des Glashäuschens angebracht werden, weil das die Stelle ist, deren Temperatur uns interessiert. Die Einstellung des Ventilatoren, sowie der Heizung, muss in jedem Raum individuell eingestellt werden. Sobald man konstante und gewünschte Bedingungen erreicht hat, dann werden sie bei jedem weiteren Klonen auch funktionieren. Ausnahmen bilden Fälle, dass wenn der Raum für Klone größeren Temperaturschwankungen in der Umgebung ausgesetzt wird (zum Beispiel die größere Kälte im Winter und höhere Temperaturen im Sommer).

WIE UNTERSCHEIDET MAN MÄNNLICHE PFLANZEN VON WEIBLICHEN

Es gibt einige Methoden, mit denen man feststellen kann, ob die Pflanze männlich oder weiblich ist. Nur eine Methode ist 100 % zuverlässig – die Pflanze in die Blütephase übergehen lassen. Männliche Blüten erscheinen früher und haben ovale, manchmal etwas längliche Form. Später gruppieren sich die Blüten im traubenartigen Gebilde, platzen nach dem Ausreifen und der Blütenstaub kommt raus. Das erste Merkmal der weiblichen Blüte sind die weißen *Härchen*, deren Anzahl schrittweise zunimmt. Unter den Härchen beginnt eine kugelige Blüte zu wachsen. Es gibt kein besseres Hilfsmittel zur Beschreibung vom Unterschied als ein Bild...

Weibliche Hanfblüten sind reich mit weißen Narben besät, die beim Reifen braun oder rostig werden. →

Reife weibliche Blüten.

Weibliche Hanfpflanze *bildet Rispen – einfache traubenartige Blütenstände. Das ist die Anfangsphase von der Bildung der männlichen Blüte.* **Quelle: www.sensiseeds.com** →

← **Ein Trieb,***dass zum Abschneiden geeig-net ist.*

Abgeschnit-tener *Trieb.*
→

Viel zu langer *Stängel sollte durch Querschnitt und mit scharfem Messer verkürzt werden.*

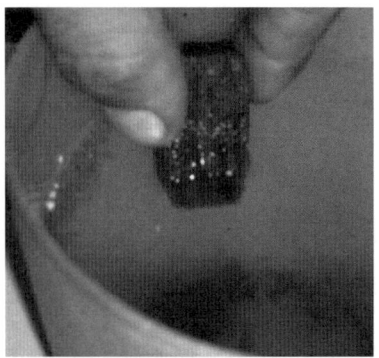 

Rockwool *Würfel im Wasser mit geregeltem pH Wert von 6,5 einzutau-chen, das um Wurzelstimulator bereichert ist. Anschließend auf die Platte geben. Lücken zwischen den Würfeln sind nicht nötig, manche machen sie, damit die Luft zwischen den Klonen besser strömen kann und damit sie nicht verschimmeln. Es ist davon abhängig, wie große Klone man macht und welche Bedingungen man ihnen geben kann. Bei großen Klonen würde eine Lücke schon empfehlen, vor allem bei Verwendung von klassischen Platten, die man auf dem Bild sehen kann.*

 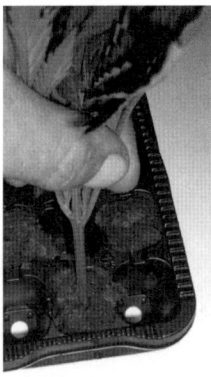

Den abgeschnittenen *Klon mit Wurzelstimulator behandeln und in den vorbereiteten Würfel einstecken.*

Zu große Blätter beschneiden um ihre Dämpfung im Glashaus zu verhindert.

PFLEGE UND KLONE

Die Klone müssen jeden Tag kontrolliert werden. Wenn man dazu auch noch einen separaten Raum eingerichtet hat, ist es am Anfang gut, die Raumtemperatur mindestens zweimal am Tag zu kontrollieren, damit das Klima so schnell wie möglich hingekriegt wird.

Wenn man die festgelegte Temperatur einhält und die Würfel während des Steckens ausreichend eingetaucht wurden, ist es nicht notwendig, die Klone während der ganzen ersten Woche zu bewässern. Kontrolliert nur, ob manche Blätter nicht gelb werden, oder ob sie nicht faulen – wenn ja, entsorgt sie. Falls ein Klon welkt, holt ihn raus und prüft, ob der Würfel feucht genug ist. Wenn er trocken ist, taucht ihn (mit dem Klon) in die Wasserlösung mit dem 6,5 pH Wert ein, das auch den Wurzelstimulator enthält.

Wenn man einen trockenen Würfel findet, oder einen der fast trocken ist, ist es wahrscheinlich, dass dieser nicht der einzige ist, der trocken sein wird. Taucht aber nicht alle ein. Kontrolliert lieber einen nach dem anderen und taucht die trockenen wieder in die Lösung ein. Sollte man auch die bewässern, die es nicht benötigen, würde man dadurch die Wurzelentwicklung verlangsamen, oder ihre Keime liquidieren.

Am vierten Tag müssen die Klone sorgfältig kontrolliert werden. Während dieser Zeit kann es zum Faulen der Stängel am Stiel (Hals) kommen, also dort, wo der Stängel aus dem Anbauwürfel herauskommt. Falls es bei einem Klon passiert, beseitigt ihn sofort. Man muss sich alle detailliert ansehen und auch die gelben, trockenen, bzw. angefaulten Blätter im Inneren des Bestandes zu beseitigen. Falls die Blätter der Klone nass sind, sollte man sie etwa für 10 Minuten mit offenem Deckel unter der Leuchtstoffröhre trocknen lassen und sobald man den Deckel wieder aufsetzt, müssen die Luftlöcher ganz geöffnet werden.

Etwa nach einer Woche, muss man wahrscheinlich die meisten Klone wieder bewässern. Es lohnt sich wieder, den Feuchtigkeitsgehalt der Saatwürfel, Stück für Stück, zu kontrollieren. Es ist höchstwahrscheinlich, dass die meisten Pflanzen in den Saatwürfeln schon die ersten Wurzeln verstecken, die eine übermäßige Feuchtigkeit liquidieren könnte. Kontrolliert ständig, ob die Pflanzen nicht trocknen, vergilben, oder verfaulen.

 Falls nur ein Teil der Blätter gelb wird, oder verfault, beseitigt nur die befallenen Stellen. Es ist empfehlenswert, eine saubere und scharfe Schere zu benutzen.

Sieben Tage nach dem Stecken, können bereits die ersten, aus dem Saatwürfel herauswachsenden Wurzeln, erscheinen. Wenn man die gehörige Pflege bewahrt und die Klone regelmäßig kontrolliert, sollte während der 14 Tage 90 % der Klone angewurzelt und zum Pflanzen bereit sein.

BEMERKUNG ZUM KLONEN

Beim Klonen ist es sehr wichtig, alle empfohlenen Klimaprinzipien, regelmäßiges Kontrollieren und schnelle Beseitigung der Probleme, einzuhalten. Bevor man alles, wie das Schneiden und die Pflege der Klone, im Griff hat, kann man auf Teilmisserfolge stoßen. Lasst euch nicht entmutigen. Das Züchten von hochwertigen Klonen ist schwierig und fordert viel Training. Haltet euch an dem beschriebenen Verfahren und ihr Ziel zum Greifen nah.

Frisch angewurzelter Klon – 8. Tag.

Angewurzelte Klone im Propagator. →

KLONE

Die Verwendung der Klone zum Anbau, ist in Indoor Growrooms wahrscheinlich viel mehr verbreitet, als der Anbau aus Samen. Man soll sich nicht wundern. Wir sind in der Lage, schon die kleinen Pflanzen leichter zu bewerten und ihre Qualität besser zu erkennen. Als ein Bonus, gewinnen wir eine fast 100 % Sicherheit, dass es sich um weibliche Pflanzen handelt (manchmal kann man einem Lieferanten begegnen, der einen Fehler machte und in die Lieferung irgendeinen Männchen schmuggelte – nun niemand ist perfekt). Im Gesamtmaßstab, ist allerdings das Risiko, dass man ein Männchen kauft geringfügig.

Ein weiterer Vorteil der Klone, ist die Zeitersparnis. Die Klone sind zum Stecken bereit und man muss mit ihnen keine Obstruktionen eingehen, wie es bei den Samen der Fall ist. Dennoch, das Ziel ist eine vollkommene Ernte, deshalb sagen wir uns jetzt, was verfolgt werden muss, wie man die Klone bewertet und wie man mit ihnen umgeht.

DAS BEWERTEN DER KLONQUALITÄT

Aus genetischer Sicht kann man in der Regel mit bloßem Auge nicht glaubhaft bewerten, welche Voraussetzungen die Klone haben. Aber das Aussehen der Klone verrät uns viel über ihre Qualität und manche Mängel können auch mit der Genetik verbunden werden. Bei der visuellen Bewertung der Klone, achtet vor allem auf die Einhaltung der folgenden Kriterien:

- **die Farbe** – viele Sorten können sich auch in der Farbe unterscheiden. Manche sind dunkel grün, andere etwas heller. Die Farbe sollte immer frisch aussehen und bei Pflanzen der gleichen Sorte identisch sein.

- **die Blätter** – müssen stark und gesund sein. Ihre Verbindung mit dem Stängel, darf keine Schwächeanzeichen aufweisen und sie sollten festhalten. Bei verschiedenen Sorten können sie sich in Form und Fleischigkeit unterscheiden. Die Blätter sollten gleichmäßig, auf dem ganzen Klon, verteilt werden. Schimmel, Welken, oder Fäule auf den Blättern sind falsche Zeichen.

- **die Wurzeln** – ein sehr gutes Hilfsmittel bei Bewertung der Klone. Sie können ziemlich viel darüber sagen, wie bisher mit den Klonen umgegangen wurde. Kleine Wurzeln müssen schneeweiße Farbe haben und mit feinen weißen Härchen umgewickelt werden. Vergilbte Spitzen, braune Ränder und Haardünne Wurzeln verheissen nichts Gutes. Frisch angewurzelte Klone von gesunden Pflanzen haben weiße Wurzeln. Die optimale Zeit zum Pflanzen der Klone, ist möglichst bald nach dem die Wurzel schlagen. Falls sie lange aufbewahrt werden, droht das Risiko der Vergilbung/Bräunung der Wurzeln. Die Anwurzelung und Entwicklung der Pflanzen kann dann bis zu 14 Tagen verlängert werden.

- **die Größe** – Klone von einem Satz sollten ungefähr derselben Größe sein. Einerseits zeugt es von deren gleichen Ursprung und dazu erleichtert es viel Arbeit während des einzelnen Anbaus. Ein ausgeglichener Bestand bewirtschaftet sich besser und gibt die Hoffnung auf einen gleichmäßigen Ertrag von jeder Pflanze.

- **Zahl der Stöcke** – Klone sollten mehr als einen Stock haben. Optimal ist, wenn sie wenigstens drei haben. An manchen Verbindungsstellen des Blattes zum Stängel entstehen neue Triebe. Jeder Trieb bedeutet einen Stock. Bei einigen Pflanzen wachsen die Blätter und die Triebe spiegelverkehrt, das heißt, dass auf derselben Stelle, ein Blatt nach links und der andere nach rechts wächst und in ihrer Verbindung erscheinen die Triebe auch sowohl rechts als auch links – dann werden zwei Triebe als ein Stock berechnet. Bei anderen Pflanzen wachsen die Blätter und die Triebe abwechselnd. In diesem Fall wächst ein Blatt an einer

Stelle des Stängels, zum Beispiel rechts und weiterer Blatt etwas höher links. Wenn bei jedem, dieser Blätter ein Trieb ausschlägt, berechnen wir jeden, als einen Stock.

ANWURZELN UND EINPFLANZEN

ANWURZELN DER KLONE/STECKLINGE VOR DEM EINPFLANZEN IM SYSTEM

Wenn man vorhat, die Klone direkt ins Bodensubstrat, oder in ein anderes Medium zu stecken, ohne sie vorher in Rockwool Würfeln einzulegen, kann man diesen Absatz überspringen. Falls aber Klone schon in Rockwool Saatwürfel sind und sollen in Rockwool Anbauwürfel gelegt werden, empfehle ich, die Wurzeln der Klone zuerst durchwachsen lassen.

- Anbauwürfel in die Lösung aus Wasser und Wurzelstimulator mit geregeltem pH Wert von etwa 6,5, eintauchen.
- Anbauwürfel in gleichmäßigem Muster legen (einen neben den anderen, aber so, damit ein Quadrat oder ein Rechteck gebildet wird).
- Die Lampe mindestens 1 m über der Würfeln aufhängen (kann auch höher sein, bei LED und CFL Lampen wieder näher).
- Bereitet die Proplant Lösung in der Konzentration vor, die in der Anleitung zur Behandlung beim Umtopfen, angegeben ist.
- Saatwürfel, in denen sich die Klone befinden, in die Lösung mit Proplant eintauchen und in die vorbereiteten Anbauwürfel legen.
- Falls eure Lampe noch nicht an ist, macht sie jetzt an.
- Den Lichtzyklus auf 18 Stunden Licht/6 Stunden Dunkelphase einstellen. Die Lampe kann auch ununterbrochen bis zu 86 Stunden leuchten, erst dann auf den Lichtzyklus 18/6 übergehen.
- Nach einigen Tagen kommen aus dem unteren Teil der Anbauwürfel Wurzeln heraus. Nun sind die Stecklinge zum Einpflanzen im Anbaumedium bereit.

- Der beschriebene Vorgang sichert ein gründliches Anwurzeln der Klone in Anbauwürfeln. Darüber hinaus hat man die Gelegenheit, die Entwicklung der Klone zu verfolgen. Falls man mehr Klone hat als man braucht, kann man jetzt leicht die schwächeren entfernen und nur die gesunden und starken im System einpflanzen. Die Schwächlinge werden dann unnötig kein Platz im System weg nehmen.

Wenn man keine Anbauwürfel verwendet

 Dieser Schritt kann übersprungen werden und man kann die Wurzeln direkt in Anbauwürfeln im Anbaumedium anwurzeln lassen. Das lässt man natürlich aus, wenn man keine Anbauwürfel verwendet und die Klone oder Keimlinge direkt im Bodensubstrat, Kokos, oder in einem anderen Anbaumedium einpflanzt. In diesem Fall empfehle ich ein manuelles Gießen, bis sich genug Wurzeln gebildet haben. Das erkennt man so, indem von der unteren Seite des Topfes kleine, weiße und gesunde Würzelchen ausschlagen und die Pflanzen beginnen zu wachsen. Erst ab diesem Moment kann man intensiver gießen.

Wenn mancher Klon nach dem Stecken welkt

Es passiert manchmal, dass manche Klone den Umgebungswechsel nicht ertragen und beginnen zu welken. Dann ist es notwendig, um den Klon herum einen kleinen Kasten zu bauen, in dem sich die Feuchtigkeit besser halten kann. Dank diesem Kasten, kommt das Pflänzchen wieder zu sich. Steckt vier Speile (etwa 20 cm lang) in ein Quadrat mit einer Seitenlänge von 10 cm so ein, damit sich der Klon in der Mitte des Quadrats befindet. Über die Speile eine Plastiktüte, oder Lebensmittelfolie ziehen. Der Kunststoff darf den Klon nicht berühren. Dieses Glashäuschen auf jedem welkenden Klon installieren.

← *Klon, im Rockwool Würfel 7 x 7 cm gesteckt.*

Ein gut durchwurzelter 7 x 7 cm Würfel – 5 Tage nach Stecken des Klons. →

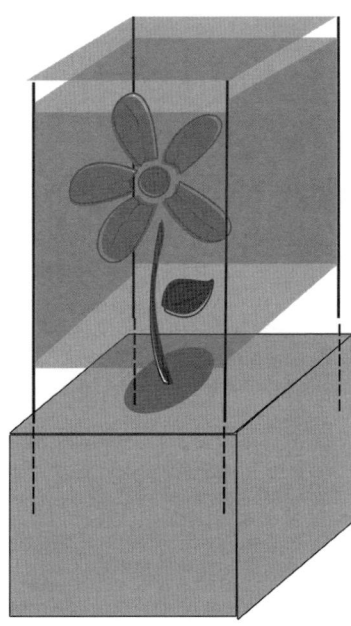

Wenn ein Pflänzchen nach dem Stecken in ein größeren Anbauwürfel, oder Anbaugefäß welkt, es aber sonst nicht bei allen Klonen passiert, hilft ein improvisierter Kasten. Um die Pflanze herum Speile einstecken und diese dann mit Lebensmittelfolie umwickeln. Anstelle der Folie, kann über die Speile eine Plastiktüte überzogen werden. Vergisst aber nicht, ausreichend große Öffnungen zu machen, durch die Luft zu den Pflanzen strömen kann.

EINPFLANZEN DER PFLANZEN

Während der Einpflanzung der Pflanzen, die in Rockwool Würfeln, Saatrollen usw. angewurzelt waren, muss darauf geachtet werden, dass die Wurzeln nicht abbrechen. Wenn man die Pflanzen in Töpfe, oder ähnliche Anbaugefäße pflanzt, sollten sie leicht auf die vorgesehene Stelle gelegt werden und bis zum Stängel (oder bis zum oberen Rand des Würfels) zugeschüttet werden.

EINPFLANZEN IM NFT

Falls man die NFT Technik verwendet, sollte man daran bereits während des Anwurzelns denken. Den Würfel, in dem die Pflanze anwurzeln soll, auf eine glatte Fläche, ohne Dellen und Kanälchen, wo sich die Wurzeln ausbreiten können, hinstellen. Sie werden dann selber den Weg zu der Rille finden, die absichtlich an der Unterseite jedes Rockwool Würfels gebildet wurde. Dank dem, verhindert man während des Einpflanzens im System, das Abbrechen der Stängel.

PLATZIERUNG DER PFLANZE IM ANBAUGEFÄß

Meistens werden die Pflanzen in die Mitte des Anbaugefäßes einge-pflanzt. Das ist ideal bei der manuellen Bewässerung, bei Aquasystemen, oder bei Verwendung von Bewässerung, die das Anbaugefäß ganz gleichmäßig bewässern kann. Falls man das Drip System oder Spray stake zusammen mit größeren Anbaugefäßen verwendet, kann man die Pflanzen an der Seite einpflanzen. Die Bewässerungskapillare wird dann so eingestellt, damit sie eine größere Fläche des Anbaumediums bewäs-sert, dabei aber den Rockwool Würfel und den einzelnen oberirdischen Teil der Pflanze, nicht nass macht. Das ist zum Beispiel nützlich in dem Fall, wenn der Rockwool Würfel in Kokos, oder in Hydrocorrels gesteckt wird. Diese Anbaumedien fordern verschiedene Bewässerungen. Des-halb lohnt es sich, das Dominantmedium zu gießen, und nicht direkt den Rockwool Würfel – der zieht die Feuchtigkeit vom Rest des Anbaumedi-ums.

ROCKWOOL WÜRFEL UND KUNSTSTOFF

Viele Grower fragen oft danach, ob die Kunststoffverpackung der Rock-wool Würfel entfernt werden soll, oder nicht. Es ist immer möglich, die Verpackung dran zu lassen. Ihr Entfernen kann beim Anbau im Kokos, in der Erde, oder in der Rockwool Würfel empfohlen werden.

ANBAU IN ROCKWOOL UND KOKOS MATTEN

Die Matten sind beim Kauf, komplett in einer Plastikfolie eingewickelt. Deshalb sollte man unbedingt oben Löcher machen, damit man die Pflanze einstecken kann, aber auch unten, damit der Ablauf der überflüssigen Nährstofflösung gesichert ist.

Zuerst sind die unteren Öffnungen, zum Ablauf der Nährstofflösung zu machen. Schneidet die Folie einfach mit parallelen Zügen über ihre ganze Breite auf. Die Entfernung zwischen den Öffnungen kann 3 – 5 cm betragen. Von oben sind so große Öffnungen zu machen, damit die gewählten Rockwool Würfel in diese genau reinpassen. Die Öffnungen werden nur in der Folie gemacht, nicht im Rockwool/Kokos selber.

Es genügt, den durchwurzelten Würfel auf die Öffnungen zu setzen, die Wurzel finden den Weg zu der Matte selbst.

← *Mit dem Stecken der Pflanzen an den Rand des Systems,* kann die Bewässerung erleichtert werden – man gewinnt leichteren Zugang zum Anbaumedium.

BEWÄSSERUNG BEIM EINPFLANZEN

Beim Einpflanzen im System, muss das Anbaumedium ausgiebig begossen werden. Kokos, Bodensubstrate, Rockwool Splitt und Hydrocorrels sollen erst dann begossen werden, wenn die Pflanzen schon eingepflanzt sind. Das Anbaumedium muss ausgiebig mit der Nährstofflösung durchgegossen werden. Im Gegenteil Rockwool und Kokos Matten müssen unbedingt davor begossen werden, bevor die Würfel darauf gelegt werden. In NFT Systemen ist es auch besser, wenn die Textilfolie bereits vor der Einpflanzung befeuchtet wird.

LÄNGE DER WUCHSPHASE

Bevor wir den Anbau, Tag für Tag beschreiben werden, ist es wichtig zu sagen, dass es viele Anbaumethoden gibt. Damit meine ich jetzt nicht die verwendeten Düngemittel, Anbaumedien usw., sondern die Länge der Wuchsphase. Deshalb sollte die Wahl der Anbaumethode bereits während der Ausstattung des Growrooms getroffen werden und sollte auch eingehalten werden. Die Pflanzenmenge auf 1 m^2, wird nämlich gerade nach der Wuchsphasenlänge bestimmt. Jede markante Planänderung im Verlauf der Vegetativphase, könnte dann als Folge eine Reduzierung der Effektivität beim Anbau haben.

Man sollte bedenken, dass manche Sorten, ihren Wuchs rapid, hauptsächlich erst in der Blütephase beschleunigen, vor allem Cannabis sativa. Dieser Fakt verführt dazu, dass man die Pflanzen in der Wuchsphase länger lässt, als ursprünglich geplant wurde. Falls man es doch tut, wird man mit Problemen kämpfen müssen, - wie zu hohe Pflanzen, kleine Entfernung zwischen den Pflanzen (diese bekommen dann nicht genug Licht und das Risiko von Schimmelbildung steigt) und andere Probleme. Ein Großer Teil der Handlungen kann geplant werden und es ist empfehlenswert, sich an den Plan zu halten, falls es möglich ist.

WAS IST DIE WUCHSPHASE

Wuchsphase = Vegetativphase. Es handelt sich um einen Zeitabschnitt im Leben der Pflanze, seit ihrem Anwurzeln bis zum Umschalten auf die Blüte. Während dieser Zeit wird die Entwicklung der Stängel, Blätter und der Wurzeln stimuliert. Während der Wuchsphase werden bei Cannabis sativa und Cannabis indica keine Blüten gebildet. Das wird hauptsächlich durch das Leuchtintervall erzielt. Das Verhältnis Licht/Dunkelphase beträgt in dieser Phase 18 zu 6 Stunden, also 18 Stunden Licht und 6 Stunden Dunkel.

Auch wenn diese Phase die Wuchsphase genannt wird, wachsen manche
Sorten während dieser Phase langsamer, als in der Blütephase (vor allem
sativa). Als Wuchsphase wird sie deshalb bezeichnet, weil die Pflanzen
wachsen aber nicht blühen.

WAS IST BLÜTEPHASE

Blütephase = Reifephase, die der Wuchsphase folgt. Während dieser
Periode wird die Lichtperiode 12 Stunden Licht und 12 Stunden Dunkel
angewendet. Dieser Zyklus kann natürlich +/- eine Stunde, geregelt
werden. Während der Blütephase wachsen Pflanzen weiter, aber die
Natur fordert sie zur Blütenbildung. Die Sortenangabe, die die Blütepha-
senlänge (flowering) bezeichnet, bedeutet die Zeit seit dem Eintritt in die
Blütephase bis zur Ernte. Selbstblühende Sorten gehen aus der Wuchsphase in Blütephase automatisch über, ohne Rücksicht auf das Intervall
der Fotoperiode – siehe Kapitel „Samen der selbstblühenden Sorten
(Autoflowering)".

Aus den oben genannten Informationen ist zu erkennen, dass die Ge-
samtlänge des Pflanzenlebens, verschieden lang sein kann, abhängig von
der Wuchsphaselänge. Verlängern, oder Kürzen der Vegetativphase,
beeinflusst deutlich die mögliche Pflanzenanzahl auf 1 m^2 und die mögliche Anzahl der Ernten in 12 Monaten.

WUCHSPHASE 40 TAGE UND MEHR

Eine lange Wuchsphase wird dann gewählt, wenn man vor hat, eine kleine Pflanzenmenge auf 1 m^2 (etwa 1 – 6) anzubauen, und wenn man keinen Bedarf an möglichst vielen Ernten im Jahr hat. Die längere Wuchsphase nutzen auch Grower für Bodensubstrate, denn darin wachsen die
Pflanzen langsamer, als in der Hydroponic. Sollte man diese Methode
wählen, müssen auch die Bedingungen angepasst werden:

1. **Wählt größere Anbaugefäße** (mindestens 15 Liter). Die Zeit von dem Pflanzen (Anbau) bis zur Ernte, kann bis auf 140 Tage klettern (je nach der Länge der Blütephase der Sorte). Während dieser Zeit, entwickelt sich ein monströses Wurzelsystem, das für das maximale Gewicht der Ernte wichtig ist. Wenn die Wurzeln nicht genug Platz haben, können sie sich nicht entwickeln, und die, für die lange Wuchsphase aufgewendeten Mittel (Stromkosten, Düngemittel usw.), können nicht effektiv genutzt werden.

2. **Wählt die Sorte,** die sich für so eine lange Wuchsphase eignet – es geht besser mit Pflanzen eines niedrigeren Wuchses, die sich kräftiger verästeln.

3. **Wählt ein geeignetes Anbausystem** – in Rockwool Matten kann wahrscheinlich nicht genug Platz für die Wurzeln sichergestellt werden, denn ihre Größe ist bereits gegeben. Ich empfehle Töpfe, oder das Aquasystem zu verwenden.

4. **Bewertet, ob ihr über genug Platz für die Pflanzen verfügt** – nach 4 – 5 Monaten können die Pflanzen auch über 1,5 m hoch werden. Wenn der Anbauraum über die Höhe von 1,8 m verfügt, wird es wahrscheinlich nicht reichen. Es gibt jedoch Anbautechniken (Beschneiden, Biegen), die ermöglichen, Pflanzen so lange zu züchten und auch bei so einer Raumhöhe, man muss allerdings damit rechnen, dass die Pflanzen riesig werden.

5. **Entfernung zwischen Pflanzen (am Stängel gemessen) mindestens 60 cm.**

Eine längere Phase als 40 Tage, praktizieren relativ wenige Grower. Das heißt allerdings nicht, dass daran etwas falsch ist, oder dass es sich nicht lohnt. Nun, werden wir uns die Vorteile und die Nachteile aufzählen.

BEKANNTE VORTEILE:

- Während einer längeren Zeit werden die Pflanzen grösser und werden auch größere Blüten haben. Das Endprodukt scheint monströs zu sein. Die Blüten sind in der Regel wesentlich größer, als beim schnellen Anbau, der sich auf hohe Frequenz der Ernten orientiert.

- Geeignet zum Anbau im Bodensubstrat.
- Vorteilhaft sind niedrige Kosten beim Beschaffen der Stecklinge/Samen.
- Während der Wuchsphase, können von den Pflanzen, große Klone einfach abgeschnitten werden.
- Der Blick auf eine riesige Pflanze ist wunderbar.

NACHTEILE SO EINER LANGEN WUCHSPHASE:

- Raumaufwand.
- Längere Periode bietet mehr Gelegenheiten für Schädlinge und Erkrankungen.
- Über eine Ernte, freut man sich maximal dreimal im Jahr.
- Höherer energetischer Aufwand, der durch längere Periode des 18 Stunden Tags verursacht wird.
- Untere Teile der Pflanzen können nicht ausreichend beleuchtet werden. Aus dem Grund ist es besser, sie abzuschneiden und sich nur den Stöcken widmen, die eine entsprechende Lichtdosis bekommen können.

MYTHEN, DIE MIT DER SEHR LANGEN WUCHSPHASE VERBUNDEN WERDEN:

Der, auf 12 Monate umgerechnete Ertrag ist kleiner, als bei einer höheren Frequenz der Ernten.

- Dies wird durch Erfahrungen und Geschicklichkeit des Growers beeinflusst. Die Tatsache ist aber, dass man identische Ergebnisse, sowohl bei einer kurzen als auch bei einer langen Wuchsperiode, während derselben Zeitperiode, erreichen kann.

An den großen Pflanzen gibt es viele untere Zweige, die in Folge einer großen Entfernung von der Lampe, nicht genug große Blüten haben. Damit hängen auch schwierigere Nacherntearbeiten zusammen.

- Wenn man sich um die Form der Pflanze richtig kümmert, gewinnt man eine Menge an großen kompakten Blüten und die Nacherntearbeiten können noch einfacher werden. Es ist auf jeden Fall besser, die unteren Zweige zu entfernen und sich auf die Blütegröße in dem Bereich zu konzentrieren, wo die gewünschte Lichtintensität erreicht werden kann.

WUCHSPHASE 21 – 30 TAGE

Bei dieser Methode wird man auf 1 m² auch nicht viele Pflanzen benötigen. Es genügen maximal 6 – 12 Stücke. Während der angegebenen Zeit, werden die Pflanzen groß genug, um den, während der Blütezeit zur Verfügung stehenden Raum, völlig nutzen zu können. Bei dieser Anbaumethode kann man maximal 3 – 4 Ernten im Jahr schaffen, es hängt von der Blütezeit der gewählten Sorte ab.

1. **Größe des Anbaugefäßes,** oder Umfang des Anbaumediums sollte mindestens 10 L pro Pflanze betragen.
2. Diese Methode kann **fast in allen Anbausystemen** praktiziert werden.
3. **Gebt den Pflanzen genug Platz,** denn sie werden während der Ernte groß genug. Höhe des Raums sollte mindestens 2 m betragen.
4. **Entfernung zwischen den Pflanzen (am Stängel gemessen) wenigstens 40 – 60 cm.**

VORTEILE DIESER METHODE:

- Pflanzen werden wieder hoch genug und geben uns Zeit, mit ihnen lange genug spielen zu können, um verschiedene Regulierungsvarianten des Wuchses und ihre Folgen auszuprobieren (Durchschneiden, Biegen).

- Während der Wuchsphase, können von Pflanzen große Klone geschnitten werden.
- Geeignet auch zum Anbau im Bodensubstrat,

NACHTEILE:
- Höherer Platzaufwand.
- Ein längerer Lebenszyklus der Pflanzen, bietet Schädlingen und Erkrankungen mehrere Gelegenheiten.

Die Mythen sind bei dieser Länge der Wuchsphase gleich, wie bei der Länge von mehr als 40 Tagen.

WUCHSPHASE 14 – 21 TAGE

Diese Methode wird offensichtlich von einem größeren Teil der Grower gewählt, als die zwei vorigen. Es ist noch zu bemerken, dass der Unterschied im Wuchs der Pflanzen während der 14 und 21 Tage, markant sein kann, vor allem bei Sorten eines höheren Wuchses und/oder in der Hydroponic. Man muss immer daran denken, dass die Pflanzen oft das Wuchstempo, erst beim Übergang in die Blütephase, rapid erhöhen. Oft entscheiden sich Grower, ob es schon bereits der richtige Zeitpunkt ist, auf Blüte umzuschalten – aber dazu kommen wir noch. Nun, bleiben wir bei der Länge der Wuchsphase von 14 – 20 Tagen.

1. **Umfang des Anbaumediums pro** Pflanze 7 – 10 L.
2. **Auf 1 m² können** 12 – 25 Pflanzen **platziert werden.**
3. **Entfernung zwischen den Pflanzen 20 – 30 cm.**
4. **Egal welches Anbausystem.**

VORTEILE:

- Seit dem ersten Tag bis zur Ernte, können **bloße 70 Tage** (abhängig von der Sorte) vergehen.
- 4 – 5 Ernten in 12 Monaten.
- Kürzerer Lebenszyklus der Pflanze = weniger Chancen für Erkrankungen und Schädlinge.
- Kleine Raumansprüche (in der Höhe).
- Kann im Bodensubstrat und in der Hydroponic praktiziert werden.

NACHTEILE:

- Man benötigt auf 1 m² mehrere Pflanzen.

MYTHEN UND FAKTEN:

In der kurzen Zeit schaffen es die Pflanzen nicht, ausreichend zu wachsen und der Ertrag aus einer Pflanze ist dann wesentlich niedriger, als bei der längeren Vegetativperiode.

- Niedrigerer Ertrag von einer Pflanze, wird durch höhere Anzahl ausgeglichen. Vergisst die Bewertung dessen, was man von einer Pflanze geerntet hat. Der Zeiger ist der Raum und die Leistung des Leuchtmittels.

WUCHSPHASE 7 – 14 TAGE

Eine sehr beliebte Wuchsphasenlänge. Die Pflanzen schaffen es, sich zu erweisen und es ist noch Zeit, die schwächeren durch stärkere zu ersetzen. Man schafft auch noch mehr Ernten im Jahr.

- **Umfang** des Anbaumediums pro Pflanze 5 – 7 L.
- **25 – 36 Pflanzen auf 1m².**
- Entfernung zwischen den Pflanzen **15 – 25 cm.**

VORTEILE:

- Größere Anzahl der Ernten im Jahr – vier bis fünf, je nach Sorte und Länge der Pausen zwischen Ernten und neuer Vegetation.
- Kürzerer Lebenszyklus der Pflanze = weniger Chancen für Schädlinge und Erkrankungen.
- Kleinere Raumansprüche (in der Höhe).

NACHTEILE:

- Man schafft es wahrschenlich nicht, größere Klone zu schneiden.
- Man braucht auf 1 m² mehrere Schnitte.

WUCHSPHASE 0 – 7 TAGE

Ja, das sieht ihr richtig, die Wuchsphase kann völlig ausgelassen werden. Die Voraussetzung ist, dass man aus Klonen, oder aus bereits entwickelten Keimlingen anbaut, die die Keimphase (embryonale) und die Auflösungsphase (differenziale) bereits hinter sich haben – siehe Kapitel „Entwicklungsstadien der Pflanzen". Es ist immer gut, die Pflanzen wenigstens 3 Tage unter dem 18 Stunden, oder dem non Stop Licht zu lassen, damit sie gut im Anbaumedium anwurzeln können.

1. **Umfang** des Anbaumediums pro Pflanze 3 – 7 L.
2. **Auf 1 m² können bis zu 36 – 100 Pflanzen platziert werden.**
3. **Entfernung zwischen den Pflanzen 10 – 20 cm.**

VORTEILE:

- Der Hauptvorteil ist eine häufige Ernte. Beim kontinuierlichen Anbau und einer schnell blühenden Sorte können bis zu 7 Ernten im Jahr erzielt werden (zum Beispiel die Sorte TOP 44 wird bereits in 44 Tagen reif).
- Niedrigerer Verbrauch von Düngemitteln -logischerweise wegen der kürzeren Vegetativperiode.

- Kleinere Raumansprüche (in der Höhe).

NACHTEILE:

- Großer Verbrauch an Klonen auf 1 m².
- Von Pflanzen können keine Klone gemacht werden.

GRÜNES MEER (SEA OF GREEN)

Mit der letztgenannten Methode sind die bezeichneten Anbautechniken eng verbunden. Eine davon, ist das Grüne Meer. In solchem Fall werden die erwähnten 36 – 100 Klone gesteckt, die sofort auf Blüte umgeschaltet werden. Die Pflanzen beginnen, vor allem in den ersten zwei Wochen der Blütephase, sehr schnell zu wachsen. Diese werden nicht beschnitten, es werden nur die unteren Zweige entfernt. Gewöhnlich werden 4 – 8 obere Zweige auf jeder Pflanze aufbewahrt. Hinsichtlich der engen Nähe der Pflanzen, hat das Licht keine Chance in die untere Stöcke zu gelangen. Dadurch, dass man sie entfernt, ermöglicht man der Pflanze, ihre ganze Energie in die obere Blüten zu geben.

Die Methode des grünen Meeres fordert eine Sorten-wahl, die dafür geeignet ist. Bei diesen Sorten wird es aber in ihrer Beschreibung meistens angegeben.
Wenn man sich für diese Methode entscheidet, muss eine erhöhte Aufmerksamkeit der Schimmelbildung gewidmet werden.

Vorteile und Nachteile werden im Kapitel „Wuchsphase 0 – 7 Tage" beschrieben.

Weiteren Methoden der Wuchsregelung werden wir uns in den folgenden Kapiteln widmen.

ZUSAMMENFASSUNG

Wenn man mit dem Indoor Anbau anfängt, sollte man die 7 – 21 Tage
Wuchsphasenlänge wählen. So kann man eine ganze Reihe von praktischen Erfahrungen erwerben, die man dann während des Anbaus
mehrmals nutzen kann. Es ist etwas anderes, über den Anbau etwas
lesen und es dann in der Praxis ausprobieren. Je besser man das Verhal-
ten der Pflanzen während ihres ganzen Lebenszyklus versteht, desto
besser wird man dann fähig , auf die aufgetretene Situationen zu reagieren und man erkennt leichter, ob die Pflanzen so wachsen, wie sie sollen,
oder nicht.

Grünes Meer.

ERSTE WOCHE DER WUCHSPHASE

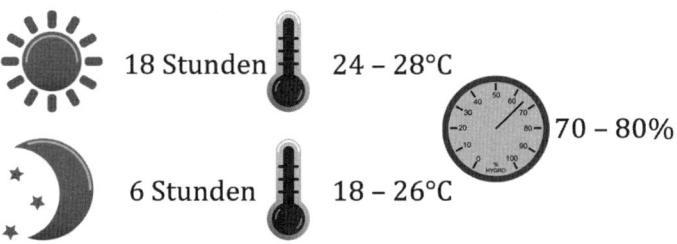

18 Stunden   24 – 28°C

70 – 80%

6 Stunden   18 – 26°C

Die nächste Anbauphase beginnt dann, wenn unsere Klone oder Stecklinge fest verwurzelt sind, wie es in vorigen Abschnitten beschrieben
wurde. Die Voraussetzung für die Anwendung der folgenden Tipps und
Empfehlungen, ist, dass die Pflanzen bereits im Anbaumedium stecken.
Bis zu diesem Augenblick gießt man nur mit pH Wert geregeltem Wasser (6,5), das um Wurzelstimulator bereichert. Über das **richtige Anwurzeln, lest in den vorigen Kapiteln Keimen der Samen und Klone.**

DAS KLIMA

Es ist notwendig immer eine konstante Temperatur und hohe Feuchtigkeit einzuhalten. Die Feuchtigkeit beeinflusst deutlich die Entwicklung
der Pflanzen und gehört zu einer der wichtigsten Bedingungen beim
Weg zum Erfolg.

- Feuchtigkeit optimal 80 %;
- Temperatur tagsüber 24 – 28 °C;
- Temperatur in der Nacht 18 – 26 °C;
- Eine mässige Lüftung sichern – so, dass die schwer gewonnene
  Feuchtigkeit nicht durch die Lüftung weggezogen wird und da-
  mit sie zugleich nicht negativ die Temperatur im Growroom be-
  einflusst;

- Der Raumventilator sollte eine ständige Luftbewegung im Growroom sichern. Achtet darauf, dass der Lüfter nicht direkt auf die Pflanzen bläst.

DAS LICHT

Während der ganzen Wuchsphase leuchten wir 18 Stunden am Tag. Wenn jemand mehr Lampen hat, ist es nicht nötig, dass alle während der ersten Woche an sind. Wenn es möglich ist, sollten sie während der ersten Woche höher platziert werden, als in den folgenden Phasen. Sobald die Pflanzen aber sichtbar beginnen zu wachsen, gebt ihnen eine maximale Lichtintensität – Vorsicht auf das Verbrennen...

Beim Anbau von selbstblühenden Sorten, bewahren wir den 18 – 20 Stunden Lichtzyklus während der ganzen Anbaulänge.

VORTEILE DER HÖHER AUFGEHÄNGTEN BELEUCHTUNG IN DER ERSTEN WOCHE

- Es sind noch nicht alle Pflanzen *angelaufen,* das intensive Licht kann sie verbrennen, oder ihren Wuchs aufhalten.
- Wenn man die Lampe höher aufhängt, wird sie größere Fläche beleuchten, aus dem Grund müssen nicht alle an sein.
- Die Pflanzen wachsen schneller nach oben, denn sie wollen die höhere Lichtintensität erreichen – allerdings Achtung beim Anbau aus Samen, wo eine zu große Entfernung der Leuchtmittel von keimenden Pflänzchen einen sehr langen Wuchs verursachen kann.

 Wenn sich die Pflanzen richtig entwickeln, kann man die Leuchtmittel an die Pflanzen näher bringen – empfohlene Entfernungen findet man im Kapitel „Beleuchtung".

DÜNGEN

Während der ersten Woche der Wuchsphase sollte man nicht zu viel düngen. Man sollte sich an die empfohlene Dosierung halten, die man an der Verpackung der Düngemittel findet. Manche Grower beginnen nur mit der Hälfte der empfohlenen Dosierung. Ein notwendiger Bestandteil des Düngungsrogramm, sollte während dieser Zeit der Wurzelstimulator sein.

NICHT VERGESSEN

Verwendet für jedes Anbaumedium die, dazu gehörigen Düngemittel. Manche hydroponische Düngemittel können für die Erde benutzt werden, aber nur in halber Dosierung. Informiert euch bei eurem Händler, ob sich das Düngemittel für das Anbaumedium eignet.

- **EC Wert** optimal zwischen 0,8 – 1,2, maximal 1,4 µS/cm^3 in hydroponischen Systemen – diese Konzentration erreicht man mit der vorgeschriebenen Dosierung der Düngemittel (zum Anbau im Bodensubstrat muss der EC Wert etwa auf 50 – 70 % des Wertes für Hydroponic gesenkt werden werden).
- PH Wert mit Hilfe der Salpetersäure reduzieren.
- PH Wert der Lösung für Hydroponic auf 6,5 regeln, es wird während der Anbauphasen nach und nach reduziert.
- pH Wert im Bodensubstrat 6,7.
- Nach dem ersten oder zweiten Tag der Wuchsphase, kann eine Sprühlösung 2 – 3 ml Darina 4 auf 1 L angewendet werden, dadurch wird der Wuchs beschleunigt und der Gesundheitszustand der Pflanzen unterstützt. Anstelle von Darina 4 kann genauso Alga-press, oder Vita Star (Cropmax) verwendet werden.
- In hydroponischen Systemen bewies sich die Verwendung vom 30 % Wasserstoffperoxid in Konzentration 5 ml auf 10 L Wasser

– es hilft das Anbaumedium mit Sauerstoff zu versorgen und hält das Bewässerungssystem sauber – der Nährstofflösung während der ganzen Zeit des Anbaus beigeben. **Falls man BIO Düngemittel oder BIO Ergänzungspräparate anwendet, dann sollte das Wasserstoffperoxid nie für das Gießen verwendet werden.**

BEWÄSSERUNG

Am Anfang ist es gut, die Pflanzen manuell zu gießen. Wenn man aber NFT, EBB Flow, Aqua System, oder Aeroponic Systeme verwendet, sollte die Bewässerungsmethode vom Anfang an benutzt werden.

 Die angegebenen Dosierungen der Bewässerung dienen nur zur Orientierung und können sich abhängig von der Größe der Anbaugefäße und der Bedingungen im Growroom unterscheiden – erst das Kapitel „Bewässerung" lesen.

AQUA SYSTEM

Beim richtigen Anschluss des Aquasystems (das Gießen bewässert nicht den Rockwool Würfel, sondern den Hydrocorrels) sollte man fünf Mal am Tag 15 Minuten giessen. Es ist auch möglich, die Bewässerung ganze 18 Stunden laufen lassen, wenn das Licht an ist.

NFT

Beim NFT System kann die Lösung non Stop laufen, oder es kann sechs Mal am Tag 15 Minuten gegossen werden. Die Voraussetzung ist, dass man gut durchgewurzelte Würfel eingepflanzt hat. Wenn man mit NFT beginnt, empfehle ich nicht, die Lösung non Stop zirkulieren lassen, sondern das Gießen mehrmals am Tag laufen lassen. Vor dem nächsten Gießen sollte geprüft werden, ob sich das Wasser nicht im System eingesetzt hatte. Es passiert oft, dass die höher gelegene Seite schneller austrocknet und die unteren Kanälchen (dort, wo die Lösung zurück in den

Behälter fließt) sind voll mit Wasser. Falls dem so ist, vergrößert die Neigung der NFT Platte. Dieses Problem betrifft meistens die größeren NFT Systeme, wenn ein Teil der Anbaufläche am Behälter auflliegt, und die andere Seite mit einer Stütze gestützt wird.

ROCKWOOL

Die Rockwool Matten und Würfeln sollten so gegossen werden, damit sie ständig ausreichend feucht sind, aber es darf kein Wasser abtropfen. Unbedingt sollte man sich merken – es ist besser, öfters und in kleineren Mengen zu gießen, als nur selten und in größeren Mengen. Ausführliche Informationen findet man im Kapitel „Bewässerung".

HYDROCORRELS

Hydrocorrels kann man nur schwer zu viel gießen. Man kann also bis zu 250 – 500 ml am Tag (je nach Größe des Anbaugefäßes) für eine Pflanze anwenden. Aber vorsicht, man muss den Hydrocorrels bewässern, nicht die Rockwool Würfel.

BODENSUBSTRATE

In der Anfangsphase müssen Bodensubstrate nicht täglich gegossen werden. Das Medium muss feucht, aber nicht nass sein. Am Anfang ist es wichtig, dass die Pflanzen ein reiches Wurzelsystem bilden.

KOKOS

Bei Kokos gilt dasselbe, wie bei Rockwool. Besser ist es öfters, dafür aber weniger zu bewässern, als seltener und zu viel. Wichtig ist es, dass Kokos gleichmäßig gegossen wird, das heißt, dass die Lösung in allen Teilen des Anbaugefäßes gleichmäßig verteilt wird.

EBB FLOW

Ein bis dreimal am Tag vollfüllen. Wenn die Pflanzen Anzeichen vom Wassermangel zeigen, gießt sie manuell von oben.

WAS KANN IN DER ERSTEN WUCHSWOCHE GEMACHT WERDEN

- Es ist möglich, die Pflanzen zum ersten Mal zu beschneiden.
- Es ist möglich, die Pflanzen zu biegen.
- Bewässerungsmängel und die Ableitung der überflüssigen Lösung können geregelt werden.
- Wenn sich die Pflanzen gut entwickeln, kann die Lichtintensität (die Lichtquelle nähern) erhöht werden.
- Pflanzen können so umgestellt werden, damit alle genug Licht bekommen. Es kann passieren, dass manche Pflanzen schneller wachsen, sich mehr verästeln usw. Das Umstellen der hohen Pflanzen an die Ränder des Systems und der kleineren in die Mitte, sichert eine gleichmäßige Beleuchtung im ganzen Raum.

ZWEITE WOCHE DER WUCHSPHASE

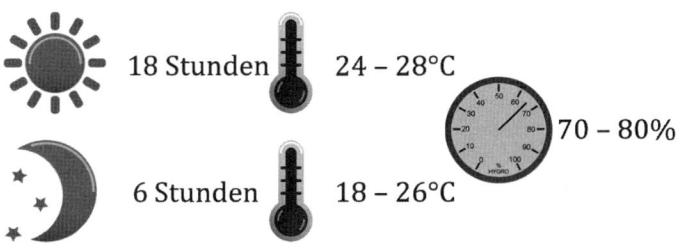

18 Stunden   24 – 28°C

6 Stunden   18 – 26°C

70 – 80%

DAS KLIMA

In der zweiten Woche der Wuchsphase ertragen die Pflanzen auch höhere Temperaturen. In jedem Fall sollte man sich an die empfohlenen Werte halten und darauf achten, dass die Temperaturschwankungen nicht zu groß werden.

- Feuchtigkeit optimal 80 %;
- Temperatur tagsüber 24 – 28 °C;
- Temperatur in der Nacht 18 – 26 °C;
- Regelmäßige und ausreichende Belüftung sichern – wichtig ist allerdings, die geforderte Feuchtigkeit und Temperatur einzuhalten;
- Der Raumventilator darf wieder nicht direkt auf die Pflanzen blasen.

DAS LICHT

In der zweiten Woche können Pflanzen schon der maximalen Lichtintensität ausgesetzt werden. Sie sind die Lichtintensität bereits gewohnt und ertragen auch höhere Temperaturen in der Nähe des Leuchtmittels. Die

Fotoperiode ist immer im Verhältnis 18 Stunden Licht/ 6 Stunden Dunkelphase.

Beim Anbau der selbstblühenden Sorten, bewahren wir den 18 – 20 Stunden Lichtzyklus während der ganzen Anbaudauer.

Düngung

Bei der Düngung kann man nach empfohlener Dosierung der verwendeten Düngemittel, voll Gas geben. Es ist auch weiterhin geeignet, der Nährstoflösung ein Wurzelstimulator beizugeben.

- EC Wert in hydroponischen Systemen optimal zwischen 1,2 – 1,4 µS/cm^3 – für den Anbau im Bodensubstrat, wird der EC Wert etwa 50 – 70 % vom Wert für Hydroponic.
- PH Wert mit Hilfe der Salpetersäure reduzieren.
- PH Wert der Lösung für Hydroponic auf 6,2 – 6,3 regeln.
- pH Wert im Bodensubstrat 6,5 – 6,7.
- Ergänzungs- und Unterstützungspräparate die man verwendet, nach Empfehlung des Düngemittelherstellers zugeben.
- Es ist geeignete Zeit für die Aplikation vom Schimmelpilz Trichoderma, der die Bildung von anderen Schimmelpilzen verhindert, die das Wurzelsystem, bzw. die ganze Pflanze beschädigen würden.
- In hydroponischen Systemen bewies sich die Verwendung von 30 % Wasserstoffperoxid in Konzentration 5 ml auf 10 L – es hilft das Anbaumedium mit Sauerstoff zu versorgen und hält das Bewässerungssystem sauber – es sollte der Nährstofflösung während der ganzen Anbaudauer beigemischt werden. **Falls man BIO Düngemittel oder BIO Ergänzungspräparate anwendet, sollte das Wasserstoffperoxid nie zum Gießen verwendet werden.**

BEWÄSSERUNG

Wenn man den Weg des automatischen Bewässerungssystems gewählt
hat, ist es an der Zeit, es einzuschalten. Vergisst nicht zu prüfen, ob die
Bewässerung gleichmäßig und ohne Fehler läuft.

> Die angegebenen Dosierungen der Bewässerung dienen nur
> zur Orientierung und können sich abhängig von der Größe
> der Anbaugefäße und der Bedingungen im Growroom unter-
> scheiden – erst das Kapitel „Bewässerung" lesen.

AQUA SYSTEM

Beim richtigen Anschluss des Aquasystems (das Gießen bewässert nicht
den Rockwool Würfel, sondern den Keramisit) sollte man fünf bis acht
Mal am Tag 15 Minuten giessen, oder man giesst während der ganze Zeit
des Leuchtens (geeignet bei größeren Anbaugefäßen).

NFT

Im NFT System kann die Lösung non Stop laufen, oder es kann in regelmäßigen Intervalls begossen werden, zum Beispiel eine halbe Stunde
gießen und eine halbe Stunde Pause... Weder Kanälchen, noch der nicht
gewebte Stoff, dürfen nie trocken sein. Rockwool Würfel dürfen hier
wieder nicht, wie ein Schwamm aufgesaugt werden. Kontrolliert ob die
Lösung nur durch die Kanälchen fließt und keine Lacken bildet.

ROCKWOOL

Pflanzen in Rockwool Matten und Würfeln benötigen ein häufiges Gießen
in kleinen Mengen. Wenn man zum ersten Mal anbaut, muss man die
Feuchtigkeit vom Rockwool regelmäßig kontollieren. Die ersten Wurzeln
sollten bereits vom Boden des Anbaugefäßes herauskommen (abhängig
von der Größe). In Rockwool Matten müssen die Würfel bereits mit der
Matte fest verbunden werden.

HYDROCORRELS

Hydrocorrels leitet gut das Wasser ab, gießt deshalb mit 400 – 500 ml/1 Pflanze, bzw. Anbaugefäß. Achtet darauf, dass der Hydrocorrels bewässert wird und nicht der Rockwool Würfel, in dem die Pflanze eingepflanzt ist. Rockwool kann das Wasser viel länger halten.

BODENSUBSTRATE

Gießt nach Bedarf. Es ist hängt sehr viel davon ab, wie groß die Anbaugefäße sind, welche Drainage angewendet wurde usw. Man muss die empfohlene Vorgehensweise einhalten, damit man die richtige Feuchtigkeit im Anbaumedium sichern kann – das findet man im Kapitel „Bewässerung".

KOKOS

Kokos muss so bewässert werden, damit es ständig feucht wird. Denkt immer daran, dass es besser ist, öfters, in kleinen Mengen zu gießen. Die Wurzeln sollten sich im Anbaugefäß/Matte bereits gut entwickelt haben, also kann die Giessmenge erhöht werden.

EBB FLOW

EBB Flow Auffülltische drei bis viermal am Tag, je nach Temperatur und Feuchtigkeit im Growroom, auffüllen. Das Anbaumedium muss immer feucht sein.

BEHANDLUNG GEGEN ERKRANKUNGEN UND SCHÄDLINGE

Während dieser Zeit sollte auch der Präventivschutz ausgeführt werden. Wenn man beim Klonestecken, oder beim Versetzen der Keimlinge, Proplant verwendet hat, sind die Pflanzen immer noch vor den meisten Pilzerkrankungen geschützt. Es ist also an der Zeit, die Pflanzen vor einem mögliche Befall mit Schädlingen, zu schützen. Als Prävention sollten immer lieber Biopräparate angewendet werden:

- Ich empfehle das Sprühmittel Diamond Shield (Bio Protect) in Dosis von 5 ml/1 L.

WAS KANN IN DER ZWEITEN WOCHE GEMACHT WERDEN

- Den Pflanzen eine maximale Lichtintensität gönnen.
- Präventivschutz gegen Schädlinge ausführen.
- Die Bewässerungsdosis erhöhen.
- Es ist möglich die Pflanzen zu beschneiden.
- Manche Zweige können entfernt werden – siehe Kapitel „Durchschneiden".
- Man kann mit dem Biegen weitermachen.
- Wenn man mit Hilfe des Netzes biegt, ist das die letzte Möglichkeit es zu installieren, falls es nicht vom Anfang an gemacht wurde.
- Pflanzen haben viele Triebe zur Herstellung von einigen Klonen.
- Pflanzen so umstellen, damit alle genug Licht haben. Es kann passieren, dass manche Pflanzen schneller wachsen, sich mehr verästeln usw. Die Umstellung der hohen Pflanzen an die Ränder des Systems und der kleineren in die Mitte, sichert eine gleichmäßigere Beleuchtung im ganzen Raum.

DRITTE WOCHE DER WUCHSPHASE

18 Stunden   24 – 28°C

70 – 80%

6 Stunden   18 – 26°C

DAS KLIMA

Macht weiter im eingestellten Regime.

- Feuchtigkeit optimal 80 %;
- Temperatur tagsüber 24 – 28 °C;
- Temperatur in der Nacht 18 – 26 °C;
- Eine regelmäßige und ausreichende Belüftung sichern – wichtig ist allerdings, die geforderte Feuchtigkeit und Temperatur einzuhalten;
- Der Raumventilator darf wieder nicht direkt auf die Pflanzen blasen. Vielleicht muss seine Höhe korrigiert werden.

DAS LICHT

Die Fotoperiode ist immer im Verhältnis 18 Stunden Licht/ 6 Stunden Dunkelphase. Bemüht euch immer darum, den Pflanzen die möglichst stärkste Lichtintensität zu geben. Es entwickeln sich stärkere Zweige und Stängel, Pflanzen werden nicht so viel in die Höhe wachsen. Allerdings muss man aufpassen, dass die Pflanzen nicht verbrannt werden.

Beim Anbau der selbstblühenden Sorten, bewahren wir den 18 – 20 Stunden Lichtzyklus während der ganzen Anbaudauer.

DÜNGUNG

Bei der Düngung, kann man nach empfohlener Dosierung der verwendeten Düngemittel, voll Gas geben. Es ist auch weiterhin geeignet, der Nährstofflösung ein Wurzelstimulator beizumischen.

- EC Wert in hydroponischen Systemen optimal zwischen 1,4 – 1,6 µS/cm^3 – für den Anbau im Bodensubstrat, wird der EC Wert etwa 50 – 70 % sein.
- pH Wert mit Hilfe der Salpetersäure reduzieren.
- pH Wert der Lösung für Hydroponic auf 6,2 – 6,3 halten.
- PH Wert im Bodensubstrat 6,5 – 6,7.
- Ergänzungs- und Unterstützungspräparate, die man verwendet, nach Empfehlung des Düngemittelherstellers, beizugeben.
- In hydroponischen Systemen bewies sich die Verwendung von 30 % Wasserstoffperoxid in Konzentration von 5 ml auf 10 L – es hilft das Anbaumedium mit Sauerstoff zu versorgen und hält das Bewässerungssystem sauber – es sollte der Nährstofflösung während der ganzen Anbaudauer beigegeben. **Falls man BIO Düngemittel oder BIO Ergänzungspräparate anwendet, sollte das Wasserstoffperoxid nie zum Gießen verwendet werden.**

BEWÄSSERUNG

Mit dem, in der letzten Woche eingeführten System, fortfahren. Sollte das Anbaumedium zu viel austrocknen, muss der Umfang des Giesswassers erhöht werden.

WAS KANN IN DER DRITTEN WOCHE GEMACHT WERDEN

- Es ist möglich, die Pflanzen zum zweiten Mal zu beschneiden, falls man sich entscheidet, sie mehrmals zu beschneiden.
- Es können einige Zweige entfernt werden – siehe Kapitel das „Durchschneiden".
- Es kann mit dem Biegen begonnen/weitergemacht werden.
- An den Pflanzen gibt es genug Triebe zur Herstellung von mehreren Klonen.
- Pflanzen so umzustellen, damit alle genug Licht bekommen. Es kann passieren, dass manche Pflanzen schneller wachsen, sich mehr verästeln usw. Die Umstellung der hohen Pflanzen an die Ränder des Systems und der kleineren in die Mitte, sichert eine gleichmäßigere Beleuchtung im ganzen Raum.

VIERTE UND WEITERE WOCHEN DER WUCHSPHASE

Weitere Wochen der Wuchsphase unterscheiden sich von der zweiten und dritten Woche nicht zu sehr. Es ist notwendig, dass **die empfohlene Dosierungen der Düngemittel ständig eingehalten werden,** die richtige Bewässerung muss kontrolliert werden und eine hohe Feuchtigkeit und die geforderte Temperatur muss eingehalten werden.

Zum Verhinderung des Schädlingsvorkommens und Erkrankungen, muss ein Präventivschutz der Pflanzen regelmäßig ausgeführt werden. Ein optimales Intervall ist 7 – 10 Tage, je nach Empfehlung des Herstellers. Man sollte immer versuchen, statt Chemie lieber Biopräparate zu verwenden. Biopräparate sind eine gute Prävention, sie belasten die Pflanzen nicht und schützen sie gut.

EMPFOHLENE BIOPRÄPARATE ZUM PRÄVENTIVSCHUTZ DER PFLANZEN

Gegen Schädlinge:

- Biool,
- Klebeplatten – durch die entdeckt man rechtzeitig die Anwesenheit von Schädlingen,
- Produkte der Firma Neudorff.

Gegen Erkrankungen:

- Bioan,
- Diamond Shield (Bio Protect),
- Produkte der Firma Neudorff.

BLÜTEPHASE

Die Blütephase beginnt dann, wenn die Pflanze reift und ihre Ge-
schlechts-, Vermehrungsorgane erscheinen – die Blüten. Es wurde bereits gesagt, dass manche Pflanzen abhängig von der Fotoperiode blühen, andere aufgrund ihres Alters. Beginnen wir mit den ersten.

WAS HEIßT AUF BLÜTE UMSCHALTEN

Die meisten Hanfsorten blühen abhängig vom Verhältnis der Tag- und
Nachtlänge (Licht und Dunkel). Auf Blüte umschalten, bedeutet das Kürzen der Leuchtdauer, das heißt von 18 Stunden Licht und 6 Stunden
Dunkel auf 12 Stunden Licht und 12 Stunden Dunkel. Beim Übergang auf
Blüte, ist es nicht notwendig mit den Leuchtmitteln viel zu manipulieren
– sie z.B. drehen,usw. Ich sage es deshalb, weil bereits ein paar Leute
danach gefragt haben.

Die Blütezeit der Pflanzen wird auch durch das Lichtspektrum des
Leuchtmittels bedingt. Im Kapitel Beleuchtung wurde gesagt, dass zur
Sicherung des nötigen Lichtspektrums, müssen Natriumdampflampen,
oder Natriumdampflampen mit erweiterter Strahlung im Bereich des
blauen Lichts, verwendet werden. Bei Verwendung der sparsamen
Leuchtstoffröhren muss man auch das entsprechende Produkt haben –
auch sparsame Leuchtstoffröhren werden nach dem bezeichnet, ob sie
sich nur zum Wuchs (GROW), zur Blüte (BLOOM), oder für beide Phasen
(GROW/BLOOM) eignen. Bei LED Modulen, ist es von dem gewählten
Typ abhängig. Manche LED Module strahlen ständig Licht aus, das in
dasselbe Lichtspektrum greift, andere haben Umschalter, die in der Blütephase mehr *rotes* Licht leisten, das zur Blütebildung so wichtig ist.

In der Blütephase wird der vorausgesetzte Erfolg nicht erreicht, wenn
man nur mit Halogen Metalldampflampen (MH) , oder mit sparsamen

GROW Leuchtstoffröhren leuchtet. Ausführliche Informationen findet man im Kapitel „Beleuchtung".

WIE SCHNELL ERSCHEINEN BLÜTEN

Auch wenn man auf Blüte umschaltet, heißt es nicht, dass die Pflanzen gleich voll mit Blüten sein werden. Der Fotoperiodenwechsel muss erst bestimmte chemische Prozesse in der Pflanze starten. Bis sich das allerdings an ihrem Aussehen zeigt, vergeht einige Zeit. Erste Anzeichen der Blüte, kann man erst nach 7 Tagen beobachten, gewöhnlich um den zehnten bis vierzehnten Tag der Blütephase. Die Phase zwischen dem Umschalten auf Blüte und den ersten Anzeichen der Blüte wird Vorblütephase genannt.

BLÜTEPHASE UND SELBSTBLÜHENDEN SORTEN

Selbstblühende Sorten blühen in der Abhängigkeit vom Alter, deshalb muss die Fotoperiode nicht während der ganzen Anbaudauer gewechselt werden. Die Autoflowering Sorten brauchen ein Dauerlicht 18 – 20 Stunden und 4 – 6 Stunden Dunkel. Es ist hoffentlich nicht mehr nötig zu bemerken, dass ein Leuchtmittel, oder eine Leuchtstofflampe für die Blüte, oder MIX, verwendet werden muss. Halogenidlampen eignen sich für den Anbau von selbstblühenden Sorten nicht, weil sie das, ins rote Spektrum greifende Licht, nicht emittieren.

- Beim Anbau von selbstblühenden (Autoflowering) Sorten wird nicht auf Blüte umgeschaltet.
- Die selbstblühenden Sorten beleuchtet man 18 – 20 Stunden während des 24 Stunden Zyklus.

WANN ENDET DIE BLÜTEPHASE

Die Blütephase endet dann, wenn die Pflanzen reif sind. Bei der Ernte ist es wichtig, dass die Reife ein bestimmtes Stadium erreicht. Dazu kommen wir aber noch. Lässt man die Pflanze länger blühen, als bis zu dem Moment, wo sie ausreichend reif ist, werden die Blüten dunkel und beginnen zu welken. Man kann die Pflanzen in der Blütephase beliebig lange belassen, allerdings werden sie in der Natur nach dem Ausblühen und Aussamen absterben und machen ihren Nachkommen den Platz frei.

Wann auf Blüte umschalten

Es wurde bereits mehrmals erwähnt, dass manche Sorten während der Wuchsphase langsamer wachsen, als während der Blütephase. Dieser Fakt stellt oft bei Grower Anfängern (manchmal auch bei Fortgeschrittenen) Probleme dar. Ihr könnt ruhig glauben, dass man in jeder Anbauphase das Gefühl haben wird, dass die Pflanzen bereits höher sein sollten, als sie im Moment sind. Das ist der Grund, warum wir oft warten, bis sie noch weiter wachsen, bis wir auf Blüte umschalten. Ein zu spätes Umschalten hat oft einen umgekehrten Effekt, als wir erwarten würden.

Wenn man zu spät auf Blüte umschaltet

Wenn man die Idealzeit zum Umschalten versäumt, kann man später gleich an einige Probleme stoßen, die deutlich die Anbaueffektivität beeinflussen werden. Vergisst nicht, dass Pflanzen ihre Bedürfnisse haben und wenn man sie nicht zufrieden stellt, werden Pflanzen auch nicht fähig sein, eure Erwartungen zu erfüllen. Was bringt also ein zu spätes Umschalten auf Blüte?

- **Pflanzen werden beengt.** Die meisten Zweige werden nicht genug Platz und Licht zur Bildung von großen stabilen Blättern haben.
- Pflanzen werden zwar groß, aber Blüten auf den unteren Zweigen werden klein. Das kann durch das Entfernen der unteren Zweige gelöst werden.
- **Wahrscheinlichkeit der Schimmelbildung erhöht sich.** Die sich gegenseitig berührenden Blätter, werden unter sich Feuchtigkeit halten, die zusammen mit der Temperatur, eine Idealumgebung für ihre Bildung schafft.

- Die Pflanzen werden **höher, als man erwartet,** was ein Problem in Growrooms verursachen kann, die zu wenig Platz haben.
- Durchflochtene Pflanzen **behindern die Behandlung mit Sprühmitteln.** Dabei ist nämlich wichtig, dass die Lösung möglichst grosse Fläche der Pflanze bedeckt. Wenn die Pflanzen durchflochtet sind, verhindern sie, dass das Sprühmittel überall hingelangt – sie bilden zusammen so eine Art Schirm.

Alles hängt natürlich von der gewählten Anbaumethode ab. Wenn wir vom Anfang an alles dem anpassen, damit riesige Pflanzen herauswachsen, verursacht das spätere Umschalten keine Probleme. Umgekehrt wird es aber in dem Fall, wenn man eine größere Pflanzenmenge für die vorgesehene Fläche wählt.

WENN MAN ZU FRÜH AUF BLÜTE UMSCHALTET

Genau so wie das späte Umschalten, stellt auch das frühzeitige Umschalten eine wesentliche Hürde auf dem Weg zu einer erfolgreichen Ernte, dar. Das Ziel des Anbaus, ist das Erreichen einer möglichst hohen Effektivität. Das ist nur unter der Voraussetzung möglich, dass man die Anbaufläche richtig ausnutzt. Dazu das Kapitel „Wuchsphasenlänge" sorgfältig lesen. Wenn man sich an der empfohlenen Anzahl der Pflanzen auf 1 m² bei einer konkreten Wuchsphasenlänge hält, reduziert man das Risiko eines späten, oder frühzeitigen Umschaltens auf Blüte deutlich. Nun nennen wir uns Probleme, die mit dem frühzeitigen Umschalten auf Blüte verbunden sind:

- Unzureichende Deckung der Anbaufläche;
- Daraus folgt unwirtschaftliche Lichtnutzung. Im diesem Fall haben Pflanzen genug Licht, allerdings könnte es noch besser genutzt werden, wenn die Pflanzen höher wären, oder wenn die Anzahl der Pflanzen höher wäre. Zu große Abstände reduzieren kurzhin die Effizienz der ausgelegten Mittel.
- Zweifellos ein niedrigerer Ertrag.

RESÜMEE

Mit der Wuchsphasenlänge kann man beliebig experimentieren.Jedes Experiment muss natürlich nicht zu einer besseren Ernte führen, es kann auch genau umgekehrt werden. Probiert einfach schrittweise mehrere Varianten aus. So findet man besser die eine, die am besten passt. Sobald man mehrere Ernten hinter sich hat, wird man sehen, dass das Experimentieren einfacher wird. Eine große Rolle bei der Wahl der Wuchsphasenlänge und der Pflanzenmenge, spielt die gewählte Sorte. Für Anfänger lohnt sich eine Sorte zu wählen, die eines mittleren Wuchses ist und die Blütephase um die 70 Tage beträgt. Die schnell wachsenden/blühenden Pflanzen, könnten euch überraschen und man hat weniger Zeit für die Fehlerbehebungen. Die Länge der Blüte um die zehn Wochen, stimmt dazu mit den Düngemittelanleitungen sehr gut überein und gibt Gelegenheit dazu, dass man sich die nötigen Handgriffe, die während der ganzen Anbauperiode ausgeführt werden müssen, einfacher aufteilen kann.

NACHDÜNGEN UND KONTROLLE DES VERBRAUCHS AN NÄHRSTOFFEN

Viele Grower erhöhen die Dosierung der Düngemittel während der Blütephase, damit sie einen höheren Ertrag gewinnen. In vielen Fällen klappt es, allerdings hat auch die Nachdüngung ihre Regeln. Wenn man die Pflanzen zu viel nährt, könnte der Wuchs aufgehalten werden, oder die Blütenentwicklung könnte langsamer werden. Deshalb muss immer kontrolliert werden, ob die erhöhte Zufuhr der Nährstoffe von den Pflanzen unbeschadet absorbiert werden kann.

1. Es ist nicht gut, **Bodensubstrate** zu viel düngen – in diesen Anbaumedien halten sich die Nährstoffe besser und sind schwer weg zu bekommen, falls man merkt, dass die Pflanzen auf höhere Mengen negativ reagieren.
2. Jeder, der sich für eine übermäßige Düngung entscheidet, als vom Hersteller empfohlen, **sollte einen EC Meter haben.**
3. Die Dosierung **aller verwendeten Düngemitteln** (außer Wurzelstimulator) sollte so erhöht werden, dass ihr gegenseitiges Verhältnis eingehalten wird.
4. Kontrolliert regelmäßig **den Nährstoffverbrauch.**
5. Führt **ein regelmäßiges Durchspülen** – siehe Kapitel „Vorbereitung der Nährstofflösung".
6. In hydroponischen Systemen erwies sich die Verwendung von 30 % Wasserstoffperoxid in Konzentration 5 ml auf 10 L, es hilft, dass das Anbaumedium mit Sauerstoff versorgt wird und hält das Bewässerungssystem sauber – der Nährstofflösung während der ganzen Anbaudauer beimischen. **Falls man BIO Düngemittel oder BIO Ergänzungspräparate anwendet, sollte das Wasserstoffperoxid nie zum Gießen verwendet werden.**

WIE SOLL MAN DEN NÄHRSTOFFVERBRAUCH KONTROLLIEREN

Ein grundlegender Indikator des Nährstoffverbrauchs, ist der Vergleich der gelieferten Nährstoffmenge und der ausgeschiedenen Nährstoffmenge. Sobald die Nährstofflösung auf einen bestimmten Wert gemischt wird, sollte aus den Anbaugefäßen, nach dem Gießen, nicht eine Lösung mit höherem EC rausfließen, als die, die in die Anbaugefäße geliefert wurde.

Kurzhin, man muss den EC Wert am Eingang des Bewässerungssystems messen und nachfolgend mit dem EC Wert der Lösung am Ausgang vergleichen. Wenn die Nährstofflösung am Ausgang einen höheren EC Wert als am Eingang hat, hat es keinen Sinn, die Pflanzen zu überdüngen, da sie es nicht schaffen, die Nährstoffe so schnell zu absorbieren.

Sollte der Unterschied höher als 10 % betragen, müssen alle Pflanzen unverzüglich durchgespült werden und das Begießen mit sauberem Wasser mit geregeltem pH Wert auf 2 – 3 Tage verlängert werden.

ERSTE PHASE DER BLÜTE

UNTERSCHIEDE IN DER LÄNGE DER BLÜTEPHASE

Da verschiedene Sorten verschiedene Reifelänge haben, muss die Düngung, das Klima und das Durchspülen dazu angepasst werden. Damit wir nicht unnötig die gleichen Schritte für verschiedene Sorten wiederholen, teilen wir die Blütephase in drei Kategorien und ab einem bestimmten Moment rechnen wir nicht mehr nach, wie lange die Pflanzen bereits blühen. Wir konzentrieren uns darauf, wieviel Zeit bis zur Ernte übrig bleibt, damit wir uns besser darin orientieren, was mit der Sorte in konkreter Phase gemacht werden muss.

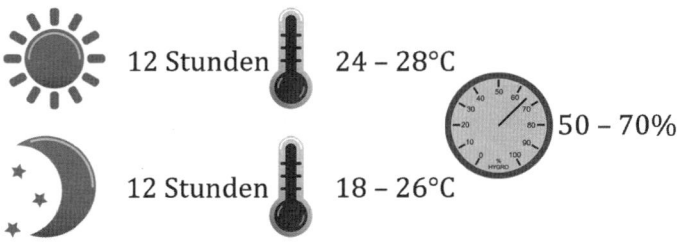

12 Stunden — 24 – 28°C

12 Stunden — 18 – 26°C

50 – 70%

1. WOCHE DER BLÜTEPHASE

Der Übergang von der Wuchsphase in die Blütephase wird durch Wechsel der Düngung und durch spontanen Wechsel der Klimabedingungen begleitet. Das Klima ändert sich infolge der kürzeren Dauer des Leuchtens von Leuchtmitteln – sie erwärmen die Luft nicht mehr so lange. In Folge dessen, kann es zu größeren Unterschieden zwischen der Tags- und nachts Temperatur und der Feuchtigkeit kommen.

Um möglichst viele Risiken zu eliminieren, die mit diesen Begleiterscheinungen verbunden sind, führt man folgende Schritte aus:

357

- Beim Übergang von der Wuchsphase in die Blütephase sollte ein Durchspülen ausgeführt werden – siehe Kapitel „Bewäesserung".

- Führt eine **Präventivbehandlung** gegen Schädlinge durch. Am besten mit Hilfe eines Biopräparats. Chemische Präparate stellen bei der Präventivbehandlung eine überflüssige Belastung für die Pflanzen dar.

- In den ersten Tagen sollte **eine erhöhte Aufmerksamkeit der Temperatur und der Feuchtigkeit** am Tag und während der Nacht gewidmet werden. Es wird vielleicht nötig, falls es die Automatik nicht verschafft, die Schaltung der Lüfter umzustellen.

- Sichert einen ausreichenden Luftwechsel, und zwar auch wenn es dunkel ist – die Nacht ist wesentlich länger, den Pflanzen muss Sauerstoff zugebenen werden und das Risiko an Schimmelbildung muss eliminiert werden.

- **Die Bewässerung** muss in Anbetracht des Fotoperiodenwechsel umgestellt werden. Es ist nicht gut, Pflanzen während der Nacht zu gießen, da die Feuchtigkeit steigen würde, wobei sich wiederum Schimmel bilden könnte.

- Bereitet euch daran, dass die Pflanzen in den ersten zwei Wochen wesentlich schneller wachsen können. Deshalb ist es wichtig, **sie regelmäßig zu kontrollieren.** Wenn man vor hat, die Pflanzen einmal pro Woche zu prüfen, sollten sie in der Anfangsphase der Blüte wenigstens zweimal pro Woche kontrolliert werden.

DAS KLIMA

Es lohnt sich immer noch, eine hohe Feuchtigkeit zu halten. Während der Nacht wird es wahrscheinlich keine Probleme darstellen, aber tagsüber wird die Feuchtigkeit stark fallen (genau wie in der Wuchsphase). Vergisst nicht, dass Pflanzen in der Nacht mehr Sauerstoff verbrauchen und es ist nötig, genug davon zu sichern. Die Temperatur wird allerdings auch durch die Belüftung beeinflusst, das heißt, dass man alles irgendwie geschickt abgleichen muss.

- Optimale Feuchtigkeit 50 – 70 %, falls es zum erhöhten Risiko durch Schimmelbildung kommt, muss die Feuchtigkeit zwischen 50 – 60 % gehalten werden.
- Temperatur tagsüber 24 – 28 °C, Temperatur in der Nacht 18 – 26 °C.
- Ausreichende Belüftung, die den regelmäßigen Luftwechsel sichert – am Tag Vorsicht auf sinkende Feuchtigkeit, während der Nacht wieder auf fallende Temperatur.
- Der Raumlüfter läuft natürlich weiter.

DAS LICHT

Während der ganzen Blütephase wird 12 Stunden am Tag beleuchtet. Die Leuchtmittel sollten möglichst nah an die Pflanzen aufgehängt werden, um eine maximale Lichtintensität zu sichern. Es darf aber nicht zum Verbrennen der Spitzen kommen. Wenn man für die Wuchsphase ein MH Leuchtmittel verwendet hat, ist es notwendig, es durch HPS Lampe umzutauschen.

Beim Anbau der selbstblühenden Sorten, bewahren wir den 18 – 20 Stunden Lichtzyklus während der ganzen Anbaudauer.

DUNKEL WÄHREND DER BLÜTEPHASE

Während der Zeit, wo es im Growroom dunkel ist, muss die Dunkelheit auch bewahrt werden – macht keine Lampen an, oder lasst keine Öffnungen offen, wodurch das Tageslicht zu den Pflanzen eindringen könnte. Falls man den Growroom während der Dunkelheit besucht und vor hat, dort etwas zu erledigen, dann muss man wissen, dass bereits nach einer Minute intensives Lichts, während dessen die Pflanzen Dunkelheit brauchen, kann zum widerholten Auslösen der Wuchsphase führen. Sollte die

> Dunkelheit mehrmals unterbrochen werden, oder für eine längere Zeit, beginnen die Blüten *durchzuwachsen*. Zwischen den einzelnen Köpfen bilden sich größere Lücken und die Blütenbildung wird beeinträchtigt.

DÜNGUNG

Das Verhältnis der Düngemittelelemente, das vom Hersteller empfohlen wird, immer einhalten. Man kann mit der Nachdüngung und Erhöhung vom EC Wert beginnen.

- Der Anfang der Blütephase eignet sich zur **Anwendung vom Schimmelpilz Trichoderma**, der die Bildung von anderen Schimmeln verhindert. Das wird im Gießwasser angewendet (wenn man diesen Schritt bereits während der Wuchsphase ausgeführt hat, muss die Applikation nicht mehr wiederholt werden).

- **EC Wert** in hydroponischen Systemen optimal zwischen 1,4 – 1,8 $\mu S/cm^3$ – für den Anbau im Bodensubstrat, wird der EC Wert etwa 50 – 70 % des Hydroponiewertes sein.

- pH Wert mit Hilfe der Phosphorsäure reduzieren.

- pH Wert der Lösung für Hydroponic auf 6,0 regeln.

- pH Wert im Bodensubstrat 6,5.

- Es kann auch mit dem **Spritzmittel Vita Race (Phytamin – einmal in drei Tagen)** begonnen werden – es unterstützt die Blütebildung und ist schadlos. Es kann mit der Reihe der Schutzbiopräparate kombiniert werden.

- In hydroponischen Systemen bewies sich die Verwendung von 30 % Wasserstoffperoxid in Konzentration – 5 ml auf 10 L ,es hilft, dass das Anbaumedium mit Sauerstoff versorgt wird und hält das Bewässerungssystem sauber – es sollte der Nährstofflösung während der ganzen Anbaudauer beigemischt werden. **Falls man BIO Düngemittel oder BIO Ergänzungspräparate**

anwendet, sollte das Wasserstoffperoxid nie zum Giessen verwendet werden.

BEWÄSSERUNG

Die angegebene Dosierungen der Bewässerung dienen nur als Orientierung und können sich abhängig von der Größe der Anbaugefäße und der Bedingungen im Growroom unterscheiden – erst das Kapitel „Bewässerung" lesen.

AQUASYSTEM

Beim richtigen Anschluss des Aquasystems (man bewässert nicht den Rockwool Würfel, sondern den Hydrocorrels), 3 – 6x am Tag (je nach Größe der Pflanzen), 15 Minuten gießen. Das Giesswasser kann auch non Stop während der ganzen Leuchtdauer laufen, das ist aber nicht nötig.

NFT

Bei NFT Systemen kann die Lösung non Stop laufen. Weil die Pflanzen bereits groß genug sind und das Wurzelsystem schon entwickelt, können die Würfel vollkommen nass sein. In den Rockwool Würfeln ist auch so genug Sauerstoff.

ROCKWOOL UND KOKOS

Rockwool Matten und Würfel sollten ergiebig begossen werden, damit das Anbaumedium ständig ausreichend feucht ist. Besser ist, häufiger und weniger, als selten und zu viel – aber das wisst ihr bereits aus den vorigen Kapiteln.

HYDROCORRELS

Im dieser Phase kann man das Giesswasser schon ständig laufen lassen, und das während der ganzen Zeit, wo die Lampen an sind. Pflanzen sollten bereits richtig durchwurzelt sein und von Sauerstoff gibt es im Hydrocorrels immer genug. Das Risiko, dass die Wurzeln faulen, ist sehr klein.

BODENSUBSTRATE

Man sollte den Pflanzen genug Feuchtigkeit gönnen. Das Bodensubstrat muss ständig feucht sein. Wenn man zu wenig gießt, werden Pflanzen wesentlich langsamer wachsen. Schaut im Kapitel „Bewässerung".

EBB FLOW

Auffülltische 3 – 6x am Tag auffüllen, falls Pflanzen Anzeichen vom Wassermangel, oder Wasserüberfluss zeigen, muss nachgeholfen werden.

WAS KANN WÄHREND DER ERSTEN WOCHE DER BLÜTE GEMACHT WERDEN

- Man darf weiter biegen.
- Falls man sich für das Beschneiden entschieden hat, dann ist das die letzte Gelegenheit, dies zu tun.
- Falls man noch Klone machen möchte, sollte es in den ersten drei Tagen der Blütephase gemacht werden.
- Etwa nach 7 – 10 Tagen, sollte das Durchspülen ausgeführt werden.-siehe Kapitel „Bewässerung"
- Wenn man eine Einrichtung zur **Dosierung vom CO$_2$** hat, ist das die ideale Zeit sie einzuschalten.
- Dem Giesswasser kann ab und zu ein Wurzelstimulator beigegeben werden – der EC Wert wird dadurch nicht beeinflusst und das Wurzelsystem ist immer noch sehr wichtig.

Am Ende der ersten Woche der Blütephase erscheinen bereits die ersten Blüten. Es ist bereits jetzt zu erkennen, ob die Pflanze weiblich, oder männlich ist. Wenn man aus feminisierten Samen, oder Klonen anbaut, dann braucht man sich dafür nicht so viel zu interessieren. Allerdings bei Verwendung von klassischen Samen, oder beim Testen der Mutter, beginnt man zu sehen, wie man dran ist. Trotzdem lohnt es sich noch zu warten, bis sich die Blüten mehr entwickelt haben, um eine 100 % Sicherheit zu haben.

ACHTUNG AUF:

- **Schädlinge,** und zwar sowohl auf den einzelnen Pflänzchen, als auch im Anbaumedium. Es muss ständig verfolgt werden, ob man irgendwo eine verdächtige Bewegung der Käfer bemerkt – kontrolliert vor allem die Unterseiten der Blätter, wo es ein häufigeres Vorkommen an Schädlingen gibt. Schaut auch unter den Anbaugefäßen nach (Töpfe usw.). Die Wurzelschädlinge verstecken sich hier gern und fressen die Wurzeln von unten ab.
- **Bewässerung** – während der Blütephase sollte ergiebig gegossen werden, und zwar auch bei Bodensubstraten – natürlich nur wenn man ein leichtes, luftiges Substrat hat, das zum Anbau empfohlen ist.
- **Kondensationswasser auf Blättern** – wie Pflanzen schnell wachsen, nähern sie sich immer mehr zueinander. Es kann dann leicht dazu kommen, dass manche Blätter direkt an anderen liegen. Infolge dessen werden die Blätter dampfig– dazwischen bildet sich Nässe und es entstehen ideale Bedinungen für Schimmelbildung. Blätter müssen von einander getrennt werden. In extremen Fällen können manche Blätter entfernt werden, aber man sollte es nicht übertreiben.
- **Verstopfte Kapillare** – wenn man ein Bewässerungssystem mit Kapillaren verwendet, muss ab und zu kontrolliert werden, ob alle richtig funktionieren. Das System läuft bereits seit einigen Wochen und das Risiko der Verschmutzung ist höher, als ganz am Anfang.
- **Verbrannte Pflanzenspitzen** – man kann die betroffene Pflanze biegen, oder die Lampe etwas höher stellen.

ZWEITE PHASE DER BLÜTE– SECHS WOCHEN VOR DER ERNTE

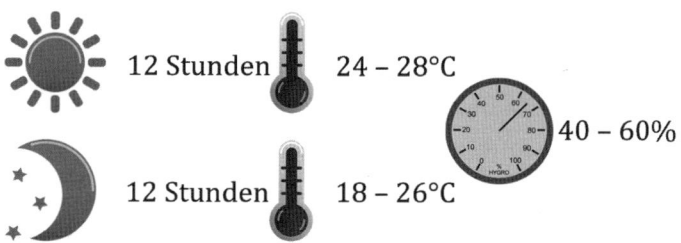

12 Stunden 24 – 28°C

40 – 60%

12 Stunden 18 – 26°C

Die häufigste Blütedauer ist 8 – 10 Wochen. Man sagt, dass was während der ersten Hälfte der zweiten Blütephase nicht passiert, passiert dann auch nicht mehr (aus Sicht des massiven Eintritts der Entwicklung von Blüten). Und meistens stimmt es auch. Vom Anfang der zweiten Blütephase, kann eine maximale Menge an Düngemitteln und Unterstützungspräparaten angewendet werden, damit man die größten und schönsten Blüten gewinnt.

Zweite Blütephase dauert gewöhnlich vier Wochen, kann aber auch zwei Wochen länger dauern. Das heißt, dass man damit bereits zwei Wochen frühen beginnen kann – das hängt von der Blütelänge der gewählten Sorte ab.

KLIMA UND LICHT

- Wir leuchten natürlich immer noch gleich – 12 Stunden Licht, 12 Stunden Dunkelphase.
- Leuchtmittel möglichst nah an die Pflanzen bringen, damit auch die unteren Teile gut beleuchtet werden – achtet darauf, dass die Pflanzenspitzen nicht verbrennen.

- **Beim Anbau der selbstblühenden Sorten, bewahren wir den 18 – 20 Stunden Lichtzyklus während der ganzen Anbaudauer.**
- Temperatur tagsüber 24 – 28 °C, falls man CO_2 zugibt, kann die Temperatur bis auf 30 °C steigen.
- Temperatur in der Nacht 18 – 26 °C.
- Luftfeuchtigkeit 40 – 60 % – es ist wahrscheinlich, dass man den Luftbefeuchter nicht mehr braucht, im Gegenteil ist jetzt der Entfeuchter an der Reihe. Feuchtigkeit kann durch Heizen reduziert werden, falls es die Temperatur zulässt. Wenn die Ernte immer näher kommt und die Blüten immer größer werden, ist es gut, die Feuchtigkeit bis auf 40 % zu reduzieren.
- Pflanzen werden immer größer und verbrauchen mehr Luft – es ist notwendig eine ausreichende Belüftung zu sichern, und das tags-, und nachtsüber.
- Der Raumlüfter sollte laufen was das Zeug hält, denn die Temperaturunterschiede und Feuchtigkeit erhöhen sich in verschiedenen Teilen des Growrooms – der Raumlüfter mischt die Luft sehr gut durch.
- Achtet auf die Temperatur direkt an den Pflanzenspitzen – zur Reduzierung kann der Raumlüfter verwendet werden, oder man kann die Wärme mit einem Abzugslüfter ableiten.

DÜNGUNG

Das Wurzelsystem sollte jetzt ausreichend entwickelt sein, um eine größere Nährstoffmenge zu absorbieren. Die Pflanzen sind auch größer und haben genug Platz für die Nährstoffe. Deshalb kann die vom Hersteller empfohlene Düngemitteldosierung, erhöht werden. Das gegenseitige Verhältnis der einzelnen Elemente muss immer bewahrt werden.

- EC Wert in hydroponischen Systemen optimal zwischen 1,6 – 2,2 $\mu S/cm^3$ – diese Konzentration kann gewöhnlich mit Erhöhen der empfohlenen Düngemitteldosierung und mit Zugabe von verschiedenen Boostern, oder PK 13/14, erreicht werden.

- Beim Anbau in Substraten wird eine erhöhte Dosierung nicht empfohlen.
- PH Wert der Lösung mit Hilfe der Phosphorsäure reduzieren.
- Bei Hydroponic, pH Wert schrittweise auf 6 – 5,8 reduzieren. Niedrigerer PH-Wert ermöglicht eine bessere Absorbierung vom Phosphor, der für die Blüte sehr wichtig ist.
- PH Wert im Bodensubstrat 6,5 – 6,3.
- Wenn man keine BIO Düngemittel, oder BIO Ergänzungspräparate verwendet, kann man 30% von Wasserstoffperoxid dazu geben – siehe vorige Phasen.
- Besprühen mit dem Mittel Vita Race (Phyt-amin), spätestens 4 Wochen vor der Ernte beenden.

BEWÄSSERUNG

 Die angegebene Dosierungen der Bewässerung sind nur zur Orientierung und können sich abhängig von der Größe der Anbaugefäße und der Bedingungen im Growroom unterscheiden – erst das Kapitel „Bewässerung" lesen.

AQUASYSTEM

Gießt 6 – 7x am Tag 15 – 20 Minuten. Das Gießwasser kann auch nonstop laufen, es ist aber nicht notwendig. Kontrolliert regelmäßig den pH und EC Wert der Nährstofflösung. EC Wert kann schnell steigen. Es kann mit Wasser auf den richtigen Stand verdünnt werden – siehe Kapitel „Bewässerung".

NFT

Bei NFT Systemen kann die Lösung nonstop laufen. Weil die Pflanzen bereits groß genug sind und das Wurzelsystem schon entwickelt, können die Würfel ganz nass sein. In Rockwool Würfeln gibt es auch so genug Sauerstoff.

ROCKWOOL UND KOKOS

Rockwool Matten und Würfel ergiebig gießen, damit das Anbaumedium ständig ausreichend feucht ist. Es ist besser, häufiger und weniger, als selten und zu viel – aber das wisst ihr bereits von vorigen Kapiteln.

HYDROCORRELS

Zu dieser Zeit kann das Giesswasser schon ständig laufen, während der ganzen Zeit, wo die Lampen an sind. Pflanzen sollten bereits richtig durchwurzelt sein und vom Sauerstoff gibt es im Hydrocorrels immer genug. Das Risiko, dass die Wurzeln faulen, ist sehr klein.

BODENSUBSTRATE

Man sollte den Pflanzen genug Feuchtigkeit gönnen. Das Bodensubstrat muss ständig feucht sein. Wenn man zu wenig gießt, werden Pflanzen wesentlich langsamer wachsen. Schaut im Kapitel „Bewässerung" nach.

EBB FLOW

Auffülltische 3 – 6x am Tag auffüllen, falls Pflanzen Anzeichen vom Wassermangel, oder Wasserüberfluss zeigen, muss nachgeholfen werden.

WAS KANN WÄHREND DER ZWEITEN WOCHE DER BLÜTE GEMACHT WERDEN

- Man kann immer noch biegen, das Durchschneiden dann nur in Ausnahmefällen durchführen, wenn unten neue Zweige wachsen.
- Einmal in 7 – 10 Tagen durchspülen.
- Trocknende Blätter und abgestorbene Pflanzenteile sollen entfernt werden.

- Manche Grower verwenden den Wurzelstimulator während des ganzen Anbauzyklus. Wenn man ein Problem mit Schädlingen im Anbaumedium hatte, sollte man den Wurzelstimulator unverzüglich verwenden.
- Wiederholt das Präventivsprühen gegen Schädlinge, am besten mit Biopräparat, falls es nicht gelingt, eine niedrigere Feuchtigkeit zu halten, beginnt 4 Wochen vor der Ernte mit Bud Rot Stop, damit das Risiko von Schimmelbildung an den Blüten reduziert wird.

ACHTUNG AUF:

- **Schädlinge und Schimmel** – kontrolliert die Pflanzen intensiv – die Blätter von unten, die Blüten innen (nur mit einem Blick, erst beim Verdacht vom Schimmel, die Blüte öffnen).
- **Hohe Feuchtigkeit, vor allem in der Nacht** – es lohnt sich, das Minimax Feuchtigkeitsthermometer zu haben.
- Kondensationswasser auf den Blättern.
- Verstopfte Kapillare.
- **Verbrannte Pflanzenspitzen** – die betroffene Pflanze kann gebogen werden, oder die Lampe höher aufgehängt werden.
- **Brechen/Biegen** der Zweige unter der Last von Blüten – die betroffenen Zweige abstützen, oder aufhängen.

LETZTE ZWEI WOCHEN DER BLÜTEPHASE

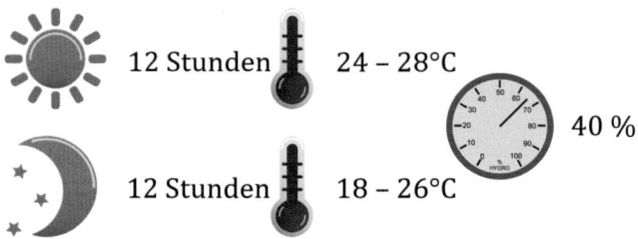

In der vorletzten Woche der Blütephase endet die unaufhörliche Mühe der Grower, in die Pflanzen möglichst viel Kraft zu stopfen – wir hören auf zu düngen und beginnen mit dem Durchspülen. Es ist notwendig, die Pflanzen von den ganzen, im Anbaumedium festgesetzten Nährstoffen, zu befreien und somit ihre Körper zu reinigen. Nur so kann eine Ernte erzielt werden, die keine unerwünschten Stoffe enthält.

ERSTES DURCHSPÜLEN

Wenn man Enzyme nicht jedem Giesswasser zugibt, dann sollte das Durchspülen an einem Tag mit Enzymen und am zweiten Tag nur mit sauberem Wasser durchgeführt werden(siehe Kapitel Bewässerung – Durchspülen der hydroponischen Systeme). Wenn man Enzyme während des ganzen Anbauzyklus zugegeben hat, genügt es, wenn man an einem Tag nur mit sauberem und pH Wert geregeltem Wasser gießt.

KONTINUIERLICHES DURCHSPÜLEN

Während der folgenden Tage nur mit pH Wert geregeltem Wasser gießen. Ich empfehle die Zugabe von Präparaten, die gerade zur Verwendung in den letzten 1 – 2 Wochen geeignet sind (Final solution, Final flush usw.). Mit diesem Präparat wird bis zur Ernte gegossen. Bei drip to feed Systemen ist es gut, jeden 3 – 4 Tag, eine neue Lösung zu mischen, je nachdem wie der EC Wert steigt. Das Ziel ist, das Medium und die Pflanzen von den überflüssigen Nährstoffen zu befreien, um einem möglichst natürlichen Geschmack und Duft bei dem Endprodukt zu erreichen. Bewässert genauso oft, wie in den letzten Wochen.

DAS KLIMA IN DEN LETZTEN ZWEI WOCHEN DER BLÜTEPHASE

- Temperatur tagsüber 24 – 28 °C, falls man CO_2 zugibt, kann die Temperatur bis auf 30 °C steigen.
- Temperatur in der Nacht 18 – 26 °C.
- Luftfeuchtigkeit 40 – 50 % – man sollte sich bemühen sie möglichst niedrig zu halten, falls es die Temperatur zulässt, z.B mit Hilfe eines Entfeuchters, ausreichender Belüftung, bzw. einer Heizung.
- Der Raumlüfter, sollte laufen was das Zeug hält, denn die Temperaturunterschiede und die Feuchtigkeit erhöhen sich in verschiedenen Teilen des Growrooms – der Raumlüfter mischt die Luft sehr gut durch.

VERBESSERUNGEN ZUR VERWENDUNG DIREKT VOR DER ERNTE

Der Erfindergeist von Growern und Düngemittel Produzenten, kennt offenbar keine Grenzen. Dank dem, gibt es auf dem Markt Präparate, die noch zum Schluss des Lebenszyklus der Pflanze zugegeben werden können. Wir stellen uns zwei von denen vor. Jedes davon hat etwas anderen Effekt und die beiden sind bestimmt nicht die einzigen ihrer Art.

FINAL SOLUTION

Dieses Präparat kommt von der Reihe Advanced Hydroponic of Holland, seine Aufgabe ist, mit Hilfe einer Verstärkungsmethode, die Festigkeit der Blüten zu unterstützen. Das Präparat wird in den letzten zwei Wochen vor der Ernte angewendet. Es stimmt, dass sich durch die Zugabe ins saubere Wasser der EC Wert maximal um 0,1 $\mu S/cm^3$ erhöht. Es wird in Konzentration 1 ml/1 L dosiert – ins Gießwasser zugegeben. Die Blüten werden tatsächlich fester und man sieht, dass sich auch in den letzten zwei Wochen etwas tut.

FINAL FLUSH

Ein Produkt der Firma Grotek, das Enzyme und Geschmack Modifikatoren in sich kombiniert. Mit Zugabe dieses Präparats, gewinnt man mehr duftende Blüten, die auch angeblich genauso schmecken. Der Produzent bietet gleich mehrere Geschmäcke. Der Vorteil vom Final FLUSH ist der Gehalt von Enzymen, die die Salz- und Düngemittelreste im Anbaumedium zerlegen. Verwendet es einzeln, während der letzten 10 – 14 Tage.

EIN TRICK FÜR EINEN HÖHEREN HARZGEHALT

In den letzten Anbautagen, können Pflanzen zu einer höheren Harzproduktion animiert werden, vor allem die Sorte Cannabis indica. Während den letzten 2 – 5 Tagen wird nicht mehr gegossen – Die Pflanzen beginnen mehr von diesem klebrigen Saft zu produzieren und die Blütenspitzen werden mit Harz umhüllt. Glaubt es, oder nicht, der Mond hat einen Einfluss auf die Harzmenge. Wenn der Hanf während der Vollmondzeit geerntet wird, ist die Harzmenge noch grösser.

Sollte man mit der Bewässerung früher aufhören (als fünf Tage vor der Ernte), ist es möglich, dass die Pflanzen während der Ernte etwas welk werden und die Nacherntearbeiten schwieriger werden. Alles ist von der Temperatur und der Feuchtigkeit im Anbauraum abhängig. Wenn die relative Feuchtigkeit 40 % und die Temperatur 28 °C beträgt, setzt man die Bewässerung erst zwei bis drei Tage vor der Ernte aus.

WAS KANN IN DEN LETZTEN ZWEI WOCHEN GEMACHT WERDEN

- Entfernt die trocknenden Blätter und abgestorbene Pflanzenteile.
- Manche Blüten können früher reif werden, oder es kann sich Schimmel bilden. In solchem Fall, sollten sie früher abgeschnitten werden, noch bevor sich der Schimmel weiter verbreiten kann, sonst werden sie zu reif. Optimal wäre allerdings, die Pflanzen erst dann zu ernten, wenn sie komplett reif sind.
- Bud Rot Stop verwenden, damit das Risiko der Schimmelbildung an Blüten reduziert wird.

ACHTUNG AUF:

- **Schädlinge** – kontrolliert die Pflanzen intensiv – die Blätter von unten, Blüten von innen (nur mit einem Blick, erst bei Verdacht vom Schimmel, die Blüten öffnen).
- **Hohe Temperatur** – es lohnt sich, das Mini-Max Feuchtigkeitsthermometer zu haben.
- Kondensationswasser auf den Blättern.
- Schimmel in Blüten – falls möglich, jeden Tag kontrollieren.
- **Brechen/Biegen** der Zweige unter der Last von Blüten – betroffene Zweige abstützen, oder aufhängen.

WIE ERKENNT MAN, OB SIE BEREITS REIF SIND

Bei Äpfeln, Erdbeeren, Birnen und anderen Pflanzen, erkennt man die Reife sehr leicht – nach der Farbe, Härte und dem Duft. Hanf Grower müssen sich nach anderen Kriterien richten. Weibliche Hanfblüten sind mit weißen Härchen und Drüsen versorgt, die das Harz ausscheiden. Diese Härchen haben nicht immer die gleiche Farbe. Gerade während der Reifephase verändert sich ihre Farbe, sie werden braun, lila oder orange. Diese Farbänderung zeigt sich zuerst auf den oberen Blüten der unteren Zweige, später dann auch auf den oberen Zweigen. Sobald der **Anteil an weißen und dunklen Härchen etwa 50 – 75%** zugunsten der dunklen ist, ist die höchste Zeit für die Ernte.

Wenn man Hanf für Samen anbaut, erkennt man die Reife danach, dass die Hüllen, in denen sich die Samen entwickeln, platzen und es schauen dunkle, nicht mehr grüne Samen raus. Überreife Pflanzen werden zu dunkel, ihre Blätter vergilben – die Pflanze wird älter.

Wenn Hanf zu früh geerntet wird, enthält es einen höheren Anteil vom Cannabidiol (CBD), das analgetische und sedative Wirkungen hat.

NACHTEILE EINER FRÜHZEITIGEN ERNTE

- Niedrigerer Ertrag an grüner Masse und Blüten;
- Unfeste Struktur der Blätter;
- Beim Anbau für Samen – niedriger Anteil von reifen Samen = niedrigere Keimfähigkeit.

DIE SPÄTERNTE

Bei einer späten Ernte, wird der THC Anteil reduziert, wobei der CBD Anteil steigt. Geschmack und Duft verschlechtern sich. Die Degradierung vom THC auf Cannabidiol (CBD) verläuft nach der Ernte wesentlich schneller, als beim Hanf, der im richtigen Moment geerntet wurde.

THC IM HANF

THC – delta-9-tetrahydrocannabinol, ist das meist vertretene psychoaktive Hauptelement, das in den meisten Hanfsorten vorkommt. Seine Wirkungen hängen von der empfangenen Menge ab, **es beginnt mit einer guten Laune bei kleinen Mengen,** der Verbrauch von größeren Mengen **endet dann mit Halluzinationen, gestörter motorischen Koordination, Aufmerksamkeitsstörungen und Gedächtnisfunktionsstörungen.** Ein langfristiger Gebrauch vom Hanf mit hohem THC Gehalt, kann unwiederbringlich den psychischen Zustand beeinträchtigen.

THC GEHALT IN HANFPFLANZE

- Harz – höchster;
- Blüten – hoch;
- Blätter – unterdurchschnittlich;
- Stängel – niedrig,
- Wurzeln – unbedeutend.

CBD – Cannabidiol findet man in jeder Hanf Pflanze, genau wie THC, ist das CBD die Zwischenstuffe bei der Bildung vom THC, das heißt, dass ein Teil vom CBD in der Pflanze, auf THC transformiert wird. CBD kann in der Menge 0 – 95 % von allen Cannabinoiden vertreten werden. Auf den CBD Gehalt in trockener Pflanze, hat **das richtige Timing der Ernte,** den größten Einfluss, also Ernte, in einem Stadium der optimalen Hanfreife.

Auch wenn sich CBD ins THC umwandelt, heißt es nicht, dass 100 % von diesem Cannabinoid in das THC umgewandelt wird. Ein Teil vom CBD bleibt in der Pflanze. Wenn der Hanf zu spät geerntet wird, baut sich das THC ab, während CBD auf derselben Stufe bleibt. Das Ergebnis ist, ein höherer Anteil von CBD, als von THC.

CBD bezeichnet sich durch sedative und analgetische Wirkungen (Müdigkeit, niedrigere physische Empfindlichkeit), CBD ist aus ärztlicher Sicht ein sehr interessanter Stoff – es löst Krämpfe, wirkt antiseptisch, mildert Übelkeit, eliminiert Wuchs von Krebszellen, seine Verwendung bei Schizophrenie und multiple Sklerose wird getestet. CBD

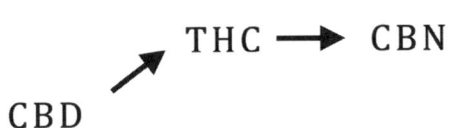

kann auch nach der Ernte auf chemischem Weg auf THC umgewandelt werden – durch Isomerisierung.

CBN – Cannabinol, wird nicht direkt durch die Pflanze während der Wuchs-, und Blütephase produziert, sondern entsteht erst beim Abbau vom THC. Den niedrigsten CBN Gehalt, findet man in frisch geernteten Pflanzen. Durch ein falsches Trocknen und Lagern wird sein Gehalt auf Kosten vom THC erhöht. CBN Gehalt kann mit der richtigen und langsamen Trocknung (im Dunkeln gut lüften, Temperatur um die 18 °C) und mit der richtigen Lagerung minimiert werden (Dunkel, Kühle, Verhinderung des Lufteintritts).

CBC – Cannabichromen hat keine direkte Wirkung auf die Psyche, aber man setzt voraus, dass es die THC und CBD Wirkung erhöht.

Delta-8-trans-Tetrahydrocannabinol und **Tetrahydrocannabivarin (THCV)** werden allgemein zu THC eingeordnet, weil sie ähnliche Wirkungen haben und ihre Konzentration sehr niedrig ist.

Außer Canabinoiden, ist in den Hanf Pflanzen auch eine ganze Reihe von anderen Stoffen, einschließlich des Nikotins, vertreten.

Verhältnis vom THC und CBD in verschiedenen Reifungsphasen

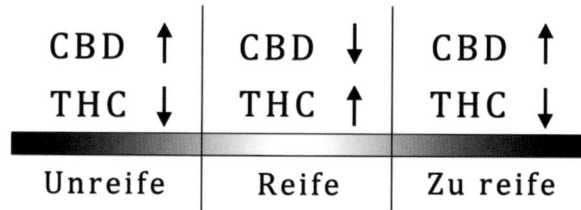

Beim richtigen Timing der Ernte, ist THC Gehalt ganz hoch und CBD

ERNTE

In dem Moment, wenn die Pflanzen reif sind, kommt die Erntezeit. Die Pflanzen sollten am besten ganz, möglichst nah am Anbaumedium abgeschnitten werden. Grower machen es mit Gartenscheren, oder mit scharfem Messer.

WAS MIT DEN GEERNTETEN PFLANZEN

Die Pflanzen werden meistens sofort verarbeitet. Blätter werden abgezupft und man behält nur die Blüten. Manche Grower *zerkleinern* die Pflanzen *nicht* und lassen sie ganz und zupfen sorgfältig nur die Blätter ab. Die Pflanzen werden dann kopfüber aufgehängt und als ganze getrocknet. Bei dieser Methode der Trocknung, muss die Schimmelbildung beachtet werden. Diejenigen, die diese Methode praktizieren, behaupten, dass das Endprodukt mehr vom Harz umhüllt ist, sieht besser aus und duftet auch besser.

Die Pflanzen können auch so verarbeitet werden, dass die Blüten direkt von Stängeln getrennt werden, die Blätter werden ebenso entfernt und anschließend werden dann nur die einzelnen Köpfe getrocknet – diese Methode beschleunigt den Trocknungsprozess und reduziert das Risiko von Schimmelbildung.

Bei der Verarbeitung werden oft Latex Handschuhe verwendet, die das Kleben vom Harz auf der Haut verhindern – es ist sehr schwer zu entfernen. Größere Blätter können mit der Schere, oder mit bloßen Händen, abgeschnitten werden.

ZWEITE ERNTE – DIE NACHLESE

Es kommt manchmal vor, dass die Blüten auf den unteren Zweigen nicht genug groß und reif werden. In solchem Fall, können die oberen, reifen Pflanzenteile und Zweige abgepflückt werden. Die kleinen, unreifen Blüten, lässt man dann noch weiter reifen und erntet sie während der nächsten 7 – 14 Tage. Blüten werden fester, größer und reif.

ZWEITE ERNTE – ZURÜCK AUF WUCHS

Sorten Cannabis indica, sativa und ihre Hybride, reagieren auf die Fotoperiode in jedem Lebensstadium. Man kann auch die erwachsenen Einzelwesen davon überzeugen, dass sie erst anfangen sollen zu wachsen. Eine Pflanze, die normalerweise langsam absterben würde, bekommt ihre *zweite Jugend* und beginnt zu wachsen, als wenn sie jung wäre.

Bei der ersten Ernte muss man auf der Pflanze einige Zweige, auch mit Blüten dran lassen. Es ist ideal, gerade die dran zu lassen, die noch nicht ganz reif sind. So vorbereitete Pflanzen können dann wieder 18 Stunden beleuchtet werden und 6 Stunden in Dunkeln sein – kurzhin wieder auf die Wuchsphase umgeschaltet werden. Es ist wichtig, den Pflanzen eine erhöhte Düngemittelmenge, die stickstoffhaltige Stoffe enthält, zu liefern. Bei der Verwendung von Mehrstoff Düngemitteln, muss die Dosis der

Stickstoffelemente auf 150 % erhöht werden und die Dosis der Blüteelementen (vor allem Phosphor) wird auf 50 % reduziert.

Die Pflanzen beginnen wieder zu wachsen und sobald neue Triebe ohne Blüten wachsen, können Blüten abgeknickt werden. Etwa nach einem Monat werden sie wieder bereit, und können auf die Blütephase umgeschaltet werden.

Diese Methode kann sehr platzaufwendig sein, weil die Pflanzen bereits groß genug sind in dem Moment, wenn man sie zurück auf Wuchs umschaltet. Dieses Problem kann leicht durch die Biegung und das Durchschneiden gelöst werden.

Diese Methode ist nützlich, wenn man aus Samen anbaut und eine schöne weibliche Pflanze zur Verfügung hat, die gut Früchte trägt. Man muss nicht vom Anfang an beginnen, sondern mit denselben Pflanzen weiter machen. Darüber hinaus, können die schwächeren entfernt werden. Es ist notwendig zu bemerken, dass beim üblichen Anbau, diese Methode nicht gerade wirtschaftlich ist. Es ist besser wieder mit Samen, oder Klonen anzufangen.

TROCKNEN DER PFLANZEN

> Die Trocknung der Hanfsorten, die THC Gehalt höher als 0,2 % haben, kann als Straftat klassifiziert werden. -siehe Kapitel Hinweise.

 non-stop   16 – 20 °C  55 – 70 %

ÜBLICHER VERFAHREN

Beim Trocknen der Pflanzen bilden sich gewöhnlich folgende Bedingungen:

- Lichteintritt verhindern– es wird im Dunkeln getrocknet.
- Gleichmäßige Luftströmung sichern, mässige Belüftung.
- Relative Luftfeuchtigkeit im Bereich zwischen 45 – 55 % für schnelleres Trocknen. 55 – 70 % für langsameres Trocknen.
- Relative Luftfeuchtigkeit im Bereich von 16 –20 °C.
- Trocknen der Pflanzen am Stück verzögert diesen Prozess und beeinflusst das Endprodukt positiv.

Allgemein gilt, je länger die Trocknungszeit, desto höher ist die Qualität des Endprodukts. Züchter vom Hanf mit hohem THC Anteil, bemühen sich darum, die Bedingungen der Trocknung einzuhalten, denn bei einer schnellen Trocknung wird THC auf Cannabinol (CBN) degradiert – psychoaktiver Stoff, der erst in frisch geernteten Pflanzen erscheint und sein Gehalt bei der Trocknung am Licht, bei warmer Luft, oder bei langfristiger Lagerung, steigt. Optimale Trocknungszeit beträgt 14 – 21 Tage.

DIE TRIMPRO FAMILIE DER PFLANZEN TRIMMER

Treffen Sie Ihre Auswahl an Trimpro Produkten

Treffen Sie Ihre Wahl unter diesen außergewöhnlichen Modellen, angefangen von unserem kleinen ROBOTER TOUCH Gerät ohne Kraftantrieb bis zu den Mittel-und Hochleistungsgeräten, wie die HANDGESTEUERTEN und durch LUFTSTROM angetriebenen Geräte.

FÜR HORIZONTALES TROCKNEN ODER TROCKNEN AUF DEM TROCKENGESTELL

FÜR VERTIKALES TROCKNEN ODER TROCKNEN ZUM AUFHÄNGEN

Wählen Sie aus den zwei HANDGESTEUERTEN Geräten das Modell, das sich am besten für die Kapazität und die Ansprüche Ihres Arbeitsumfelds eignet.

HANDGESTEUERTE GERÄTE

TRIMPRO TRIMBOX

TRIMPRO ORIGINAL

HANDGESTEUERTE GERÄTE

TRIMPRO TRIMBOX WORKSTATION

TRIMPRO ORIGINAL WORKSTATION

ROBOTER TOUCH GERÄTE

TRIMPRO UNPLUGGED

TRIMPRO ROTOR

TRIMPRO ROTOR XL

LUFTSTROM GERÄTE

TRIMPRO AUTOMATIK

TRIMPRO AUTOMATIK XL

TRIMPRO®

EINZIGARTIGE INNOVATION

INFO@TRIMPRO.COM   TEL.: +1 450 349-0811

PATENTE: KANADA: 2,470,370   USA: 7,168,643   EUROPA: 1,662,858 B1   AUSTRALIEN: 2004295786   CSA UND CE STANDARD

TRIMPRO.COM

Nützliche Erntehelfer

Das Abschneiden der Blätter kann eine langwierige und anstrengende Arbeit sein. Grower, die sich diese Arbeit erleichtern möchten, nutzen manuelle oder elektrische Scheren, die es in vielen verschiedenen Grössen und Typen gibt. Beim Indoor-Anbau werden häufig Fräsen und Erntescheren genutzt, die auf Basis von Unterdruck und scharfen Messern arbeiten. Ein Hochleistungsventilator saugt Blätter ein, und die Messer schneiden sie kompromisslos ab. Abgeschnittene Blätter sammeln sich in einem Behälter oder Sack und können weiter genutzt werden.

- Relative Luftfeuchtigkeit im Bereich zwischen 45 – 55 % für schnelleres Trocknen. 55 – 70 % für langsameres Trocknen.

Optimale Trocknungszeit beträgt 14 – 21 Tage.

Wie erkennt man den richtigen Trocknungsgrad

Richtig getrocknete Pflanzen können gut zerbröselt werden, sollten dabei aber nicht zum Staub werden. Am besten erkennt man das an den Zweigen – sie sollten sich leicht knicken lassen, dürfen aber nicht brechen. Wenn sie hart sind und beim Knicken brechen, dann sind sie schon zu trocken. Zum längeren Lagern ist es besser, wenn die Pflanzen noch etwas feucht sind – ungefähr so, dass sie sich mühsam knicken lassen.

Die häufigsten Trocknungsverfahren

Die meisten Grower entfernen die Blätter direkt nach der Ernte. Die Blüten werden dann von Zweigen getrennt und auf einem Sieb, bei oben beschriebenen Bedinungen, oder in speziellen Dörrautomaten, z.B. für Obst, getrocknet. Die Blüten kann man auch dran lassen und sie dann kopfüber zum Trocknen aufhängen. Die zweite Variante ermöglicht längeres Trocknen und das Endprodukt hat, meiner Meinung nach, bessere Qualität.

TIPPS ZUM TROCKNEN

Das Trocknen der geernteten Pflanzen hat einen grundlegenden Einfluss auf die Qualität vom Endprodukt. Es gibt viele Arten, wie das Verhältnis,

der in Pflanzen enthaltenen aktiven Stoffe, beinflusst werden kann. Eine unerschöpfliche Quelle ist das Internet, wo man viele verschiedene Vorgehensweisen nachsuchen kann. Hier sind zwei Tipps, die ich persönlich getestet habe, und kann sie wärmstens empfehlen.

TROCKNEN DER PFLANZEN AM STÜCK

Die pflanzen werden besser gleich nach der Ernte verarbeitet, also noch nicht getrocknet. Ein Nachteil ist, dass sie dann schneller trocknen. Falls Pflanzen am Stück getrocknet werden, mit nicht abgeschnittenen Blättern und kopfüber aufgehängt, können sie noch die restliche Energie verbrauchen (die Pflanzen leben noch de facto), die in Zucker umgewandelt wird, wodurch der Geschmack vom Endprodukt verbessert wird. Zudem werden die Pflanzen langsamer trocknen, und wie wir bereits wissen, langsameres Trocknen beeinflusst positiv die Effiziens und die Qualität der Pflanzen.

DURCH FROST UNTERBROCHENES TROCKNEN

Dieses Verfahren kann man leichter praktizieren, wenn die Pflanzen direkt nach der Ernte verarbeitet werden. Abgeschnittene Pflanzen, oder nur die Blüten, sollte man eine Woche bei einer Luftfeuchtigkeit ca 70 % und Themperatur um die 17 °C, trocknen lassen. Regelmässig kontrollieren, ob die Pflanzen nicht zu schnell trocknen. Nach ungefähr einer Woche (Pflanzen sollen noch zu feucht sein, um konsumiert zu werden), Pflanzen in eine Tiefkühltruhe mit Themperatur um die -18 °C umsetzen, wo sie wenigstens 24 Stunden bleiben. Danach kommen sie wieder auf den Platz zurück, wo sie vorher getrocknet wurden. Nach ca 12 Stunden wieder in die Tiefkühltruhe setzen. Diesen Vorgang so lange wiederholen, bis die Pflanzen richtig getrocknet werden.

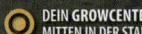

PROBLEMLÖSUNGEN

SAMEN

Merkmal	Mögliche Ursache	Lösung
Bei den ausgekeimten Samen werden die Keimenden braun.	Eine übermäßige Feuchtigkeit des Materials, an dem die Samen keimen.	Stellt die Samen auf ein neues Material, das weniger feucht ist. Ausgekeimte Samen stecken.
Die meisten Samen keimen nicht, bei denen, die ausgekeimt sind, werden die Keime ganz braun – von den Rändern.	Wenig Feuchtigkeit.	Befeuchtet mehr das Material, auf dem die Samen keimen. Wenn die Keime trocken sind, ist es besser, noch einmal zu beginnen.
Ich ging genau nach der beschriebenen Methode des Keimens vor, die Samen sehen aber immer gleich aus, sie keimen auch nach einer Woche nicht	Zu 99% seid ihr auf taube Samen gestoßen, die nicht mehr keimen werden.	Mit anderen Samen vom Anfang an beginnen.
Beim Stecken der ausgekeimten Samen, habe ich einen Keim abgebrochen.	Schlechte Nachricht – ein anderer wächst nicht mehr nach.	Mit anderen Samen vom Anfang an beginnen.
Keime, die aus Samen ausgeschlagen sind, sind nicht gleich lang.	Das macht nichts, es ist natürlich.	Nicht nötig.

NACH STECKEN DER AUSGEKEIMTEN SAMEN

Merkmale	Mögliche Ursache	Lösung
Pflanzen sind rausgekommen, aber an deren Spitzen blieb die Samenhülle dran.		Helft der Pflanze, die Hülle abzuwerfen. Versucht leicht, wirklich sehr leicht, die Hülle zu entfernen. Wenn es nicht geht, wartet eins bis zwei Tage – Pflanze wirft sie selber ab, oder es wird bereits möglich sein, die Hülle zu entfernen.
Pflanzen wachsen zu sehr nach oben und bilden lange Fadenstängel.	Mangel am Licht.	Pflanzen können am Speil fest gebunden werden, der neben der Pflanzen eingesteckt wird. Stellt die Lampe etwas näher, damit die Pflanze stärker wird – Achtung, dass sie nicht zu nah kommt (Temperatur an der Pflanze messen). Das nonstop Leuchtregime von 2 – 3 Tagen kann auch helfen.
Pflanzen sind gar nicht rausgekommen.	• Der Samen ist zu tief. • Zu wenig/zu viel Feuchtigkeit. • Hohe/niedrige Temperatur.	Mit anderen Samen vom Anfang an beginnen.

DAS KLONEN

Das häufigste Problem beim Einwurzeln der Klone ist eine hohe/niedrige Temperatur, oder ihre häufigen Schwankungen. Der Temperaturbereich, bei dem Klone am besten einwurzeln, ist sehr klein. Das Problem liegt oft auch darin, dass zu viel bewässert wird, und das hängt mit falscher Temperatur zusammen. Wenn man ideale Klimabedingungen sichert und die Saatwürfel schon beim Klonenstecken richtig eingetaucht werden, sollte man mindestens für 4 – 5 Tage keinen Bedarf am Giessen haben. Falls das Klonen am Anfang nicht gelingt, sollte man den Mut nicht verlieren. Es gibt nur wenige Menschen, die zuverlässige und hochwertige Klone machen können. Es gibt viel mehr von denen, die es aufgegeben haben.

SCHNEIDEN UND STECKEN DER KLONE

Merkmale	Mögliche Ursache	Lösung
Stängel der Klone brechen während des Steckens in die Würfel.	• Falsch abgeschnittener Klon.	Schneidet die Klone spitzer, damit der Stängel leichter in den Würfel durchdringt.
	• Harter Würfel.	Vor dem Stecken des einzelnen Klons, macht im Würfel mit Hilfe eines Speils, oder anderes Hilfsmittels ein kleines Loch. Der Durchmesser des Gegenstands sollte nicht größer sein, als Durchmesser des Stängels.
Gesteckte Klone welken fast sofort und legen sich.	Mangel an Luftfeuchtigkeit.	Möglichst schnell ins Glashaus umstellen und in den vorbereiteten Raum stellen.

387

ANWURZELN DER GESCHNITTENEN KLONE

Merkmale	Mögliche Ursache	Lösung
Die Klone sind welk, sie stehen nicht aufrecht. Eine ideale Feuchtigkeit und Temperatur ist gesichert.	Zu große Blätter im Verhältnis zu den Klonen.	Verkleinert die Fläche der größten Blätter auf 2/3 bis auf ½.
Klone welken.	• Niedrige Luftfeuchtigkeit.. • Wenig Feuchtigkeit im Anbaumedium.	Prüft, ob im Glashaus ausreichend Feuchtigkeit vorhanden ist. Die Luftfeuchtigkeit kann durch das Zudrehen der Luftlöcher am Glashäuschen beinflusst werden – achtet dabei auf Einhaltung der erwünschten Temperatur 18 – 21 °C.
	• Hohe Temperatur.	Prüft, ob es im Glashäuschen nicht zu heiß ist und regelt es gegebenenfalls.
Blätter vergilben, Klonen halten sich aber aufrecht.	• Hohe Temperatur. • Falsche Belüftung.	Entfernt den Glashäuschen Deckel etwa für 30 Minuten. Wenn Klonen zu welken beginnen, Deckel sofort wieder zurück geben. Öffnet die Luftlöcher auf maximum. Entfernt die gelben Blätterteile, oder die ganzen Blätter.

388

Merkmale	Mögliche Ursache	Lösung
Klone fallen um, brechen an der Stelle ab, wo sie aus dem Würfel herausrauskommen.	• Fusarium. • Fäule. • Zu viel Feuchtigkeit.	Befallene Klone unbedingt aus dem Glashäuschen entfernen, verbessert die Belüftung, an den Klonen darf sich kein Kondenswassser bilden – weder Blätter, noch Stängel dürfen nass sein.
Spitzen und/oder Ränder der Blätter trocknen und drehen sich.	Falsches Klima.	Konzentriert euch auf Einhalten der richtigen Feuchtigkeit und Temperatur. Betroffene Blätterteile können entfernt werden.
Auf den Blättern bildet sich ein haariger Schimmel.	• Hohe Feuchtigkeit. • Falsche Belüftung.	Befallene Blätter entfernen und alle Stellen mit Schimmelanzeichen sauber machen (umliegende Pflänzchen, Anbauplatte, Glashäuschen). Konzentriert euch auf Einhalten der richtigen Feuchtigkeit und Temperatur.
Wurzeln haben bereits ausgeschlagen, aber beginnen rostig bis braun zu werden.	• Zu viel Feuchtigkeit.	Der Saatwürfel kann zu feucht sein – in gegebener Situation ist es am besten, den Klon einzupflanzen, bzw. ins Glashäuschen ohne Deckel, oder direkt ins System umzusetzen.
	• Schädlinge.	Prüft, ob die Wurzeln nicht von Käfern befallen wurden, bzw. versucht sie zu beseitigen.

Merkmale	Mögliche Ursache	Lösung
Klone beginnen schnell in die Höhe zu wachsen und bilden lange Lücken zwischen den Stöcken.	• Zu wenig Licht.	Prüft die Lichtschaltung. Leuchtstoffröhren sollten non Stop leuchten. Beim Kloneannwurzeln im Anbauraum mit der 18 Stunden Licht/ 6Stunden Dunkel Fotoperiode, die Klone näher ans Licht bringen.
	• Zu wenig Platz für die Wurzeln.	Klone sind im Glashäuschen zu lange und müssen gesteckt werden.
Auf den Klonen bilden sich weiße Punkte und Blätter drehen sich.	• Schädlinge.	Schaut auf die untere Blätterseite – ihr werdet wahrscheinlich Schädlinge entdecken. Sie sind mit der Hand zu entfernen. Befeuchtet ein Stück Watte, oder Schwamm und wischt alle Unterseiten der Blätter leicht ab.

ANWURZELN DER VORBEREITETEN KLONE

Merkmale	Mögliche Ursache	Lösung
Alle Klone beginnen kurz nach dem Stecken zu welken.	• Niedrige Luftfeuchtigkeit.	Mit Hilfe eines Luftbefeuchters, oder durch Wassersprühen auf 80 % erhöhen. Sprüht das Wasser nicht direkt auf die Pflanzen.
	• Hohe Temperatur.	Reduziert die Temperatur auf 24 – 28 °C.
	• Zu große Lichtintensität.	Hängt die Leuchtmittel höher. Wenn mehrere Lampen an sind, lasst manche während der ersten 3 – 5 Tage aus.
Manche Klone welken kurz nach dem Stecken.	• Niedrige Luftfeuchtigkeit.	Siehe das vorige Problem.
	• Hohe Temperatur. • Zu große Lichtintensität..	Siehe das vorige Problem. Siehe das vorige Problem.
	• Lösung für welkende Einzelstücke.	Wenn nur ein paar Klone welken, schafft für sie ein improvisiertes Kästchen. Siehe Kapitel Anwurzeln der Klone/Stecklinge vor dem Stecken ins System.
Nach 2-3 Tagen trocknen bei Pflänzchen die Blätter an den Rändern.	• Niedrige Luftfeuchtigkeit.	Erhöht die Feuchtigkeit auf 80 %. Besprüht die Pflanzen mit Darina 4, Vita Star, oder Algatotal.
	• Schädlinge.	Versucht die Schädlin-

		ge manuell, oder mit einem BIO Präparat -> zu beseitigen.

Merkmale	*Mögliche Ursache*	*Lösung*
Manche Klone setzen bereits neue Blätter an, aber andere sehen immer gleich aus.	Das macht nichts aus.	Wartet noch 2 – 3 Tage. Keine Panik, es ist ziemlich natürlich.
Manche Klone beginnen nach 3 – 4 Tagen zu welken.	• Niedrige Luftfeuchtigkeit.	Erhöht die Feuchtigkeit auf 80 %.
	• Mangel an Feuchtigkeit.	Leicht mit Wasser - pH 6,5 und dem zugegebenen Wurzelstimulator gießen.
Nach 4 Tagen bilden Klone neue Blätter.	Das macht nichts aus.	Seid geduldig.
Klone vergilben.	• Falsches Klima.	Regelt die Temperatur auf 24 – 28 °C. Relativfeuchtigkeit 80 %.
	• Feuchtigkeitsüberfluss im Anbaumedium.	Erhöht die Temperatur auf 28 °C. Es wird die Wasserverdunstung vom Anbaumedium beschleunigen. Schaltet die automatische Bewässerung an und gießt erst dann, wenn das Anbaumedium trockener wird. **In beiden Fällen,** das Sprühmittel Alga-total, Vita Star, oder Darina 4 anwenden.

Merkmale	Mögliche Ursache	Lösung
An manchen Pflanzen bilden sich braune, fast rostige Flecken auf den Blättern. In Folge dessen, trocknen die Blätter. Diese Situation betrifft höchstens 50 % der Blätter.	• Falches Klima.	Regelt die Temperatur auf 24 – 28 °C. Relativfeuchtigkeit 80 %.
	• Rost	Betroffene Blätter entfernen und das Sprühmittel Darina 4, Vita Star, oder Algatotal anwenden.
Keine, oder die meisten Klone bilden keine neuen Blätter und wachsen nicht einmal nach 7 Tagen.	• Die Folge der Behandlung mit chemischen Präparaten.	Wenn man das Problem mit Schädlingen durch chemische Präparate löste, kann die Entwicklung der Pflanzen verlangsamt werden. Seid geduldig, hält die richtige Temperatur und Feuchtigkeit ein.
	• Zu viel Feuchtigkeit.	Erhöht die Temperatur auf 28 °C, gießt nicht und verwendet Algatotal, oder Vita Star.
	• Falsches Klima.	Regelt Feuchtigkeit und Temperatur auf empfohlene Werte.
	• Falscher pH Wert.	Auf 6,5 regeln.
	• Schlechte Klone.	Beginnt noch einmal.

NACH 10 TAGEN

 Falls man auch nach 10 Tagen keinen Fortschritt bei der Entwicklung der Pflanzen sieht, dann ist es besser, vom Anfang an zu beginnen. Wenn man gesunde Klone mit gesunden Wurzeln anbaut, eine richtige Temperatur und Feuchtigkeit in der Umgebung der Pflanzen sichert, das Anbaumedium optimal gegossen wird und man Schädlingsvorkommen ausschliessen kann, dann ist es vollkommen ausgeschlossen, dass euch so etwas passieren könnte.

WUCHSPHASE

Merkmale	Mögliche Ursache	Lösung
Blätter der Pflanzen vergilben ganz. Die meisten Pflanzen welken.	• Zu viel Feuchtigkeit.	Es ist höchstwahrscheinlich, dass die Wurzeln faulen. Wenn man feststellt, dass die Pflanze zu viel Wasser bekommen hat, stoppt die Bewässerung für so lange, bis sich die Feuchtigkeit im Anbaumedium wieder stabilisiert hat.
	• Falsches Klima.	Regelt Temperatur und Feuchtigkeit auf empfohlene Werte.
		In beiden Fällen das Sprühmittel Alga-press, Vita Star, oder Darina 4 anwenden.
Auf den Blättern erscheinen kleine gelbe Punkte.	• Schädlinge	Prüft die Blätter sorgfältig und sucht nach Schädlingen. Falls sie entdeckt werden, einen adäquaten Eingriff ausführen.
	• Verbrannte Blätter	Wenn ihr das Besprühen egal mit welcher Flüssigkeit (Wasser, Unterstützungspräparat) während des direkten Lampeneinfalls ausgeführt habt, handelt es sich um Blasen. Ein Eingriff ist nicht notwendig.

Merkmale	Mögliche Ursache	Lösung
Pflanzen haben abends, in der Nacht und morgens leicht gesenkte Blätter.	Das macht nichts aus.	Während der Wuchsphase ist es normal, aber tagsüber müssen die Pflanzen vital sein.
Pflanzen wachsen nicht mehr und sind dunkel braun.	• Schädlinge.	Prüft, ob sich Schädlinge im Anbaumedium befinden. Die Klebeplatten können euch dabei behilflich sein.
	• Falsches Klima.	Regelt Temperatur und Feuchtigkeit auf empfohlene Werte.
	• Zu viel Feuchtigkeit.	Überzeugt euch davon, dass das Anbaumedium nicht zu viel Wasser bekommt – siehe Kapitel Bewässerung.
Blätter drehen sich, es erscheinen helle Punkte und Spinnennetze.	• Spinnmilben.	Verwendet das Präparat Neem Oil, Sprutzit, oder das chemische Omite.
Pflanzen brechen am Stängel (direkt über der Erde) und fallen zur Seite.	• Fusarium, Fäule.	Damit ist leider nicht zu machen. Falls mehr als 40 % der Pflanzen befallen sind, beginnt wieder vom Anfang an.
An manchen Pflanzen bilden sich braune, fast rostige Flecken auf den Blättern. Infolge dessen trocknen die Blätter. Diese Situation betrifft 10 – 70 % der Blätter.	• Rost	Entfernt betroffene Blätter und verwendet das Sprühmittel Darina 4, Vita Star, oder Algapress. Bei größerem Vorkommen das Breitspektrum Fungizid Präparat Champion, Dithane, ->

gegen Rost und Schim-
mel.

Merkmale	Mögliche Ursache	Lösung
Pflanzenspitzen trock-nen und werden braun.	Lampe ist zu nah.	Hängt die Lampe höher.
Im NFT System – Hälfte der Pflanzen ist vital, andere Hälfte vergilbt und wächst nicht.	Falsche Neigung der Platte und/oder fal-scher Durchfluss der Nährstofflösung.	Richtet die Neigung der Platte so, damit das Wasser schneller von den Kanälchen zurück in den Behälter läuft. Wasserdurchfluss so regeln, damit die Nähr-stofflösung nirgendwo aufgehalten wird und damit alle Pflanzen gleichmäßig bewässert werden.
Umgleichmäßiger Wuchs, manche Pflan-zen wachsen schneller und sind höher als die anderen.		Gruppiert die Pflanzen so, dass die höheren an die Ränder der Anbau-fläche kommen, und die kleinsten in die Mitte. Anbaugefäße mit klei-neren Pflanzen können untergelegt werden, damit sie die gleiche Höhe erreichen. Diese Methode kann nur in Systemen verwendet werden, wo die einzel-nen Pflan-zen/Anbaugefäße be-wegt werden können. Durch die Biegen, oder Beschneiden Technik kann mann auch die gleiche Höhe der Pflan-zen erreichen.

ERSTE BLÜTEPHASE

 Am Anfang der Blütephase, können ähnliche Probleme, wie in der Wuchsphase auftreten. Wenn man hier irgendeine Problemlösung nicht findet, sucht in Problemlösungen – Wuchsphase.

Merkmale	Mögliche Ursache	Lösung
Pflanzen sind dunkel grün, ihre Blätter sind leicht gesenkt.	Niedrige Nachtstemperaur.	Prüft die Nachtstemperatur, falls nötig, mehr heizen.
Blätter verlieren grüne Farbe, es erscheinen helle Punkte und manche der befallenen Blätter drehen sich.	Schädlinge.	Prüft die Blätter sorgfälltig und sucht nach Schädlingen. Falls sie entdeckt werden, führt einen adekvaten Eingriff durch. Wenn der Schädling nicht gefunden wird, nimmt man die gelben und blauen Klebeplatten zur Hilfe. Während 1 – 2 Tagen erscheinen an diesen Platten einige Schädlinge, dann kann man sich für einen adekvaten Eingriff entscheiden.

Merkmale	Mögliche Ursache	Lösung
Blätter sind ganz dunkelgrün und drehen sich von den Rändern.	• Problem mit den Nährstoffen.	Prüft den Nährstoffverbrauch, EC Wert der Lösung, mit der man gießt, messen, dann EC Wert der Lösung, die von den Pflanzen abläuft, messen. Wenn der zweite Wert höher ist, führt das Durchspülen mit Enzymen durch und die folgenden 2 – 3 Tage nur mit Wasser mit geregeltem pH Wert gießen. Falls diese Methode das Problem nicht löst – das Kapitel Düngemittel – primäre und sekundäre Elemente, lesen, in dem Merkmale des Mangels an konkreten Elementen, beschrieben sind.
	• Mangel in der Bewässerung.	Überzeugt euch davon, dass das Anbaumedium richtig bewässert wird.
Ältere Blätter vergilben und die Menge übersteigt keine 5 – 15 %.		Vergilbende Blätter entfernen.
Blätter vergilben, ohne Hinsicht darauf, ob sie jung oder alt sind.	• Hohe Feuchtigkeit, Pilzerkrankung.	Die meist betroffenen Blätter entfernen. Feuchtigkeit auf 40 % reduzieren. Präparate Alga-press, Vita Star, oder Darina 4 anwenden. Falls das Problem auch in den nächsten 4 – 5 ->

Tage überdauert, ein
Sprühmittel gegen
Schimmel anwenden.

Merkmale	Mögliche Ursache	Lösung
Blätter sind schön grün, das Anbausubstrat richtig gegossen, Temperatur und Feuchtigkeit in vorgeschriebenen Werten und Blätter der Pflanzen senken trotzdem – welken, aber werden nicht gelb.	• Schädlinge auf Blättern.	Führt eine sorgfälltige Kontrolle der Blätter und des Anbaumediums durch (unter den Töpfen, Matten und auch an ihrer Oberfläche) und sucht nach Schädlingen. Falls man sie entdeckt, einen adekvaten Eingriff ausführen. Wenn man sie nicht finden kann, dann als Hilfe die gelben und blauen Klebeplatten verwenden. Innerhalb von1 – 2 Tagen erscheinen an diesen Platten einige Schädlinge und man kann sich dann für einen adekvaten Eingriff entscheiden.
	• Falsche Nährstoffe.	Das Kapitel Düngemittel - primäre und sekundäre Elemente lesen, in dem Merkmale des Mangels von konkreten Elemente beschrieben sind.
	• Schädlinge im Anbaumedium.	Installiert die gelben Klebeplatten, um sich von der Anwesenheit von Trauermücken zu

überzeugen. Präventive Anwendung vom Präparat Calypso, tötet alle Larven im Anbaumedium und schadet den Pflanzen nicht. Mehr im Kapitel Schädlinge.

ZWEITE BLÜTEPHASE

 Eine Reihe von Problemen in der zweiten Blütephase ist gleich, wie in der ersten Phase. Um nicht immer dasgleiche zu wiederholen, sucht nach der Lösung im ganzen Abschnitt Problemlösung. Während der zweiten Blütephase könnt ihr zudem weiteren Schwierigkeiten begegnen, die sich früher praktisch nicht zeigen.

Merkmale	Mögliche Ursache	Lösung
Kleine Blätter in Blüten vergilben, werden fast braun und/oder Blütenspitzen trocknen.	• Schimmel.	Prüft sorgfälltig die betroffene Blüte – ihr müsst sie quasi öffnen. Innen drin sieht ihr mit höchster Wahrscheinlichkeit den grauen Schimmel. Beseitigt alle betroffenen Stellen der Blüte. Wendet das Spritzmittel Bud Rot Stop an. Reduziert die Luftfeuchtigkeit 40 %.
Im Bewuchs erscheinte Stelle, wo Blätter, ohne Rücksücht auf ihre Alter, vergilben. Die Kontrolle erwies, dass keine Schädlinge daran Schuld sind.	• Pilzerkrankung.	Beseitigt die vergilbenden Blätter unverzüglich – alle, sonst verbreitet sich der Befall. Nach diesem Schritt hilft das Spritzmittel Alga-press, Vita Star, oder Darina4.
Blütenspitzen wachsen gerade nach oben durch, womit sie gewisse Antenchen bilden.	• Lampe zu nah. • Falsche Fotoperiode – Störung des 12 Stunden nachts Dunkelzyklus.	Hängt die Lampe höher auf. Prüft, ob die Lampe nicht leuchtet, wenn sie aus sein soll.

LETZTE 2 WOCHEN DER BLÜTEPHASE

Probleme haben eine schlechte Eigenschaft – sie neigen dazu, sich zu häufen. Deshalb sollte man bei der Antwortsuche nach Problemlösungen auch die Hinweise durchgehen, die in den vorigen Kapiteln Problemlösung beschrieben sind. Zu diesen Problemen können auch noch weitere kommen, die für die letzte Phase vor der Ernte, spezifisch sind.

Merkmale	Mögliche Ursache	Lösung
EC Wert ist mehr als zweimal so hoch, als bei sauberem Wasser, bis zur Ernte bleibt weniger als 5 Tage.		Die Ernte kann ruhig ein paar Tage verschoben werden, spült also ruhig weiter durch. Bemüht euch darum, jedesmal mit sauberem Wasser, ohne erhöhtes EC Wert zu gießen.
		Krisenlösung für den Fall, dass Pflanzen bereits zu reif sind und ihre Ernte nicht um 3 – 5 Tage verschoben werden darf, ist ein extremes Durchspülen. Gießt jede Pflanze so, dass das Wasser aus dem Anbaugefäß in Strömen fließt (beim Bodensubstrat nicht empfohlen). Man befreit zwar nicht die Pflanze von Düngemitteln, aber das Anbau-

medium wird von Düngemitteln -> frei. Die Pflanze absorbiert die Düngemittel dann nicht mehr, sie zerlegt nur die Düngemittel, die sie bereits in sich hat.

Merkmale	Mögliche Ursache	Lösung
Pflanzen sind von Schädlingen, oder vom Schimmel befallen. Biopräparate haben nichts gebracht und wegen der Schutzfrist, bleibt für die chemische Behandlung keine Zeit mehr.		Ihr könnt die Schädlinge mit der Hand bekämpfen und sie einfach per Hand sammeln. Die befallenen Pflanzenteile können entfernt werden. Es ist vorauszusetzen, dass wenn Biopräparate nichts gebracht haben, ist der Befall bereits im fortgeschrittenen Stadium. Es ist oft besser, die befallenen Pflanzen frühzeitig, am besten sofort, zu ernten.

DAS TAGEBUCH EINES SORGFÄLLTIGEN GROWERS

Notieren, Planen und Revision der ausgeführten Handgriffe, Entwicklung der Temperatur, Ergiebigkeit der Nährstofflösung usw., bieten uns wertvolle Informationen, die man danach bewerten und zu unserem Gunsten verwenden kann. Zudem können wir bestimmte Fälle verhindern, wenn man sich z.B. nicht sicher ist, ob man irgendeinen Handgriff bereits ausgeführt hat, oder nicht – man schaut einfach im Tagebuch nach und alles wird klar. Das Tagebuch sollte immer im Growroom sein (oder in seinem Bereich), damit man höher motiviert wird, alles darein zu schreiben.

Datum	Tempera-tur[°C]	Feuch-tigkeit[%]	EC [µS/cm^3]	PH	Bemerkung
25. 5.	26	80	1,2	6,7	Stecken der Klone.
28. 5.	27	80	1,2	6,7	Behandlung mit Alga-total.
31. 5.	27	80	1,2	6,7	
1. 6.	26	80	1,2	6,7	Erste neuen Blätter.
2. 6.	27	70	1,4	6,7	Neue Nähr-stofflösung.
3. 6.	27	70	1,4	6,7	Das Beschnei-den.

Neben dem Tagebuch sollte eine Kontrollliste gemacht werden, die immer daran erinnern soll, was nicht vergessen werden darf. Diese Liste am besten an die Growroom Tür bringen, es wird euch dazu zwingen, dass man alle nötigen Schritte erledigt, die für eine erfolgreiche Ernte notwendig sind :

BEI JEDEM BESUCH DES GROWROOMS

1. Temperatur prüfen.

2. Den richtigen EC Wert, die Temperatur und pH Wert der Nährstofflösung sichern.

3. Feuchtigkeit prüfen.

4. Sich überzeugen, dass sich keine Schädlinge auf den Pflanzen befinden (auch im Anbaumedium).

5. Den Gesudheitszustand der Pflanzen prüfen (Schimmel, ob Blätter nicht vergilben, oder irgendeine andere Erkrankung, oder Mangel an Nährstoffen erscheint).

6. Die Feuchtigkeit im Anbaumedium prüfen.

7. Funktionsfähigkeit der Lampen, Pumpen, Lüfter, der Zeitschaltuhr usw. prüfen.

8. Sauberkeit halten!

BEGRIFFSERKLÄRUNG

Tag und Nacht – beim Anbau unter dem Kunstlicht, verstehen wir, unter Tag - die Periode, während der die Lichtquellen eingeschaltet sind und den Sonnenschein simullieren. Nachts ist die Zeit, während der im Anbauraum kein Licht leuchtet.

Das Durchspülen – Gießen nur mit sauberem Wasser mit geregeltem pH Wert. Das Durchspülen wird im Falle der Überdüngung von Pflanzen und in den letzten 7 – 10 Tagen vor der Ernte durchgeführt. Beim Anbau in Hydroponic, sollte das Durchspülen regelmäßig, einmal in 7 – 10 Tagen, durchgeführt werden.

Grower – Züchter

Indooranbau – Anbau im Haus oder in geschlossenen Räumen, unter Kunstlicht und ohne Eintritt vom natürlichen Licht.

Nährstofflösung – Wasser um Nährstoffe (Düngemittel) bereichert, mit dem man die Pflanzen gießt.

Anbausystem – ein Set, der zum Anbau von Pflanzen bestimmt ist – Anbaugefäße, Bewässerungssystem, Beleuchtung usw.

Growroom – Platz, wo sich das Anbausystem befindet.

VERWENDETE QUELLEN

Zur richtigen Darlegung und Beschreibung mancher Begriffe in diesem Buch, wurden Außenquellen genutzt. Die habe ich vor allem bei Beschreibungen der chemischen Elemente und Stoffe, Pflanzenarten, Sorten usw. angewendet. Genauso ist es beim Gesetze zitieren.

www.osram.com, www.elektrox.de, www.sunmastergrowlamps.com, www.wikipedia.org, google.com, www.drogy-info.cz, business.center.cz, Free Software Foundation, www.skudci.com, fotolia.com

REGISTER

L

M

N

T

Ü

U

V

W

Z